U0166099

国家"双高计划"水利水电建筑工程专业群系列教材

高等职业教育水利类新形态一体化教材

水处理运行与管理

主　编　张祥霖

副主编　刘丹丹　盛晶梦

中国水利水电出版社
www.waterpub.com.cn

·北京·

内 容 提 要

本书为新形态一体化教材，以工作过程为导向，以任务驱动教学法为主要教学方法，将水处理运行与管理的主要内容分为 6 个项目，全面介绍了水处理技术概述、水处理管网运行与管理、给水处理工艺运行与管理、污水处理工艺运行与管理、水处理厂（站）污泥处理与处置系统运行与管理、水处理厂（站）水质检测实验室运行与管理等内容，同时配备有大量的微课等数字化资源，供读者学习，各知识点均配有实训操作练习题，便于边学边做边练习。

本书可作为高等职业院校环境监测技术、环境工程技术、水务管理、水文与水资源等专业的教学用书，也可供从事水处理运行与管理的技术人员参考。

图书在版编目（ＣＩＰ）数据

水处理运行与管理 / 张祥霖主编. -- 北京 ： 中国水利水电出版社，2023.8（2025.2重印）.
ISBN 978-7-5226-1720-6

Ⅰ．①水… Ⅱ．①张… Ⅲ．①水处理 Ⅳ.
①TU991.2

中国国家版本馆CIP数据核字(2023)第142393号

书 名	国家"双高计划"水利水电建筑工程专业群系列教材 高等职业教育水利类新形态一体化教材 **水处理运行与管理** SHUICHULI YUNXING YU GUANLI
作 者	主 编 张祥霖 副主编 刘丹丹 盛晶梦
出版发行	中国水利水电出版社 （北京市海淀区玉渊潭南路 1 号 D 座 100038） 网址：www.waterpub.com.cn E-mail：sales@mwr.gov.cn 电话：（010）68545888（营销中心）
经 售	北京科水图书销售有限公司 电话：（010）68545874、63202643 全国各地新华书店和相关出版物销售网点
排 版	中国水利水电出版社微机排版中心
印 刷	天津嘉恒印务有限公司
规 格	184mm×260mm 16 开本 19 印张 462 千字
版 次	2023 年 8 月第 1 版 2025 年 2 月第 2 次印刷
印 数	1001—3000 册
定 价	**62.00 元**

前 言

本教材是为了适应高等职业教育教学改革,深入贯彻习近平新时代中国特色社会主义思想特别是习近平生态文明思想,根据水处理运行与管理岗位能力培养需求,按照《职业院校教材管理办法》及高等职业教育"水处理运行与管理"课程的基本要求和课程标准编写而成的。

本教材共分为 6 个项目,21 个任务,重点介绍了水处理技术概述、水处理管网运行与管理、给水处理工艺运行与管理、污水处理工艺运行与管理、水处理厂(站)污泥处理与处置系统运行与管理、水处理厂(站)水质检测实验室运行与管理。内容全面,可供学习者根据需要进行相应的选择。

本教材紧密结合高等职业教育水务管理、环境监测技术、环境工程技术、水文与水资源等相关专业的培养目标以及水处理运行管理技术现状和发展趋势,根据党的二十大报告提出的"中国式现代化是人与自然和谐共生的现代化""要推进美丽中国建设"要求,立足实用,强化实践,注重能力培养,体现了高职教育特色。书中所介绍的技术均是根据水处理运行与管理岗位工作实践梳理出来的重点项目和典型工作任务,并以完成这些任务的能力培养为目标构建知识体系。全书按照"以项目为导向、以工作过程为基础"的设计理念,结合企业需求构建学习项目,每个项目前面均列有知识目标、技能目标和重点难点,每个任务知识点后都配有专门的检查评议评分标准和思考与练习,以方便学习者自我测试学习效果。

本书项目一由张晴、张海龙、夏艳编写,项目二由盛晶梦编写,项目三由尹程、王璐璐编写,项目四、项目五由卞学义编写,项目六由刘丹丹、张菁编写。全书由张祥霖统编、定稿。本书在编写过程中,得到了编者所在单位领导、中国水利水电出版社领导和编辑的大力支持与帮助,在此表示深深的谢意!在本书的编写过程中参阅和借鉴了有关教材和科技文献,在此对相关文献的作者一并表示衷心的感谢!

由于编者水平有限,书中欠妥之处,敬请广大读者批评指正。

编者

2023 年 7 月

"行水云课"数字教材使用说明

"行水云课"水利职业教育服务平台是中国水利水电出版社立足水电、整合行业优质资源全力打造的"内容"＋"平台"的一体化数字教学产品。平台包含高等教育、职业教育、职工教育、专题培训、行水讲堂五大版块，旨在提供一套与传统教学紧密衔接、可扩展、智能化的学习教育解决方案。

本套教材是整合传统纸质教材内容和富媒体数字资源的新型教材，将大量图片、音频、视频、3D动画等教学素材与纸质教材内容相结合，用以辅助教学。读者登录"行水云课"平台，进入教材页面后输入激活码激活（激活码见教材封底处），即可获得该数字教材的使用权限。读者可通过扫描纸质教材二维码查看与纸质内容相对应的知识点多媒体资源，也可通过移动终端APP、"行水云课"微信公众号或"行水云课"网页版查看完整数字教材。

多 媒 体 资 源 索 引

目 录

水处理技术概述

【思政导入】

党的二十大报告强调，必须牢固树立和践行绿水青山就是金山银山的理念，站在人与自然和谐共生的高度谋划发展。水处理工艺是确保人民群众饮水安全的关键流程，对于保障饮用水安全、保护生态环境具有重要意义。

【知识目标】

了解给水和污水水质标准，熟悉给水和污水处理常见技术，掌握水处理工艺流程。

【技能目标】

通过本项目的学习，会查询水质标准和规范；能运用水质标准判断水质状况；能够读懂给水处理和污水处理工艺流程图；能识别给水、污水各处理单元与构筑物。

【重点难点】

本项目重点在于掌握给水和污水处理常见技术和典型工艺流程；难点在于掌握给水和污水处理典型工艺流程。

任务一　给水处理技术简介

知识点一　水源水质与水质标准

1-1-1
水源水质与
水质标准

【任务描述】

了解给水水质指标和水质标准，能分析给水水源和生活饮用水水质状况。

【任务分析】

饮用水水质的优劣与人体健康密切相关，随着经济发展、社会进步以及人民生活水平的提高，人们对生活饮用水水质的要求不断提高，饮用水水质标准也相应地不断发展与完善。通过学习给水处理相关标准，能分析给水水源和生活饮用水的水质状况。

【知识链接】

一、天然水中的杂质

水质是指水与其中所含杂质共同表现出来的物理、化学及生物学特性。水在大自然循环过程中，会不同程度地含有各种各样的杂质，这些杂质的来源有两种：一是自然因素，水在产生与流动过程中自然携带着各种杂质，例如尘埃、微生物、植物、垃圾等；二是人为污染，主要指生活污水、工业废水、农药及各种废弃物排入水体，使水的成分更为纷繁复杂，特别是近代石化等工业的发展，合成有机物污染水体现象非常普遍。

水中杂质的种类和数量反映了水质的好坏，研究水中杂质的来源、种类、特性，其目的是有效去除水中的各种杂质。水中所含杂质按化学结构分为无机物、有机物和生物等三类；按尺寸大小可分为悬浮物、胶体和溶解物等，天然水中的杂质见表1-1。

表1-1 天然水中的杂质

水中杂质	颗粒尺寸	环境效应
悬浮物	$100\mu m \sim 1mm$	水体浑浊、色度、臭、味等
	$1 \sim 100\mu m$	
胶体	$1 \sim 100nm$	水体浑浊、色度、臭、味、致病等
溶解物	$0.1 \sim 1nm$	硬度、色度、健康效应等

注 1毫米（mm）＝10^3微米（μm）；1微米（μm）＝10^3纳米（nm）。

1. 悬浮物

悬浮物颗粒尺寸较大，它在水中的状态受颗粒本身的质量影响较大。在动水中，常呈悬浮状态。在静水中，比重较大的颗粒易于在重力作用下自然沉淀；比重较小的颗粒，可上浮水面。易于下沉的一般是颗粒泥砂及矿物质等无机悬浮物；能够上浮的一般是体积较大比重小于水的藻类、原生动物、大多数细菌和淀粉纤维素等有机悬浮物。

2. 胶体

胶体颗粒尺寸微小，在水中相当稳定，长期静置也不会自然沉降。天然水中的胶体颗粒一般均带有负电荷，黏土类胶粒有时也含有少量带正电荷的金属氢氧化钠胶体。水中所存在的胶体通常有黏土、某些细菌及病毒、腐殖质及蛋白质等。

悬浮物和胶体杂质对光线具有反射和散射作用，它们是使水产生浑浊现象的主要原因。其中有机物，如腐殖质及藻类等，是使水产生色、臭、味的主要原因之一，也是用氯消毒时，产生消毒副产物的前体物。生活污水、工业废水排入水体的病菌、病毒及原生动物等病原体会通过水传播疾病。

3. 溶解物

溶解物是溶于水的一些低分子和离子。它们与水构成均相体系，外观透明，称为真溶液。有的溶解物可使水产生色、臭、味。溶解性有机高分子物质，即使投加大量混凝剂，也往往难以去除。

杂质的颗粒大小相当悬殊，因而其沉降性能相差很大。悬浮物中颗粒粒径大于$1\mu m$的可以通过重力沉降去除，但构成水中浊度、色度的胶体物质却相当稳定，必须经过物理和化学方法才能去除。溶解物，如水中有害和有毒物质（如亚硝酸盐、铅、汞、镉和酸类化合物等）则必须通过特殊方法才能去除。

以常规工艺生产的水厂主要的处理对象是悬浮物及胶体。在常规处理工艺的基础上增加深度处理工艺的水厂主要的处理对象是常规处理工艺不能有效去除的污染物（包括消毒副产物前体物、内分泌干扰物、农药及杀虫剂等微量有机物、臭和味等感官指标、氨氮等无机物）。

二、给水水质标准

水质标准是用水对象所要求的各项水质参数应达到的指标和限值。水质参数指能反映水的使用性质的量，但不涉及具体的数值，如水中各种溶解离子等；另一种水质参数，如水的色度、浊度、pH值等称为"替代参数"，它们并不代表某一具体成分，但能直接或间接反映水的某一方面的使用性质。不同用水对象要求的水质标准不同，判断水质的好坏是以水质标准为依据。随着科学技术的进步和水源污染日益严重，水质标准总是在不断修改、补充之中。

给水水质标准是对水体中污染物和其他物质最高容许浓度所做的规定。给水水质标准主要有《地表水环境质量标准》（GB 3838—2002）、《地下水质量标准》（GB/T 14848—2017）、《生活饮用水卫生标准》（GB 5749—2022）、《城市供水水质标准》（CJ/T 206—2005）等。

1. 地表水水质标准

我国现行的地表水水质标准为《地表水环境质量标准》（GB 3838—2002）。

该标准规定项目共计109项，其中基本项目24项、补充项目5项、特定项目80项。水域功能分类：依据地表水水域环境功能和保护目标，按功能高低依次划分为五类。

Ⅰ类：主要适用于源头水、国家自然保护区。

Ⅱ类：主要适用于集中式生活饮用水地表水源地一级保护区、珍稀水生生物栖息地、鱼虾类产卵场、仔稚幼鱼的索饵场等。

Ⅲ类：主要适用于集中式生活饮用水地表水源地二级保护区、鱼虾类越冬场、洄游通道、水库养殖区等渔业水域及游泳区。

Ⅳ类：主要适用于一般工业用水区及人体非直接接触的娱乐用水区。

Ⅴ类：主要适用于农业用水区及一般景观要求水域。

对应地表水上述五类水域功能，将地表水环境质量标准基本项目标准值分为五类，不同功能类别分别执行相应类别的标准值。水域功能类别高的标准值严于水域功能类别低的标准值。同一水域兼有多类使用功能的，执行最高功能类别对应的标准值。实现水域功能与功能类别标准为同一含义。

2. 地下水水质标准

我国现行的地下水水质标准为《地下水质量标准》（GB/T 14848—2017）。

该标准规定项目共计93项，划分为常规指标和非常规指标。依据我国地下水质量状况和人体健康风险，参照生活饮用水、工业、农业等用水质量要求，依据各组分含量高低（pH值除外），分为五类。

Ⅰ类：地下水化学组分含量低，适用于各种用途。

Ⅱ类：地下水化学组分含量较低，适用于各种用途。

Ⅲ类：地下水化学组分含量中等，主要适用于集中式生活饮用水水源及工农业用水。

Ⅳ类：地下水化学组分含量较高，以农业和工业用水质量要求以及一定水平的人体健康风险为依据，除适用于农业和部分工业用水外，适当处理后可作生活饮用水。

Ⅴ类：地下水化学组分含量高，不宜作为饮用水水源，其他用水可根据使用目的选用。

3. 生活饮用水卫生标准

水厂给水处理的目的是去除原水中悬浮物质、胶体物质、细菌、病毒以及有害成分，使处理后水质满足生活饮用水的要求。生活饮用水水质应符合下列基本要求：①生活饮用水中不应含有病原微生物；②生活饮用水中化学物质不应危害人体健康；③生活饮用水中放射性物质不应危害人体健康；④生活饮用水的感官性状良好；⑤生活饮用水应经消毒处理。

我国《生活饮用水卫生标准》（GB 5749—2022）（以下简称国标）与国际水质标准基本实现接轨。国标中规定的指标共97项，其中常规指标43项，扩展指标54项。常规指标是反映生活饮用水水质基本状况的指标；扩展指标则是反映地区生活饮用水水质特征及在一定时间内或特殊情况下水质状况的指标。生活饮用水水质不应超过水质指标所规定的限值。

国标中97项指标包括微生物指标5项，毒理学指标65项，感官性状和一般化学指标21项，放射性指标2项，饮用水消毒剂指标4项。

（1）微生物指标（共有5项）。病原菌对人体健康的威胁是不言而喻的，如伤寒、霍乱、疟疾等肠道传染病，一般均通过饮用水传播，可是要直接测定水中的病原菌，并作为水质指标，还不能做到。但测定水中细菌总数、总大肠菌群、大肠埃希氏菌比较方便，并可反映水体受到污染的程度及水处理的效率（消毒效果）。国标还将国际上备受关注的贾第鞭毛虫、隐孢子虫列入扩展指标中。

1）细菌总数是指1mL水样在普通琼脂培养基中经过37℃、24h的培养所生长的各种细菌菌落总数。被污染的水，每毫升水中细菌总数可高达几十万CFU，但经过净化处理后大部分被消杀。一般认为经培养后1mL水样中小于100CFU细菌菌落数，水质就是良好的，因此，国标规定为每毫升不超过100CFU。CFU表示菌落形成单位。

2）总大肠菌群和大肠埃希氏菌是水体受到粪便污染程度的直接指标，一般当总大肠菌群符合水质标准时，其他致病菌也可随之消失。

（2）毒理学指标（共有65项）。有些化学物质，在饮用水中达到一定浓度时，就会对人体健康造成危害，这些属于有毒化学物质。有毒物质并非全部通过饮用水进入人体，也可通过食物或呼吸等进入人体。

（3）感官性状和一般化学指标（共有21项）。感官性状又称物理性状，是指水中某些杂质对人的视觉、味觉和嗅觉的刺激。水中存在的一般化学物质，一般情况下虽然对人体并不直接构成危害，但往往对生活使用产生不良影响，其中包括感官性状方面的不良影响，这类物质含量限制统归于化学指标。

1）色度：饮用水的颜色是由水中溶解或悬浮的带色有机物（主要是腐殖质）、金属或高色度的工业废水造成的。水色的存在使饮用者不快，甚至令人感到厌恶。衡量水中的色度，用铂钴标准比色法，规定相当于 1mg 铂在 1L 水中所具有的颜色称为 1度。水的色度大于 15 度时，多数人即可察觉，为此，国标规定色度不超过 15 度，并不得呈现其他异色。

2）浑浊度：浑浊度极为重要，是水厂的主要水质指标。测定时采用散射原理，以散射浊度单位 NTU 表示。较高的浑浊度说明水中含有较多无机胶体（黏土）颗粒、有机污染物（如腐殖质等）和高分子有机污染物。浑浊度较高的水中，隐藏在胶体颗粒之间的病原微生物由于胶体颗粒的保护，消毒的效果难以保证。水的浑浊度越小，表示水中的无机物、有机物和微生物含量越少，所以水质标准中对浑浊度的要求不断提高，现行国标中将饮用水浑浊度限值定为不超过 1NTU。

3）pH 值：pH 值是水中氢离子浓度倒数的对数值，是衡量水中酸碱度的一项重要指标。若原水 pH 值过低则会影响混凝效果；pH 值高的水会影响氯消毒效果，及时测量水中 pH 值并调整投加药剂，可改善水的净化处理效果。国标规定饮用水 pH 值在 6.5～8.5 才能饮用。

4）臭和味：国标规定饮用水中应无异臭、异味。洁净的水是无臭无味的，受到有机物污染的水才有臭和味。水中含藻、浮游动物、有机物、溶解气体、矿物质、化学物质、加氯消毒后也会使水产生臭和味，必须采取措施，将臭味降低到人们察觉不出的程度。

5）肉眼可见物：国标规定水中肉眼可见物限值为无。该指标既是外观感觉需要，又是卫生方面的要求，水中含有沉淀物、肉眼可见的水生物等会令人厌恶，有些生物还能在管道中繁殖，因此，国标对此做了严格的规定。

6）高锰酸盐指数：是反映水中有机物含量的综合性指标，虽然测定简便，但因高锰酸钾的氧化能力较差，所测的数值偏小，不如总有机碳（TOC）那样能反映有机物的总量，但因测定 TOC 的仪器较贵，使用还受到限制。

（4）放射性指标（共有 2 项）。随着工业的发达，有时水源会受到放射性物质的污染，会对人体产生很大的危害。检出时，应及时报卫生部门追究根源，以便及时采取措施，防止继续产生污染。放射性物质，一般经常规给水处理后可以降低，但不能完全消除。

（5）饮用水消毒剂指标（共有 4 项）。饮用水消毒是确保微生物安全的重要技术手段。目前，我国主要的消毒剂有次氯酸钠、液氯，氯氨、臭氧、二氧化氯也有使用。

自来水必须经过消毒。加氯消毒后经过 30min 的接触时间，应有适量的余氯留在水中，以保持持续的杀菌能力防止外来的再污染。国标规定，采用液氯、次氯酸钠、次氯酸钙消毒方式时，应测定游离氯，出厂水余氯不低于 0.3mg/L，管网末梢水中余氯不低于 0.05mg/L，出厂水和末梢水上限值为 2mg/L。

【任务准备】

在实训室准备电脑。

【任务实施】

查阅给水水质标准，根据某自来水厂出厂水水质检测结果，判断其水质是否达标。

【检查评议】

评分标准见表1-2。

表1-2　　　　　　　　　评　分　标　准

编号	项目内容	评　分　标　准	分值	扣分	得分
1	查阅给水水质标准	所查找的水质标准、检测项目是否正确、完整	30		
2	水质判断	是否正确判断水质的达标情况	30		
3	水质评价	依据水质判断情况，对水源水和出厂水的达标情况进行评价	30		
4	学习态度	态度是否积极	10		
5	合　　计		100		

【考证要点】

熟悉地表水环境质量标准、地下水质量标准以及生活饮用水水质指标。

【思考与练习】

(1) 天然水中含有哪些杂质？它们有何危害？

(2) 对比《生活饮用水卫生标准》（GB 5749—2022）和《生活饮用水卫生标准》（GB 5749—2006），有哪些改动？说说你的看法。

1-1-2
给水处理
技术与工
艺流程

知识点二　给水处理技术与工艺流程

【任务描述】

了解给水处理技术和工艺流程。

【任务分析】

给水处理是对水源水进行适当的净化处理，以满足生活用水和工业用水等对水质的要求。

【知识链接】

一、给水处理技术

给水处理是通过必要的处理方法来去除或降低原水中的悬浮物质、胶体等，使给水符合生活饮用水或工业用水的要求。常用处理技术见表1-3。

二、给水处理工艺

给水工艺流程应根据原水水质、处理后水质要求、设计生产能力，通过调查研究，以及不同工艺组合的试验或相似条件下已有水厂的运行经验，结合当地操作管理条件，通过技术经济比较综合研究确定。

表 1-3 　　　　　　　　　　给 水 处 理 常 用 技 术

处 理 目 的	处 理 技 术	备 注
去除悬浮物和胶体	混凝、沉淀（或澄清）	可同时去除部分有机物和微生物，处理高浊度水时，常设置初沉池
去除细小悬浮物、部分有机物和微生物，提高消毒效果	过滤	常设在混凝、沉淀处理后
去除细菌、病毒等病原微生物	消毒	消毒方法有液氯消毒、二氧化氯消毒、臭氧消毒、紫外线消毒等
除臭、除味	化学氧化法、活性炭吸附法、生物处理法等	处理方法的选择取决于臭和味的来源
除气	氧化物沉淀法、吸附法（活性氧化铝或磷酸三钙）	
除盐	离子交换法、电渗析法、反渗透法	离子交换法应用最为广泛
除铁、除锈	自然氧化法、接触氧化法、化学氧化法、离子交换法等	除离子交换法外，其他方法均是使还原性铁、锰生成高价铁、锰沉淀物而去除
除有机物	臭氧氧化法、生物氧化法、活性炭吸附法等	
软化（去除钙、镁离子）	石灰软化法、石灰-纯碱软化法、石灰-石膏软化法	软化方法与水的硬度、碱度有关
预处理	格栅、预沉池、前加氯、生物过滤等	设置在常规处理工艺之前，用以去除漂浮物、悬浮物、部分有机物，强化消毒效果等
深度处理	活性炭吸附、高级氧化、膜处理等	设置在常规处理工艺之后，以增强处理效果，使出水水质达标

给水处理流程常表示为流程方框图或工艺流程图。常规给水处理工艺指对一般水源的原水采用混凝、沉淀、过滤、消毒的净水过程，以去除浊度、色度、致病微生物为主的处理工艺，它是给水处理中最常用和最基本的处理方法。一般水源是指原水水质基本符合《地表水环境质量标准》（GB 3838—2002）Ⅲ类以上水源水质的要求。以下介绍几种典型的给水处理工艺，以供参考。

1. 地表水常规处理工艺

地表水常规处理工艺是广泛采用的一种工艺系统，是以去除水中悬浮物和杀灭致病细菌为目标而设计的，主要由混凝、沉淀、过滤和消毒四个工序组成。由于水源不同，水质各异，生活饮用水处理系统的组成和工艺流程也多种多样，在常规水处理工艺的基础上，发展了多种多样的给水处理工艺。一般水源给水处理工艺流程选择可参考表 1-4。

2. 特殊水处理工艺

对于特殊水源水的处理，应在常规水处理工艺的基础上，根据水质的实际情况，确定合适的处理工艺。下面介绍几种特殊水处理工艺。

表 1-4　　　　　　　　　　　　一般水源给水处理工艺流程

编号	给水处理工艺流程	适用条件
1	原水→混凝或澄清→过滤→消毒	一般进水浊度不大于 2000～3000NTU，短时间内可达 5000～10000NTU
2	原水→接触过滤→消毒	进水浊度一般不大于 25NTU，水质较稳
3	原水→混凝沉淀→过滤→消毒（洪水期） 原水→自然沉淀→接触过滤→消毒（平时）	山溪河流，水质平常清澈，洪水时含沙量较高
4	原水→混凝→气浮→过滤→消毒	经常浊度较低，短时间不超过 100NTU
5	原水→（调蓄预沉或自然沉淀或混凝沉淀）→混凝沉淀或澄清→过滤→消毒	高浊度水二次沉淀（澄清）工艺，适用于含沙量大、沙峰持续时间较长的原水处理
6	原水→混凝→气浮（或沉淀）→过滤→消毒	经常浊度较低，采用气浮澄清；洪水期浊度较高时，则采用沉淀工艺

（1）高浊度原水处理工艺流程。当原水浊度高、含沙量大时，为了达到预期的混凝沉淀（或澄清）效果，减少混凝剂用量，应增设预沉池或沉砂池（图 1-1）。

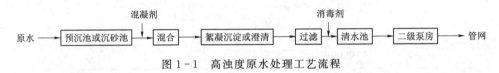

图 1-1　高浊度原水处理工艺流程

（2）微污染原水净化工艺流程。微污染水源是指水的物理、化学和微生物指标已不能达到《地表水环境质量标准》（GB 3838—2002）中作为生活饮用水源水的水质要求。污染物的种类很多，有引起浑浊度、色度和嗅味的物质，有硫、氮氧化物等无机物，还有各种各样有害有毒的有机物，有重金属，如汞、锰、铬、铅、砷等，有放射性、病原微生物等。当常规处理（混凝、沉淀或澄清、过滤、消毒）难以使微污染原水达到饮用水水质标准时，可在常规处理的基础上增加预处理、深度处理、膜处理工艺，使其出厂水达到生活饮用水水质标准。在水源匮乏或污染严重，不得不采用劣质水源的情况下，可采用生物氧化预处理方法去除水中有机物和氨氮等（图 1-2）。

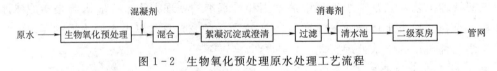

图 1-2　生物氧化预处理原水处理工艺流程

也可在常规处理工艺中投加粉末活性炭，还可采用深度处理方法，在砂滤池后再加臭氧、活性炭处理（图 1-3）。

图 1-3　原水深度处理工艺流程

（3）低浊度高藻类原水净化工艺流程。当水源为浊度较低、藻类较多的湖泊水库水时，可采用气浮法去除水中藻类（图 1-4）。

图 1-4 低浊度高藻类原水处理工艺流程

（4）含铁、锰水净化工艺流程。水中含锰量高所发生的问题和水中含铁量高的情况类似，例如使水有色、臭、味，损害纺织、造纸、酿造、食品等工业产品的质量，家用器具会被污染成棕色或黑色，洗涤的衣物会有微黑色或浅灰色斑渍等。

我国《生活饮用水卫生标准》（GB 5749—2022）规定，铁、锰浓度分别不得超过 0.3mg/L 和 0.1mg/L，这主要是为了防止水的臭味或玷污生活器具，并没有毒理学的意义。超过标准的原水须经除铁、除锰处理。其工艺流程如图 1-5 所示。

图 1-5 除铁、除锰水处理工艺流程

【任务准备】

准备给水厂处理工艺流程模拟设备一套。

【任务实施】

仔细阅读处理工艺使用说明，熟悉系统工艺，绘制工艺流程图；对给水处理系统进行检查，然后启动、运行和停车；观察清水在各构筑物单元中连续运行的过程。

【检查评议】

评分标准见表 1-5。

表 1-5　　　　　　　　给 水 处 理 评 分 标 准

编号	项目内容	评 分 标 准	分值	扣分	得分
1	绘制工艺流程图	工艺流程图是否完整，顺序是否正确	30		
2	绘制设备简图	各个设备的形状是否准确，尺寸是否正确，外观整齐与否	30		
3	给水处理系统启动、运行和停车	按照操作规程启动和关闭给水处理系统，描述其运行情况	30		
4	学习态度	态度是否积极，是否具有团队合作意识和能力	10		
5	合　　计		100		

【考证要点】

熟悉原水中各种污染物的处理技术，并重点掌握给水处理常规工艺流程。

【思考与练习】

（1）去除原水中悬浮物和胶体的处理技术有哪些？

（2）如何处理微污染水源的原水？

任务二　污水处理技术的认知

知识点一　污水水质标准与处理规范

1-2-1
污水水质
标准与处
理规范

【任务描述】

了解污水水质指标和污水水质标准。

【任务分析】

在进行污水处理运行与管理时，必须知道允许进入污水处理设施的污水水质及排放标准。另外，还应熟悉污水处理运行与管理中的相关技术规范。

【知识链接】

一、水体污染物

水体污染是指排入水体的污染物在数量上超过了该物质在水体中的本底含量和水体的环境容量，从而导致水体的物理特征、化学特征和生物特征发生不良变化，破坏了水中固有的生态系统，破坏了水体的功能，从而影响水的有效利用和使用价值的现象。水体污染分为两类：一类是自然污染；另一类是人为污染。自然污染主要是指自然原因造成的，由于自然污染所产生的有害物质的含量一般称为自然"本底值"或"背景值"。人为污染即指人为因素造成的水体污染。人为污染是水污染的主要原因。水体污染物常根据其性质的不同可分为物理、化学和生物性污染物三大类。各种污染物及其处理方法见表1-6。

表 1-6　　　　　　　　　　污水中的污染物及其处理方法

污染物类型	污染物	影响和危害	处理方法
物理性污染物	热污染	影响水生生物生长；加速水体富营养化，降低溶解氧含量等	冷却
	放射性污染	三致作用等	固化、安全处置等
无机无毒污染物	悬浮物	抑制光合作用和水体自净作用，危害鱼类，吸附污染物	沉淀、混凝、气浮、过滤等
	酸碱及无机盐类	妨碍水体自净并使水质恶化，危害渔业生产，增加水的硬度	中和、离子交换、电渗析、膜分离等
	氮、磷等营养物质	水体富营养化	脱氮、除磷
有机无毒污染物	碳水化合物、蛋白质、脂肪等耗氧有机物	降低溶解氧含量，影响水生生物生长，恶化水质	生物氧化法、化学氧化法等
毒性污染物	重金属	急、慢性毒性，三致作用	化学沉淀、化学氧化、吸附、膜分离等

污染物类型	污 染 物	影响和危害	处理方法
毒性污染物	氧化物、氟化物、亚硝酸盐	急、慢性毒性，三致作用	化学氧化、化学沉淀、吸附等
	农药、多氯联苯等持久性有机污染物	难降解、具有生物积蓄性，急、慢性毒性和三致作用	生物氧化、高级氧化、吸附等
石油类污染物	石油及其制品、动植物油	影响水生生物生长，耗氧，影响景观	燃烧、气浮、生物处理等
生物性污染物	细菌、病毒、寄生虫等	致病，堵塞管道等	化学消毒、过滤等

二、污水排放标准

污水水质标准有国家标准，也有行业标准和地方标准。

1. 《污水综合排放标准》（GB 8978—1996）

该标准按污水排放去向，规定了 69 种污染物最高允许排放浓度及部分行业最高允许排水量。该标准适用于现有单位水污染物的排放管理、建设项目的环境影响评价、建设项目环境保护设施设计、竣工验收及其投产后的排放管理。该标准将排放的污染物按其性质及控制方式分为两类：

第一类污染物，如总汞、烷基汞、总镉、总铬、总砷、总铜、总镍、苯并［a］庇、总铍、总银、总 α 放射性和总 β 放射性等毒性大、影响长远的有毒物质。含有此类污染物的废水，不分行业和污水排放方式，也不分受纳水体的功能类别，一律在车间或车间处理设施排放口采样，其最高允许排放浓度必须达到该标准要求（采矿行业的尾矿坝出水口不得视为车间排放口）。

第二类污染物，如 pH 值、色度、悬浮物、BOD、COD、石油类等。这类污染物的排放标准，按污水排放去向分别执行一、二、三级标准，这样就使该排放标准与《地面水环境质量标准》（GB 3838—1988）和《海水水质标准》（GB 3097—1982）有机地联系起来。

该标准按年限规定了第一类污染物和第二类污染物最高允许排放浓度及部分行业最高允许排水量。在《地表水环境质量标准》中对水域功能进行了分类，依据地表水域使用目的和保护目标，将其划分为 Ⅰ、Ⅱ、Ⅲ、Ⅳ、Ⅴ 类；在《海水水质标准》中，按海水的用途，将海水的水质分为三类，并依此对海域进行了功能划分。为适应地面水环境功能区和海洋功能区保护的要求，国家对污水综合排放标准划分为三级。对排入Ⅲ类水域和排入二类海域的污水执行一级标准；排入Ⅳ、Ⅴ类水域和排入三类海域的执行二级标准；对排入设置二级污水处理厂的城镇排水系统的污水，执行三级标准；对排入未设二级污水处理厂的城镇排水系统的污水，按其受纳水域的功能要求，分别执行一级排放标准或二级排放标准。

2. 《城镇污水处理厂污染物排放标准》（GB 18918—2002）

城镇污水处理厂既是城市防治水环境污染的重要城市环境基础设施，又是水污染物重要的排放源。为促进城镇污水处理厂的建设和管理，加强城镇污水处理厂污染物的排放控制和污水资源化利用，保障人体健康，维护良好的生态环境，结合我国城市污水处理及污染防治技术政策，国家制定了城镇污水处理厂污染物排放标准。该标准根据污染物的来源及性质，将污染物控制项目分为基本控制项目和选择控制项目两类。基本控制项目主要包括影响水环境和城镇污水处理厂、一般处理工艺可以去除的常规污染物和部分一类污染物等共 19 项。选择控制项目包括对环境有较长期影响或毒性较大的污染物等共 43 项。基本控制项目必须执行，选择控制项目由地方环境保护行政主管部门根据污水处理厂接纳的工业污染物的类别和水环境质量要求选择控制。根据城镇污水处理厂排放的地表水域环境功能和保护目标以及污水处理厂的处理工艺，将基本控制项目的常规污染物标准值分为一级标准、二级标准、三级标准。一级标准分为 A 标准和 B 标准，部分一类污染物和选择控制项目不分级。

　　3. 行业水污染物排放标准

　　为控制水污染物排放，除污水综合排放标准外，国家根据行业的特点，还制定了一系列行业水污染物排放标准，如造纸、纺织印染、钢铁、肉类加工、合成氨、啤酒、海洋石油开发、船舶、兵器等工业。

【任务准备】

　　在机房查阅污水水质标准。

【任务实施】

　　根据某市污水处理厂排放口出水水质分析报告，判断其出水水质是否达标。

【检查评议】

　　评分标准见表 1-7。

表 1-7　　　　　　　　　　　　污水水质监测评分表

编号	项目内容	评 分 标 准	分值	扣分	得分
1	查阅污水排放标准	所查找的水质标准、检测项目是否正确、完整	30		
2	出水水质判断	是否正确判断出水水质的达标情况	30		
3	出水水质评价	依据出水水质判断情况，对污水处理厂出水的达标情况进行评价	30		
4	学习态度	态度是否积极	10		
5	合　计		100		

【考证要点】

　　在水环境监测工、水处理工考核中，该部分内容的重点是污水综合排放标准的分类以及城镇污水处理厂基本控制项目排放标准。

【思考与练习】

　　(1) 污水综合排放标准中，一类污染物和二类污染物应分别在什么地方采样？

　　(2) 排入城镇污水处理厂的污水应达到几级标准？

知识点二　污水处理技术与工艺流程

【任务描述】

掌握常见污水处理技术和污水处理厂（站）的工艺流程。

【任务分析】

为保护水环境，必须对污水进行处理。为此，需要选择合适的处理工艺，以达到去除污水中污染物的目的。

【知识链接】

一、污水处理技术

污水处理有物理法、化学法、物理化学法和生化法。大部分污水处理厂都是按照预处理、生物处理、深度处理、消毒处理及污泥处理的工序，采用几种方法相结合的处理工艺。从处理方法的作用原理来看，各种方法适合处理不同状态、性质的污染物，如沉淀池适合于处理悬浮液污水，而生物滤池、活性炭吸附则适合于处理溶解性污水。水中杂质与处理工艺的关系详见图1-6。

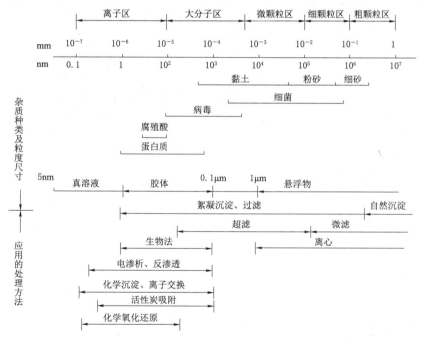

图1-6　水中的杂质与处理工艺的关系

二、污水处理工艺典型流程

污水处理工艺流程的选择应根据水质、水量、排放要求、运行管理要求、投资情况、当地气候等因素综合考虑。由于污水来源的多样性和其组成的复杂性，采用的处理方法一般是几种方法的组合而不是单纯一种方法。图1-7是城市污水处理的典型工艺流程。其中三级处理一般城市污水处理厂可能不设置，只有污水需要回用时才设置该级处理。

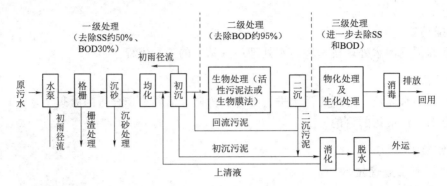

图 1-7　城市污水处理典型工艺流程

三、各级处理方法与处理效果

污水各级处理方法和处理效果见表 1-8。

表 1-8　　　　　　　　污水各级处理方法与处理效果

级别	去除的主要污染物	处 理 方 法	处 理 效 果
一级	悬浮固体	沉砂、沉淀	SS 50%、BOD 30%
二级	胶体和溶解性有机物、悬浮物	好氧生化处理	SS 80%、BOD_5 85%、TN 30%、TP 10%
三级	悬浮物、溶解性有机物和无机盐、氮和磷	混凝、过滤、吸附、电渗析、生物接触氧化、A/O 或 A^2/O 法	SS 40%、BOD_5 60%、TN 80%、TP 65%

【任务准备】

在实训室准备污水处理模拟系统。

【任务实施】

须熟悉该系统的使用说明书，绘制污水处理系统工艺流程图；识别污水处理系统各设备；描述污水处理过程。

【检查评议】

评分标准见表 1-9。

表 1-9　　　　　　　　污水处理工艺与流程认知评分表

编号	项目内容	评 分 标 准	分值	扣分	得分
1	绘制工艺流程图	工艺流程图是否完整，顺序是否正确	30		
2	识别污水处理系统各设备，绘制设备简图	设备识别是否准确，各个设备的形状是否准确，尺寸是否正确，外观整齐与否	30		
3	系统启动、运行和停车	按照操作规程启动和关闭系统，描述系统的运行情况	30		

编号	项目内容	评 分 标 准	分值	扣分	得分
4	学习态度	态度是否积极，是否具有团队合作意识和能力	10		
5	合 计		100		

【考证要点】

掌握常见污水处理工艺的特点和工艺流程，熟知一些工业废水的处理技术。

【思考与练习】

（1）污水处理的预处理技术有哪些？它们的作用如何？

（2）简述常见的城市污水处理工艺流程。

水处理管网运行与管理

【思政导入】

党的二十大报告中强调了生态文明建设的重要性，倡导绿色发展，促进经济与环境和谐发展。水处理管网运行与管理对保障用水安全至关重要，应强化责任意识，实施精细化的监测与控制，保障人民身体健康和生命安全。

【知识目标】

了解水处理管网中常见管材、管件、管网附件、附属构筑物和调节构筑物；掌握取水水源和取水构筑物运行与管理方法；掌握给水和污水管网运行与管理方法。

【技能目标】

能够进行取水水源、取水构筑物的运行与管理；掌握水处理管网管材选择、管网连接、给排水管网的运行与维护。

【重点难点】

本项目重点在于掌握给水管网和污水管网运行与管理的方法和相关技能；其难点在于取水构筑物的运行与管理。

任务一　管件、管网附件和附属构筑物

知 识 点 一　管 材 的 选 择

2-1-1
管材的选择

【任务描述】

了解水处理管网中常见管材与管件的特性、优缺点、适用范围以及连接方式。

【任务分析】

在水处理工程中，管道工程投资在工程总投资中占有很大的比例，而管道工程总投资中，管材的费用占 50% 左右。给水管材一般可以分为金属材料、非金属材料和复合材料三大类，主要的类别有钢管、球墨铸铁管、混凝土及钢筋混凝土管、塑料管等；随着有机化学工业的发展，目前大批新型给排水塑料管材及复合材料管材相继涌

现。管网系统属于城市地下隐蔽工程，对其安全可靠性有很高的要求，因此，合理选择管材非常重要。

【知识链接】

一、金属管

金属管包括钢管、铸铁管和铜管三类。不同金属管的性能有较大的差别，具体性能特点见表2-1。目前，中、小管径的钢管已逐渐被塑料管代替，灰口铸铁管因安全性能差也逐渐被淘汰。

表 2-1　　　　　　　　　　　　金 属 管 的 性 能 特 点

分类		管径	特 点	适用范围	接口方式	图 例
钢管		<4000mm	优点在于强度高、韧性好、耐冲击、承受压力高，重量较轻，运输、施工方便，在输配水工程中运用比较广泛；缺点是对防腐处理要求高，电焊缝连接处容易漏水，增加检修难度	加压泵房，DN≥400给水管穿越河道、铁路、隧道、箱涵等障碍物，以及地下管线较为复杂路段，与其他管线在共同沟内铺设	法兰螺纹焊接卡箍卡压	
铸铁管	灰口铸铁管	75～1200mm	耐腐蚀性，以往使用较广，质地较脆，抗冲击和抗震能力较差，重量较大，且经常发生接口漏水、水管断裂和爆管事故，给生产带来很大的损失。灰铸铁管的性能相对较差，但可用在直径较小的管道上，同时采用柔性接口，必要时可选用较大一级的厚壁，以保证安全供水	市政道路输配水管、小区室外市政给水管，管道口径不大于DN1600的给水管道	法兰承插	
	球墨铸铁管	80～2000mm	耐腐蚀，韧性和强度较高，耐冲击和振动，较铸铁管质轻	给水管道、排水管道	法兰承插	
铜管		5～300mm	对淡水耐腐蚀性较好，机械强度高，抗挠性较强，内表面光滑，不易结水垢	热水管道	法兰螺纹焊接	

二、非金属管

非金属管包含钢筋混凝土管、塑料管和陶土管等，其中，塑料管分类较广，包括PVC（聚氯乙烯）塑料管、PE（聚乙烯）塑料管、ABS（工程塑料，聚丙烯酯-丁二烯-苯乙烯）塑料管、PB（聚丁烯）塑料管、PP（PP-R、PP-H、PP-B）（聚丙烯）塑料管和PEX（交联聚乙烯）塑料管等类型（图2-1）。常见非金属管的性能特点见表2-2。塑料管在运输和堆放过程中，应防止剧烈碰撞和阳光暴晒，以免变形和加速老化。

（a）钢筋混凝土管　　　（b）陶土管　　　（c）PVC塑料管　　　（d）PE塑料管

（e）ABS塑料管　　　（f）PB塑料管　　　（g）PP塑料管

图2-1　常见非金属管

表2-2　　　　　　　　　　　非金属管的性能特点

名称	管径/mm	特　点	适用范围	承压范围	接口	埋设方式
钢筋混凝土管	400～1200	造价低、制造方便，易就地取材；自重大、质地脆，不便于运输和安装	给水管道、排水管道中埋深较大、管径大于400mm以及土质不良处	自应力：<0.8MPa 预应力：0.4～1.2MPa	承插	埋地
塑料管	15～630	表面光滑，耐腐蚀，质轻，耐压，加工方便；受紫外线照射易老化，耐热性差	城市给水、排水管道中的中、小口径管道	不同材料塑料管抗压能力有所区别，基本小于2.5MPa	法兰、螺纹、焊接、承插、黏接、热熔	明装安装
陶土管	<600	内外壁光滑，水流阻力小，不透水性好；耐磨损、抗腐蚀，质脆易损，抗压强度低，抗弯抗拉度低；管节短、接口多，会增加施工难度	排水管道中排除工业腐蚀性废水或管外有侵蚀性地下水的污水管道	较低	承插	埋地

三、复合管

复合管包含预应力钢筒混凝土管（内衬式PCCP-L、埋置式PCCP-E）、玻璃钢管（GRP）、铝塑复合管和钢塑复合管等，其性能特点见表 2-3，复合管常用于给水管网中。

表 2-3　　　　　　　　复合管性能特点

名称	管径/mm	特点	适用范围	承压范围/MPa	接口	示例
钢筒混凝土管	600~3400	抗渗性好、耐腐蚀、抗爆性好、耐高压；工艺复杂，管材本身价格较高	给水管网中广泛应用	0.6~4	承插	
玻璃钢管	50~1000	耐腐蚀、重量轻、寿命长、不结垢，不易渗漏和破裂，省材料；价格较高	给水管道	≤1.6	承插法兰	
铝塑复合管	50~1100	无毒、耐腐蚀、质轻；机械强度高，脆化温度低，寿命长，不结垢；价格较塑料管高	给水管道	<1.0	螺纹卡套卡压	
钢塑复合管	15~1200	抗压强度高，耐冲击、耐腐蚀，内壁光滑、不结垢；价格较塑料管高	给水管道	<1.0	螺纹卡箍承插	

四、排水沟渠

当管道设计断面较大时，常常建造大型排水沟渠，排水沟渠常用材料有砖、石、陶土、混凝土和钢筋混凝土等（图 2-2）。钢筋混凝土材料一般现场浇筑，而其他材料则采用现场铺砌、预制装配等方式施工。排水沟渠的断面形式有矩形、蛋形、梯形、圆形、半椭圆形、马蹄形等。

图 2-2　排水沟渠

【任务准备】

设定某个施工场景，给出地形、压力、管道用途等条件；准备若干段不同材质管材、电热熔工具、虎口钳、接头管件、胶水、卡箍套等。

【任务实施】

根据给定的施工场景，选出合适的管材，将管材以合适的方式进行连接。

【检查评议】

评分标准见表 2-4。

表 2-4 　　　　　　　　评 分 标 准

编号	项目内容	评 分 标 准	分值	扣分	得分
1	学习态度	不认真操作扣 10 分	10		
2	动手能力	动手能力不强扣 10 分	10		
3	团队协作精神	团队协作精神不强扣 10 分	10		
4	专业能力	管材选择错误，每选错一次扣 10 分；接口方式选择错误，每选错一次扣 5 分，扣完为止	50		
5	安全文明操作	不爱护设备扣 10 分；不注意安全扣 10 分	20		
6		合 计	100		

【考证要点】

了解各种管材与相应的接口方式，能够合理地选择管材并正确连接。

【思考与练习】

(1) 管材主要分为哪几类？

(2) 复合管管材的连接方式有哪些？

2-1-2
管网附件

知识点二　管　网　附　件

【任务描述】

熟悉管网附件的作用、分类、结构与特性，能够根据给水管道施工要求选择合适的管网附件，并进行安装和调试。

【任务分析】

管网附件包括调节水量、水压和控制水流方向以及断流后便于管道、仪器和设备检修用的各种阀门，供应消防用水的消火栓，这些附件对给排水管网的正常运行、消防和维修管理工作起到了重要的保障作用。为了完成管网附件的选型、安装和调试，必须熟悉这些附件的作用、分类、结构和特性。

【知识链接】

管网附件是流体输送系统中的控制部件，具有截断、调节、导流、防止逆流、稳压、分流或溢流泄压等功能，主要有调节水流量用的阀门，控制水流方向的止回阀，安装在管线高处或低处的排气阀、泄水阀、安全阀以及提供消防用水的消火栓等。

一、阀门

阀门是控制水流、调节管道内流量和水压以及管网检修的重要设备，具有截断、调节、导旋流、防止逆流、稳压、分流或溢流泄压等功能。阀门种类繁多、作用各异，且有多种分类方法。

（1）按用途分，分为供给排水阀、化工阀、石油阀、电站阀等。

（2）按介质分，分为煤气阀、水蒸气阀、空气阀等阀门。

（3）按材质分，分为铸铁阀、铸钢阀、球铸阀、钢板焊接阀等。

（4）按温度分，分为低温阀、高温阀等。

（5）按压力分，分为低压阀、中压阀、高压阀。

（6）按结构分，分为①旋塞阀、闸阀、截止阀、球阀，用于启闭管道介质流动；②止回阀、底阀，用于自动防止管道内的介质倒流；③蝶阀，用于启闭或调节管道内介质作用。

（7）其他还有节流阀、安全阀、液压阀、疏水阀、多功能水泵控制阀等。

阀门位置的设置应符合城市供水的调度需要，符合供水管道的分段和分区控制以及检修的需要，尽量避开港湾停靠站和停车位。安装阀门的位置，一是在管线分支处，二是在较长管线上，三是穿越障碍物时。因阀门的阻力大，价格昂贵，所以阀门的数量应保持调节灵活的前提下尽可能少。

二、典型阀门

1. 闸阀

闸阀（图2-3）是作为截止介质使用，在全开时整个流通直通，此时介质运行的

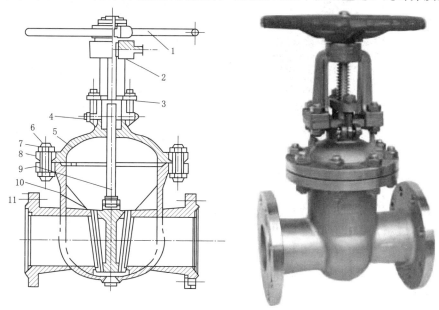

图2-3　闸阀及其剖面图

1—手轮；2—阀杆螺母；3—填料压盖；4—填料；5—闸盖；6—双头螺栓；

7—螺母；8—垫片；9—阀杆；10—闸板；11—阀体

压力损失最小。闸阀通常适用于不需要经常启闭，而且保持闸板全开或全闭的工况，不适用于作为调节或节流使用。对于高速流动的介质，闸板在局部开启状况下可以引起闸门的振动，振动又可能损伤闸板和阀座的密封面，而节流会使闸板遭受介质的冲蚀。

闸阀的主要优点是流道通畅，流体阻力小，启闭扭矩小；主要缺点是密封而易擦伤，启闭时间较长，体型和重量较大。闸阀在管道上的应用十分广泛，适于制作成大口径阀门。按密封面配置，可分为碟式闸阀和平行阀板式闸阀。按阀杆的螺纹位置，可分为明杆闸阀和暗杆闸阀。明杆在阀门启闭时，阀杆随之升降，因此易掌握阀门启闭程度，适于安装在泵站内。暗杆适于安装和操作空间受到限制之处，防止当阀门开启时因阀杆上升而妨碍工作。

2. 蝶阀

蝶阀（图 2-4）的蝶板安装于管道的直径方向。在蝶阀阀体圆柱形通道内，圆盘形蝶板绕着轴线旋转，旋转角度为 0°～90°，当旋转到 90° 时，阀门则是全开状态。蝶阀结构简单、体积小、重量轻，只由少数几个零件组成，而且只需旋转 90° 即可快速启闭，操作简单。蝶阀处于完全开启位置时，蝶板厚度是介质流经阀体时唯一的阻力，因此通过该阀门所产生的阻力很小，故具有较好的流量控制特性，可以作调节用。

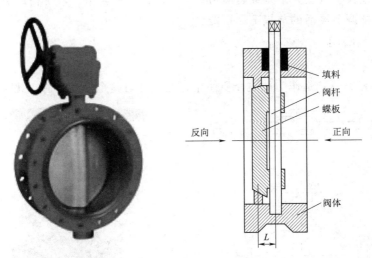

图 2-4　蝶阀及其剖面图

蝶阀有弹性密封和金属密封两种密封型式。弹性密封阀门，密封圈可以镶嵌在阀体上或附在蝶板周边。采用金属密封的阀门一般比弹性密封的阀门寿命长，但很难做到完全密封。金属密封能适应较高的工作温度，弹性密封则具有受温度限制的缺点。蝶阀的作用和一般阀门相同，宽度较一般阀门小。但甲板全开时占据上下游管道的位置，因此不能紧贴楔式和平行式阀门旁安装。蝶阀可用在中、低压管线上，例如水处理构筑物和泵站内。

3. 止回阀

止回阀（图 2-5）又称单向阀，它用来限制水流朝一个方向流动。一般安装在水泵出水管、用户接管和水塔进水管处，以防止水的倒流。通常，流体在压力的作用下使阀门的阀瓣开启，并从进口侧流向出口侧。当进口侧压力低于出口侧时，阀瓣在流体压力和本身重力的作用下自动地将通道关闭，阻止流体逆流，避免事故的发生。按阀瓣运动方式不同，止回阀主要分为升降式、旋启式和蝶式三类。

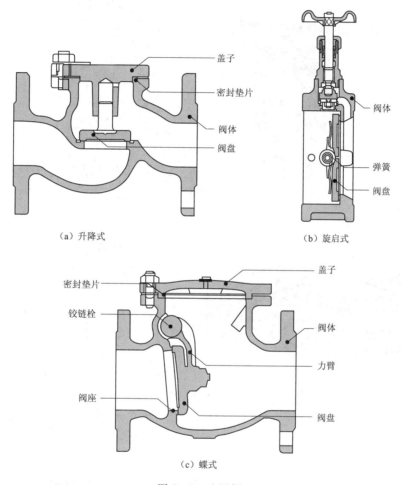

（a）升降式　　　　　　　　　　（b）旋启式

（c）蝶式

图 2-5　止回阀

4. 排气阀

管道在运行过程中，水中的气体会逸出在管道高起部分积累起来，甚至形成气阻，当管中水流发生波动时，隆起的部分形成的气囊，将不断被压缩、扩张，气体压缩后所产生的压强，要比水压缩后产生的压强大好几十倍甚至几百倍，此时管道极容易破裂。这就需要在管网中设置排气阀，如图 2-6 所示。排气阀安装在管线的隆起部分，使管线投产时或检修后通水时，管内空气可经此阀排出。长距离输水管一般随地形起伏敷设，在高处设排气阀。

5. 泄水阀

泄水阀（图 2-7）是在管道系统中安装的一种阀门。为了排除管道内沉积物或

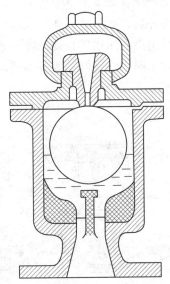

图 2-6 排气阀及其剖面图

图 2-7 泄水阀

检修放空及满足管道消毒冲洗排水要求，在管道下凹处及阀门间管段最低处，施工时应预留泄水口，用以安装泄水阀。当管路系统的压力降到一定数值时，泄水阀自动排泄管道内的水，以避免因结冰造成的危害。确定泄水点时，要考虑好泄水排放的方向，一般将其排入附近的干渠、河道内，不宜将泄水通向污水渠，以免污水倒灌污染水源。

三、安全阀

安全阀的种类有很多，主要有弹簧式安全阀（图2-8）和封闭式安全阀（图2-9）。

安全阀是一种安全保护用阀，它的启闭件在外力作用下处于常闭状态，当设备或管道内的介质压力升高，超过规定值时自动开启，通过向系统外排放介质来防止管道或设备内介质压力超过规定数值。安全阀属于自动阀类，主要用于锅炉、压力容器和管道上，控制压力不超过规定值，对人身安全和设备运行起重要保护作用。安全阀安装在管道的任何位置，和水锤消除器工作原理一样，只是设定的动作压力是高压，当管路中压力高于设定保护值时，排水孔会自动打开泄压。

四、消火栓

给水管网上设立的消火栓是发生火灾时的取水龙头，分为地上式和地下式两种，如图2-10所示。每个消火栓的流量为 10~15L/s。地上式消火栓一般设在街道的交

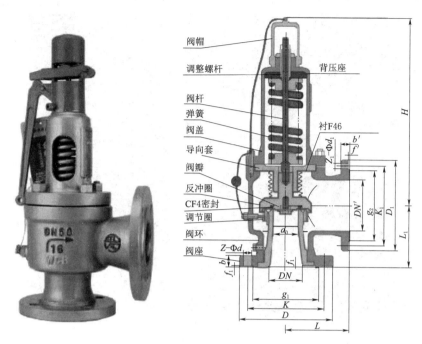

图 2-8 弹簧式安全阀及其结构图

图 2-9 封闭式安全阀

叉口等消防车便于接近的地方，适用于气温较高地区或不影响城市交通和市容的地区；地下式消火栓适用于冬季气温较低的地区，须安装在地下阀门井内。消火栓安装间距一般为 100~120m。

（a）地下式　　　　　　　　　（b）地上式

图 2-10　消火栓

【任务准备】

准备各种类型的阀门。

【任务实施】

根据给定施工场景，合理选择需要安装的阀门。

【检查评议】

评分标准见表 2-5。

表 2-5　　　　　　　　　　　评　分　标　准

编号	项目内容	评　分　标　准	分值	扣分	得分
1	学习态度	不认真操作扣 10 分	10		
2	动手能力	动手能力不强扣 10 分	10		
3	团队协作精神	团队协作精神不强扣 10 分	10		
4	专业能力	阀门每错选、漏选一次扣 5 分，阀门每认错一次扣 5 分，扣完为止	50		
5	安全文明操作	不爱护设备扣 10 分；不注意安全扣 10 分	20		
6	合　　计		100		

【思考与练习】

（1）管网附件包括哪些？

（2）蝶阀的适用安装情况怎样？

知识点三　管网附属构筑物

【任务描述】

熟悉管网常见附属构筑物的结构及其作用，能正确认识管网附属构筑物。

【任务分析】

在水处理管网中，除管网系统本身外，为了保证管网的正常运行与维护，还需在管渠系统中设置各种附属构筑物。这些构筑物在水处理管网中起着不同的作用，是水处理管网中必不可少的部分。

【知识链接】

常见管网附属构筑物包括给水管网中的阀门井、支墩、管线穿越障碍物的构筑物等以及污水管网中的检查井、跌水井、水封井、换气井、冲洗井、溢流井、雨水口、连接暗井、出水口、倒虹吸管等。

一、阀门井

阀门井为最常见的地下井，阀门井的型式根据所安装的附件类型、大小和路面材料而定。例如直径较小、位于人行道上或简易路面以下的阀门，可采用阀门套筒（图2-11），但在寒冷地区，因阀杆易被渗漏的水冻住，因而影响开启，所以一般不采用阀门套筒。安装在道路下的大阀门，可采用图2-12所示的阀门井。位于地下水位较高处的阀门井，井底和井壁应不透水，在水管穿越井壁处应保持足够的水密性。阀门井应有抗浮的稳定性。矩形卧式阀门井、消火栓井、排气阀井、泄水阀井分别如图2-13～图2-16所示。

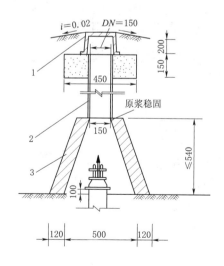

图2-11　阀门套筒（单位：mm）

1—铸铁阀门套筒；2—混凝土管；3—砖砌井

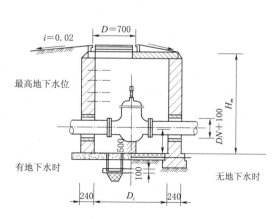

图2-12　阀门井

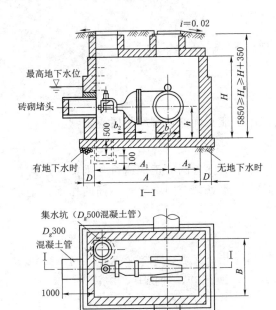

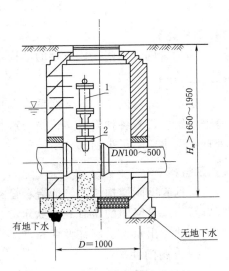

图 2-13　矩形卧式阀门井

图 2-14　消火栓井

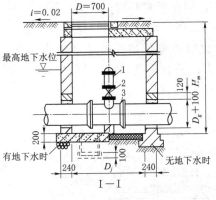

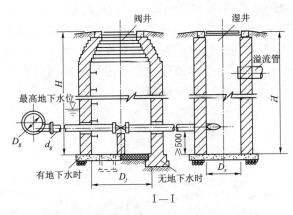

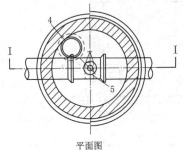

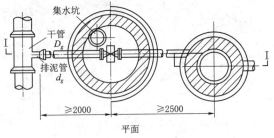

图 2-15　排气阀井

1—排气阀；2—阀门；3—排气丁字管

4—集水坑；5—支墩

图 2-16　泄水阀井

二、支墩

钢管、铸铁（含球铁）管、预应力管等压力管道，因管道运行时管内水流惯性力的作用，在弯头、三通、堵头及管道交叉处产生纵向或竖向拉力，特别是完工验收时泵压试水的压力较大，在这些部位形成的推力更大，而这些推力有时不是接口的粘接力所能抵抗的，尤其是现在通用的柔性撞口管更不能抵抗这些推力。因此，为了保护管道不受破坏，以防管道接口受拉脱节，应根据管径大小、转角、管内压力、土质情况以及设计要求设置支墩。

支墩尺寸不应小于设计要求，试压时支墩混凝土的强度必须能满足管道试验压力的要求，其位置应按设计位置设置，但在施工时需视具体情况调整。管道及管道附件的支墩和锚碇结构应位置准确，锚碇应牢固。支墩应在坚固的地基上修筑。当无原状土做后背墙时，应采取措施保证支墩在受力情况下，不致破坏管道接口。当采用砌筑支墩时，原状土与支墩间应采用砂浆填塞。管道支墩应在管道接口做完、管道位置固定后修筑。管道安装过程中的临时固定支架，应在支墩的砌筑砂浆或混凝土达到规定强度后方可拆除。

承插式接口的管线，在弯管处、三通处、水管尽端的盖板上以及缩管处，都会产生拉力，可能使接口松动脱节而引起管线漏水，因此，在这些部位须设置支墩以承受产生的拉力并防止事故发生。支墩可采用砖、混凝土或浆砌石块制作。支墩按推力的方向可分为水平弯管支墩（图2-17）、水管垂直弯管支墩和三通支墩等几种形式。支墩的设置应根据管径、转弯角度、管道设计内水压力和接口摩擦力，以及管道埋设处的地基和周围土质的物理力学指标等因素计算确定。

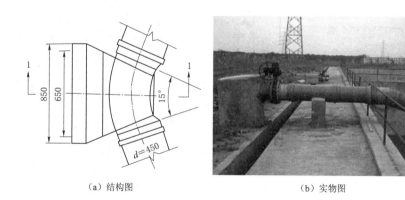

（a）结构图　　　　　　　　　（b）实物图

图2-17　水平弯管支墩

三、管线穿越障碍物

给水管道通过铁路、公路、河道及深谷等各类障碍物时，必须采取一定的措施。

管道穿越铁路或公路时，其穿越地点、方式和施工方法，应满足有关铁道部门穿越铁路的技术规范。根据其重要性可采取如下措施：穿越临时铁路、一般公路或非主要路线且管道埋设较深时，可不设套管，但应尽量将铸铁管接口放在轨道中间，并用青铅接口，钢管则应有防腐措施；穿越较重要的铁路或交通频繁的公路时，须在路基下设钢管或钢筋混凝土套管，套管直径根据施工方法而定。大开挖施工时，应比给水管直径大 300mm，顶管法施工时应比给水管的直径大 600mm。套管应有一定的坡度以便排水。路的两侧应设检查井，内设阀门及支墩，并根据具体情况在低的一侧设泄水阀、排水管或集水坑，参见图 2-18。穿越铁路或公路时，水管顶（设套管时为套管管顶）在铁路轨底或公路路面的深度不得小于 1.2m，以减轻动荷载对管道的冲击。管道穿越铁路时，两端应设检查井，井内设阀门或排水管等。

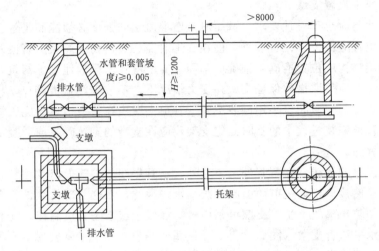

图 2-18 设套管穿越铁路的给水管

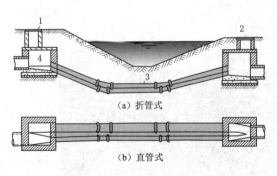

图 2-19 倒虹管
1—进水井；2—出水井；3—沟管；4—溢流堰

管线穿越河道或山谷时，可利用现有桥梁架设水管，或敷设倒虹管，或建造水管桥。其中，水管建在现有桥梁下最为经济，施工和检修都比较方便，通常架在桥梁的人行道下。倒虹管井设计应布置在不受洪水淹没处，必要时可考虑排气设施。倒虹管分为折管式和直管式两种（图 2-19）。倒虹管顶在河床下的深度，一般不小于 0.5m，但在航道线范围内不应小于 1m。

四、检查井

检查井，又称窨井，主要是为便于对排水管道系统进行定期检修、清通和连接上、下游管道而设置的。当管道发生严重堵塞或损坏时，检修人员可下井进行操作疏通和检修。它一般设置在以下位置：①管渠交汇处；②方向转折处；③管道坡度改变处；④管道端面（尺寸、形状、材质）、基础、接口变更处；⑤直线管道每隔一定距离处；⑥特殊用途处（跌水井、防潮门等处）；⑦直线管路上每隔一定距离也需设置。检查井在直线管路上的最大间距见表 2-6。

检查井由三部分组成：井基和井底、井身、井盖和井座，如图 2-20 所示。

表 2-6　　　　　　　　直线管道上检查井最大间距

管　　别	管径或暗渠净高/mm	最大间距/m	常用间距/m
污水管道	≤400	40	20～35
	500～900	50	35～50
	1000～1400	75	50～65
	≥1500	100	60～80
雨水管道、河流管道	≤600	50	25～40
	700～1100	65	40～55
	1200～1600	90	55～70
	≥1800	120	70～85

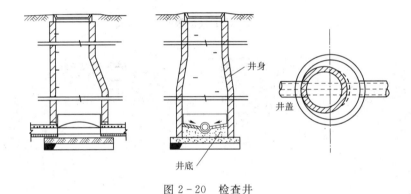

图 2-20　检查井

井基采用碎石、卵石、碎砖夯实或低标号混凝土浇筑，井底一般采用低标号混凝土浇筑。井底是检查井最重要的部分，为使水流通过检查井时阻力较小，井底宜设计成半圆形或弧形流槽，流槽直壁向上伸展。直壁高度与下游管道的顶高度相同或低些，槽顶两肩坡度为 0.05，以免淤泥沉积，槽两侧边应有 200mm 的宽度，以利于维修人员立足之用。在管渠转弯或几条管渠交汇处，为使水流通顺，流槽中心的弯曲半径应按转角大小和管径大小确定，但不得小于大管的管径。检查井底各种流槽的平面形式如图 2-21 所示。

井身材料可采用砖、石、混凝土、钢筋混凝土。我国目前多采用砖砌，以水泥砂浆抹面。井身的平面形状一般为圆形，但在大直径的管线上可做成方形、矩形等形状。为便于养护人员进出检查井，井壁应设置爬梯。

井口和井盖的直径采用 0.65～0.7m。检查井井盖可采用铸铁或钢筋混凝土材料，在车行道上一般采用铸铁，在人行道或绿化带内可用钢筋混凝土盖。为防止雨水流入，盖顶略高出地面。盖座采用铸铁、钢筋混凝土或混凝土材料制作。图 2-22 为铸铁井盖，图 2-23 为钢筋混凝土井盖。

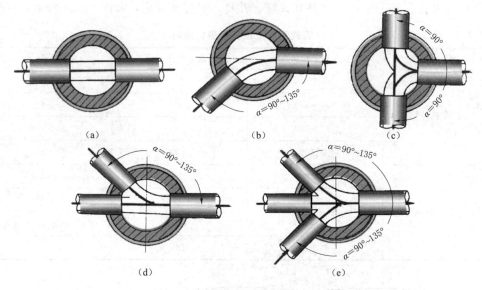

(a)　　　　　　　　　　(b)　　　　　　　　　　(c)

(d)　　　　　　　　　　　　(e)

图 2-21　检查井底流槽的平面形式

图 2-22　铸铁井盖

图 2-23　钢筋混凝土井盖

五、跌水井

跌水井是设有消能设施的检查井，当上下游管道的高度相差较大（大于 1m）时，用来消除水流的能量，克服跌落时产生的巨大冲击力。目前常用的跌水井有竖管式（或矩形竖槽式）、溢流堰式和阶梯式，如图 2-24 所示。

竖管式跌水井构造比较简单，与普通检查井相似，只是增加了铸铁竖管和少量配件，适用于设置在口径小于 400mm 的管路上，这种跌水井一般不需作水力计算，当管径不大于 200mm 时，一次落差不超过 6m。当管径为 300～400mm 时，一次落差不超过 4m。溢流堰式和阶梯式跌水井可用于大管径的管路上，跌水部分采用溢流堰或多级阶梯逐步消能，为了防止跌水水流的冲刷，溢流堰的底板或每级阶梯的底板要坚固。这种跌水井的尺寸（井长、跌水水头高度等）应通过水力计算取得。

六、水封井及换气井

当工业废水中含有易燃的能产生爆炸或火灾的气体时，其废水管道系统中应设水

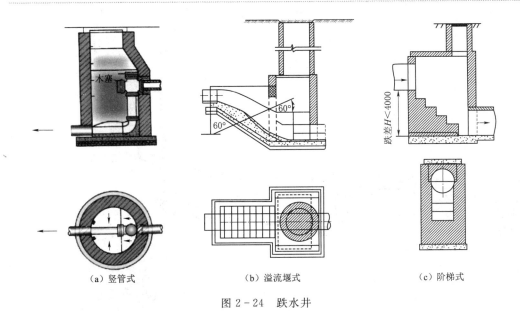

（a）竖管式　　　　　　（b）溢流堰式　　　　　　（c）阶梯式

图 2-24　跌水井

封井，以阻隔易燃易爆气体的流通及水面游火，防止其蔓延。水封井是一种能起到水封作用的检查井，其形式有竖管式水封井和高差式水封井。水封井应设在生产上述废水的生产装置、储罐区、原料储运场地、成品仓库、容器洗涤车间和废水排出口处，以及适当距离的干管上。由于这类管道具有危险性，所以在定线时要注意安全问题。应设在远离明火的地方，不能设在车行道和行人众多的地段。水封深度与管径、流量和污水中含易燃易爆物质的浓度有关，一般在 0.25m 左右。井上宜设通风管，井底宜设沉泥槽，其深度一般采用 0.5～0.6m。图 2-25 为竖管式水封井的示意图。

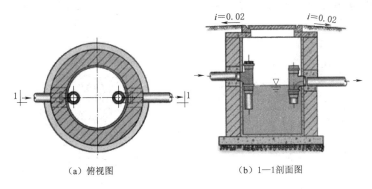

（a）俯视图　　　　　　（b）1—1剖面图

图 2-25　竖管式水封井

换气井是一种设有通风管的检查井，图 2-26 为换气井的形式之一。由于污水中的有机物常在管道中沉积而厌氧发酵，发酵分解产生的甲烷、硫化氢、二氧化碳等气体，如与一定体积的空气混合，在点火条件下将会产生爆炸，甚至引起火灾。为了防止此类事件的发生，同时也为了保证工人在检修管道时的安全，有时在街道排水管的检查井上设置通风管，使有害气体在住宅管的抽风作用下，随同空气沿庭院管道、出户管及竖管排入大气中。

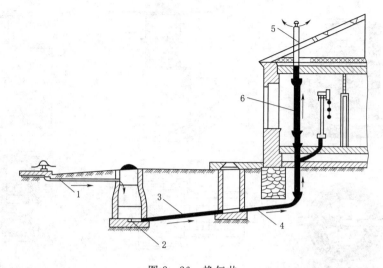

图 2-26 换气井

1—通风管；2—街道排水管；3—庭院管；4—出户管；5—透气管；6—竖管

七、溢流井

在截留式合流制排水系统中，在合流管道与截留干管的交汇处应设置溢流井，其作用是将冲洗管超过溢流井下游管道输水能力的那部分混合污水，通过溢流井溢流排出。溢流井有截流槽式、溢流堰式（图 2-27）和跳跃堰式三种形式。截流槽式溢流井是最简单的流井，槽顶与截流干管管顶相平，当上游来水过多，槽中水面超过槽顶时，超量的水溢入水体。溢流堰式溢流井是在截流管的侧面设置溢流堰。当流槽中的水面超过堰顶时，超量的水溢流进入水体。跳跃堰式溢流井是当上游流量大到一定程度时，水流将跳跃过截流干管，直接排入水体。

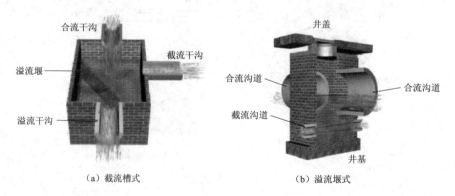

（a）截流槽式 （b）溢流堰式

图 2-27 溢流井

八、冲洗井

当污水在管道内的流速不能保证自清时，为防止淤积可设置冲洗井。冲洗井有两种类型：人工冲洗和自动冲洗。自动冲洗井一般采用虹吸式，其构造复杂，且造价很高，目前已很少采用。人工冲洗井的构造比较简单，是一个具有一定容积的检查井。冲洗井的出流管上设有闸门，井内设有溢流管以防止井中水深过大。冲洗水可利用污水、中水或自来水。用自来水时，供水管的出口必须高于溢流管管顶，以免污染自来水。冲洗井一般适用于管径不大于400mm的管道上，冲洗管道的长度一般为250m左右。图2-28为冲洗井构造示意图。

九、雨水口

雨水口是在雨水管渠或合流管渠上收集雨水的构筑物。地面上的雨水经雨水口通过连接管流入排水管渠。雨水口通常设置在汇水点（包括集中来水点）和截水点处，以防止雨水漫过道路或造成道路及低洼地区积水而妨碍交通。道路上雨水口的间距一般为25～50m（视汇水面积体倒灌大小确定）。雨水口由进水口、井筒和连接管三部分构成（图2-29）。

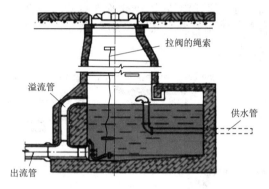

图2-28 冲洗井构造示意图

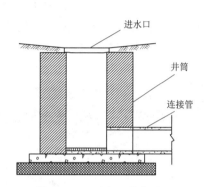

图2-29 雨水口的构造图

进水口可用铸铁或钢筋混凝土、石料制成。钢筋混凝土或石料进水口可节约钢材，但其进水能力远低于铸铁进水口。井筒可用砖砌或用钢筋混凝土预制，亦可采用预制混凝土管。雨水口按进水口在街道上的设置位置可分为边沟雨水口、边石雨水口和联合式雨水口（图2-30）。雨水口的深度一般不大于1m，并根据需要设置沉泥槽。

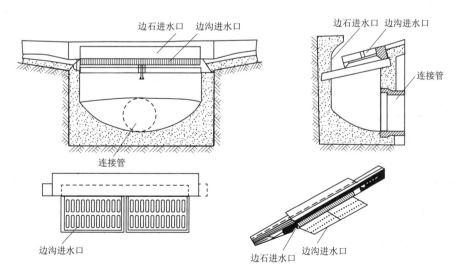

图2-30 双算联合式雨水口

雨水口以连接管与排水管渠的检查井相连。当排水管直径大于 800mm 时，在连接管与排水管连接处可不设检查井，而设连接暗井。

十、出水口

排水管渠出水口的设置应取得当地卫生主管部门和航运管理部门的同意。出水口与水体岸边连接处应采取防冲、加固等措施，一般用浆砌块石做护墙和铺底，在受冻胀影响的地区，出水口基础必须设置在冰冻线以下，并应考虑用耐冻胀材料砌筑。当出水口深入河道时，应设置标志。

为使污水与水体水混合良好，同时为避免污水沿滩流泻造成环境污染，污水排水管渠出水口一般采用淹没式，又可分为江心分散式、一字式出水口和八字式出水口三种（图 2-31）。江心分散式出水口是将污水管道顺河底用铸铁管或钢管引至江心，然后排出，可以使污水和水体水流充分混合。雨水管渠出水口一般采用非淹没式，其管底标高应在水体最高水位之上，以免水体倒灌。

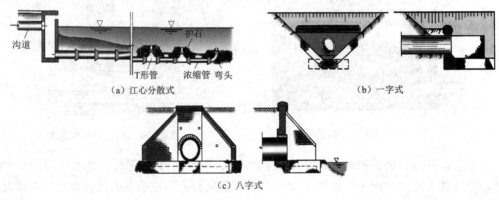

(a) 江心分散式　　　　　　　　　　　(b) 一字式

(c) 八字式

图 2-31　出水口

【任务准备】

联系污水处理厂，协定参观、学习相关事宜。

【任务实施】

带领学生到污水处理厂参观相应的污水处理管道系统，认识管网附属构筑物。

【检查评议】

评分标准见表 2-7。

表 2-7　　　　　　　　　　　　　　　　评　分　标　准

编号	项目内容	评　分　标　准	分值	扣分	得分
1	学习态度	不认真学习扣 10 分，态度不积极扣 10 分	20		
2	团队协作精神	没有团队精神扣 10 分	10		
3	专业能力	根据看到的管网附属构筑物进行提问，回答错一处扣 10 分，扣完为止	50		
4	安全文明操作	不注意安全扣 20 分	20		
5	合　　计		100		

【思考与练习】

（1）常见的管网附属构筑物有哪些？

（2）跌水井的作用及分类如何？各类跌水井的适用范围是什么？

2-1-4
调节构筑物

知识点四　调　节　构　筑　物

【任务描述】

学习清水池、水塔、污水提升泵站的构造、要求以及运行管理方法。

【任务分析】

在水处理管网中，常常需要建造调节构筑物以调节管网内水量的变化。常见的调节构筑物有给水管网系统中的清水池、水塔（或高位水池）、调节（水池）泵站以及污水管网中的污水提升泵站等。其中，清水池还具有保证消毒接触时间的作用，水塔还具有保证管网压力的作用。这些调节构筑物在管网系统中也是必不可少的，了解其特点和原理等是本任务的重点。

【知识链接】

一、清水池

清水池的作用是调节一级泵站和二级泵站供水量的差额。清水池常采用钢筋混凝土、预应力钢筋混凝土或砖石材料构造，其中以钢筋混凝土水池使用最广。其形状一般为圆形或矩形。当水池容积小于 $2500m^3$ 时，设为圆形较为经济；而大于 $2500m^3$ 时，则以矩形较为经济。

清水池的主要构造如图 2-32 所示。水池的放空管接到集水坑内，其管径一般按最低水位时 2h 内将池水放空计算。为保证检修工作，当水池容积在 $1000m^3$ 以上时，应至少设两个检修孔。此外，为使池内自然通风，应设若干通风孔，孔口至少要高出水池覆土面 0.7m 以上。

清水池的个数或分格数一般不少于两个，并且可单独工作，分别检修。只建一个清水池时，应设超越管绕过清水池，以便清洗时仍可供水。

二、水塔

水塔是位于二级泵站与用户之间，用以调节二级泵站供水量和用户用水量之间的差额设施（图 2-33）。水塔主要由水柜（或水箱）、塔体、管道和基础组成。水柜的主要作用是储存水量，其容积包括调节容量和消防储水量。水柜通常做成圆形，应该牢固不透水。水柜可用钢材、钢筋混凝土或木材，容积很小时，也可用砖砌。塔体的作用是支撑水柜，常用钢筋混凝土、砖石或钢材建造，也有采用装配式或预应力钢筋混凝土建造的水塔。水塔的进水管和出水管可以合用，也可以分别单独设置。合用时进水管伸到高水位附近，出水管靠近柜底，在出水柜后合并连接。溢水管上端设有喇叭口，管道上一般不装阀门。为便于检修时放空水柜存水，须设置放空管。放空管从柜底接出，管上设有阀门，并接到溢水管上。溢水管和放空管可合并。在寒冷地区，应在水柜外壁做保温防冻层。

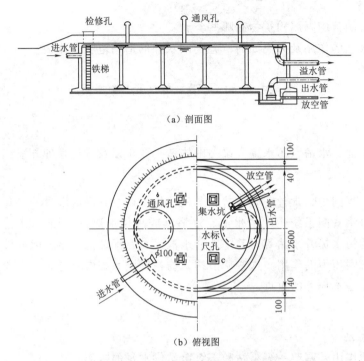

（a）剖面图

（b）俯视图

图 2-32　圆形钢筋混凝土清水池

图 2-33　水塔实例图

三、调节（水池）泵站

　　调节（水池）泵站主要由调节水池和加压泵房组成（图 2-34），其主要作用是调节水量和水压。调节水池与普通水池一样都设有进水管、出水管、溢流管及排水管等，为了避免水池进水时管压降低过大，进水阀门需要根据水压情况经常调整，故一般采用电动操作。

图 2-34　水池和泵房

四、污水提升泵站

污水提升泵站的主要作用是将上游来水提升至后续处理单元所要求的高度，使其实现重力自流。污水提升泵站主要由机器间、集水池、格栅、辅助间等组成。目前新建和在建的污水处理厂绝大部分采用潜污离心水泵，泵房结构简单，管理方便。

【任务准备】

联系某水厂，确定参观相关事宜。

【任务实施】

带领学生到预约的水厂参观调节构筑类的设施。

【检查评议】

评分标准见表 2-8。

表 2-8　　　　　　　　　　　评 分 标 准

编号	项目内容	评 分 标 准	分值	扣分	得分
1	学习态度	不认真学习扣 10 分，态度不积极扣 10 分	20		
2	团队协作精神	没有团队精神扣 10 分	10		
3	专业能力	根据看到的调节构筑物进行提问，回答错一处扣 10 分，扣完为止	50		
4	安全文明操作	不注意安全扣 20 分	20		
5		合　　计	100		

【思考与练习】

（1）常见的调节构筑物包含哪些？

（2）污水提升泵站组成包含哪些？

任务二　取水水源与取水构筑物运行与管理

2-2-1
取水水源
运行与管理

知识点一　取水水源运行与管理

【任务描述】

　　学习给水工程中取水水源的分类和选择，以及取水水源运行与管理的方法和注意事项。

【任务分析】

　　首先需要了解取水水源的类型以及特点，熟悉取水水源运行与管理的方法，然后才能进行取水水源的管理工作。

【知识链接】

一、取水水源种类

　　取水水源是指能为人们所开采，经过一定的处理或不经处理即能为人们所利用的自然水体。水源选择是保证居民生活饮用水安全卫生的措施之一。取水水源可分为地表水源和地下水源。地表水源包括江河水、湖泊水、水库水和海水等，而地下水源则包括上层滞水、潜水、承压水、裂隙水、岩溶水和泉水等。

二、取水水源管理

取水水源的管理主要包括水量管理和水质管理两个方面。

（一）地表水源的管理

1. 水量管理

　　（1）水位和流量观测。观察和记录取水口附近的河流流量和水位，每日一次，洪水期间适当增加次数。对于湖泊和水库水源，可测绘出水位-水库关系曲线，在水塔附近设置水位标尺，根据水位变化，推算出进水量、出水量和库容（图2-35）。

图2-35　水位观测设施

（2）记录当天总取水量和取水流量。

（3）记录当天气温和降雨情况。

（4）汛期应及时了解上游水文变化和洪水情况。

（5）地表水水源的水量管理由进水泵房或取水设施值班人员负责观察和记录，每月由管生产、技术的人员进行汇总，每年进行一次分析整理，绘制河水流量与水位的变化曲线，以逐步掌握水源的变化规律，发现异常情况时，要及时查清原因、寻求对策。

2. 水质管理

（1）每日分析和记录取水口附近水源的浊度、pH 值和水温，在水质变化频繁的季节，应适当增加分析次数和内容。

（2）每月或每季对取水口附近的河（湖、库）水质选择有代表性的重要指标进行一次常规分析。

（3）每季或每半年对取水口附近的河（湖、库）水按照国家标准规定的项目进行一次全分析。在水质变化频繁的季节，还要增加检测次数。

（4）每年对取水口上游进行水源污染调查，调查内容与要求根据当地实际情况确定。

（5）水库和湖泊水源每 3 个月还应对不同深度的水温、浊度、藻类与浮游生物含量进行一次检测，在水质变化频繁的季节，应适当增加检测次数。

（6）每日的浊度、pH 值及水温可由进水泵房或净水操作工人进行测定。

（7）常规分析、全分析与其他检测都应由厂（公司）化验室负责，没有化验室的由厂部责成水质管理人员委托当地卫生部门或其他有条件的水厂进行，水源污染调查由厂部负责。

所有分析资料都要指定专人进行分析、整理。发现异常情况，要立即分析研究、查找原因、寻找对策。每年还要写出水源水质分析书面总结材料，所有资料都要存档保存。

（二）地下水源的管理

地下水源的管理和地表水源的管理比较类似。

1. 水量管理

（1）记录每日出水量、井内水位和水温。

（2）经常关注周围水井水位变化，研究由于抽水造成的地下水位下降漏斗的范围。

（3）靠近河流的地下水源应注意河水流量与水位变化对地下水源取水量的影响，及时预测取水量的变化趋势。

2. 水质管理

地下水源的水质管理同地表水质管理。应注意每日做一次细菌项目分析，每月做一次常规分析，每年做一次全分析，并应严格做好水源的卫生防护工作。

【任务准备】

选择所在城市的典型地表水源，模拟取水水源的运行与管理，或到水源管理处进行实际取水水源的运行与管理。

【任务实施】

对地表水或地下水水量、水位、水温等的变化进行详细、完整的记录。对出现的水量或水质异常，能分析原因并提出解决对策。

【检查评议】

评分标准见表 2-9。

表 2-9　　　　　　　　　　评　分　标　准

编号	项目内容	评　分　标　准	分值	扣分	得分
1	学习态度	不认真学习扣 10 分，态度不积极扣 10 分	20		
2	团队协作精神	没有团队精神扣 10 分	10		
3	专业能力	是否按要求进行水量管理，各记录是否及时、完整，能否分析并解决水源出现的异常情况	50		
4	安全文明操作	不注意安全扣 20 分	20		
5	合　　计		100		

【思考题】

（1）如何保护取水水源地？

（2）如何管理地表水和地下水？

知识点二　取水构筑物运行与管理

2-2-2 取水构筑物运行与管理

【任务描述】

了解取水构筑物的类型、构造和适用条件，掌握取水构筑物运行与管理方法。

【任务分析】

取水构筑物是给水工程中一个重要的组成部分，它的任务是从水源取水并输送至水厂或用户。通过对取水构筑物类型、构造、适用条件和运行与管理方法的学习，能进行取水构筑物运行与管理。

【知识链接】

一、取水构筑物分类

取水构筑物按照取水水源的不同可分为地表水取水构筑物和地下水取水构筑物。

1. 地表水取水构筑物分类

地表水取水构筑物按照水源划分有河流、湖泊、水库、海水取水构筑物；按构造形式划分，有固定式（岸边式、河床式、斗槽式等）和移动式（浮船式和缆车式）两种。而在山区河流上，则有带低坝的取水构筑物和低栏栅式取水构筑物（图 2-36）。

2. 地下水取水构筑物

由于地下水类型、埋藏深度、含水层性质等的差异，采集地下水的方法和取水构筑物形式也各不相同。常见的取水构筑物包括管井、大口井、辐射井、渗渠、复合井等（图 2-37）。其中以管井和大口井最为常见。

（a）固定式　　　　　　　　　　　（b）移动式

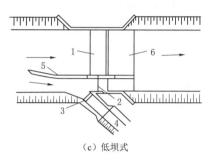

（c）低坝式

图 2-36　地表水取水构筑物

1—自流坝；2—冲沙闸；3—进水闸；4—引水明渠；5—导流堤；6—护坦

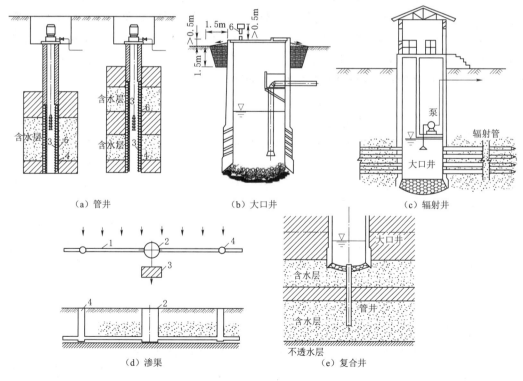

（a）管井　　　　　　　（b）大口井　　　　　　　（c）辐射井

（d）渗渠　　　　　　　　　　（e）复合井

图 2-37　地下水取水构筑物

二、地表水取水构筑物运行与管理

地表水取水构筑物的运行与管理主要包括地表水源水质的监测、取水构筑物的维护以及取水泵站的运行和维护。地表水源的监测项目主要有浊度、pH值、水温等，可参考取水水源运行与管理这部分。取水泵站的主要运行控制参数有取水泵站吸水井水位、水泵机组进口真空度及出口压力、总管压力、流量等。该部分的重点是取水构筑物的运行和维护。

（一）地表水取水构筑物运行与管理要点

地表水取水构筑物在运行中经常遇到的问题主要有泥沙淤塞、取水口和管路被漂浮物等杂质或水生生物堵塞、取水口冻结、设备故障等。在实际运行中应经常进行检修，以便及时发现和解决这些问题。

1. 漂浮物堵塞

地表水取水构筑物特别是江河取水构筑物，水流中往往含有漂浮物。这些漂浮物很容易聚集在进水口、取水头部的格栅和格网上，甚至会堵塞进水孔和取水头部，造成断流。在取水构筑物管理中，应注意以下事项：

（1）加强管理。实施巡回检查制度，每天至少检查一次，汛期增加检查次数，以及时发现堵塞现象。

（2）防草措施。在取水口附近的河面上，通常设置防草浮堰、挡草木排以及在压力管道中设置除草器等，以阻止漂浮在水面上的杂草靠近取水头部和进入水泵。

（3）格栅和格网的管理。格栅用以拦截水中粗大的悬浮物和鱼类等，而格网则拦截更细小的漂浮物。格网堵塞后应及时冲洗，以免格网前后水位差引起格网破裂。格网的冲洗一般采用200~400kPa的高压水通过穿孔管或喷嘴来进行，冲洗后的污水沿排水槽流走。格栅则可采取机械或水力方法冲洗。

2. 泥沙淤塞

湖泊、水库由于水流速度缓慢，泥沙容易沉积，因此建在其上的取水构筑物需要特别注意泥沙淤积的问题。泥沙含量较多的河水进入取水构筑物进水间后，由于流速降低，也会有大量泥沙沉积，如不及时排除，将影响取水构筑物的正常运行。

排除泥沙的方法常用排沙泵、排污泵、射流泵、压缩空气提升器等设备。一般大型进水间多用排沙泵、排污泵或压缩空气提升器排泥。小型进水间或者泥沙淤塞不严重时，可采用高压水带动的射流泵排泥。此外，一般在井底设有穿孔冲洗管或冲洗喷嘴，利用高压水对进水间和吸水井进行冲洗。因此，冲洗和排泥过程可同时进行，以提高排泥效率。

3. 进水管维护

对于河床式取水构筑物而言，其运行和管理的重要任务就是进水管的维护。

河床式取水构筑物的进水管主要有自流管、虹吸管、进水暗渠等。自流管一般采用钢管、铸铁管或钢筋混凝土管；虹吸管通常采用钢管或铸铁管。

当进水管内流速过小时，可能产生淤积。自流管长期停用后，由于异重流的原因，也有可能造成淤积。此外，漂浮物也可能堵塞取水头部。这时，应采取一定的冲洗措施。冲洗方法有顺冲洗和反冲洗两种。

（1）顺冲洗可采取两种方法：一是关闭部分进水管，使全部水量通过待冲的一根进水管，以加大流速的方法来冲洗；二是在河流高水位时，先关闭进水管阀门，从该格集水间抽水至最低水位，然后迅速开启进水管阀门，利用河流与进水间的水位差来冲洗进水管。

（2）反冲洗。当河流水位较低时，先关闭进水管末端阀门，将该格集水间充水至高水位，然后迅速开启阀门，利用集水间与河流的水位差进行反冲洗。也可将泵房内水泵的压水管与进水管连接，利用水泵压力水或高压水池来水实现反冲洗。

此外，对于虹吸管，还可在河流低水位时，利用破坏真空的方法进行反冲洗。

4. 防冰冻、冰凌

在有冰冻的河流上，为防止水内冰堵塞进水孔，影响取水安全，此时，可采取降低进水孔流速、加快江河水流速度、加热格栅、在进水孔前引入热沸水、通入压缩空气、采用渠道引水等措施。此外，还可采取设置导凌设备、降低格栅导热性能、机械清除、反冲洗等防止进水孔冰冻的措施。具体详见给水工程相关书籍。

为防止洪水对取水构筑物和取水泵房的危害，应采取必要的措施。

5. 防洪、防汛

（1）及时掌握水情，并巡查堤防。

（2）采取防漫顶和防风浪冲击的措施。当水位越过警戒水位时，堤防可能出现漫顶前，应修筑子堤。而当堤防迎水面护坡受风浪冲击较严重时，可采用草袋防浪措施。

（3）进行防汛前的检查，并准备好防汛物资。

（4）及时发现并处理防洪漏洞。

（二）移动式取水构筑物的运行与管理要点

移动式取水构筑物的运行管理比较复杂，有其特殊性。下面分别介绍浮船式和缆车式取水构筑物运行与管理时应注意的问题。

1. 浮船式取水构筑物

浮船式取水构筑物在运行时应注意以下问题：

（1）防止浮船被撞击。浮船式取水构筑物受风浪、航运、漂木及浮筏、河流流量、水位急剧变化的影响较大，应采取必要措施防止其被航船、木排等撞击，如进行浮船警戒等。

（2）浮船式取水应随河流水位的涨落拆换接头、移动船位、收放锚链、紧固缆绳及电线电缆。移船的方法有机械移船和人工移船两种。机械移船是利用船上的电动绞盘，收放船首尾的锚链和缆索，使浮船向岸边或江心移动，因此较为方便。人工移船则用人力移动绞盘，耗费较多劳动。

（3）浮船在运行时，应注意设备重量在浮船工作面上的分配和设备的固定。必要时可专门设置平衡水箱和重物以调整平衡。而一般应在船体中设置水密隔舱，以防止发生沉船事故。

2. 缆车式取水构筑物

（1）应随时了解河流的水位涨落及河水泥沙状况，以及时调整缆车的取水位置，保证取水水量和水质。

（2）汛期应采取有效措施保证车道、缆车及其他设备的安全。

（3）注意缆车运行时人身与设备的安全。特别是检查缆车是否处于制动状态，确保运行时处于安全状态。

（4）定期检查卷扬机与制动装置等安全设备，以免发生不必要的安全事故。

缆车式取水构筑物运行时的其他注意事项与固定式取水构筑物基本相同。

三、地下水取水构筑物运行与管理

（一）管井

1. 管井日常运行与管理

管井应合理使用，在日常运行和管理中应注意以下事项：

（1）管井抽水设备的出水量应小于管井的设计出水能力，并使管井过滤器表面进水流速小于允许进水流速，否则会使出水含沙量增加，破坏含水层的渗透稳定性。

（2）管井应有使用卡，以便值班或巡视人员逐日按时记录水井的出水量、水位、水压以及电动机的电流、电压和温度等，以此为依据研究是否出现了异常现象，并及时进行处理。

（3）管井、机泵的操作规程和维修制度应严格遵守，比如深井泵运行时应进行预润程序，及时加注机泵润滑油等；机泵必须定期检修，管井应及时清理沉淀物，必要时进行洗井以恢复其出水能力等。

（4）季节性供水的管井，在停运期间，应定期抽水，以防止长期停用导致的电动机受潮以及管井腐蚀与沉积。

（5）管井周围应保持良好的卫生环境，并进行绿化，以防止含水层被污染。

2. 管井运行常见问题及措施

管井在运行中最常出现的问题是出水量减少，主要有管井本身和水源两个方面的原因。管井出水量减少的原因和措施详见表 2-10。

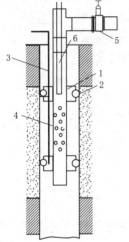

图 2-38　胶囊封闭洗井装置
1—气囊架；2—气囊；3—气管；4—穿孔管；5—阀门；6—压缩空气

表 2-10　管井出水量减少的原因与措施

原　　因	措　　施
过滤器进水口尺寸不当、缠丝或滤网腐蚀破裂、接头不严或管壁断裂等造成砂粒流入而堵塞	更换过滤器，修补或封闭漏砂部位
过滤器表面及周围填砾、含水层被细小泥沙堵塞	用钢丝刷、活塞法、真空法洗井（图 2-38）
过滤器表面及周围填砾、含水层被腐蚀胶结物和地下水中析出的盐类沉淀物堵塞	18%～35%工业盐酸清洗
细菌等微生物繁殖造成堵塞	氯化法或酸洗法
区域性地下水位下降	回灌补充，降低抽水设备安装高度
含水层中地下水流失	隔断、新建管井

3. 增加管井出水量的措施

对于已经建成运行的管井，有时需要增加管井的出水量，这时可采取以下方法：

（1）真空井法。这种方法是将井的井壁管或井筒与水泵吸水管直接相连、密封，使井中动水位以上的空间形成真空，以达到增加井内进水量的目的。其形式有适合于卧式水泵的对口抽真空井（图2-39）和深井潜水井真空井（图2-40）。

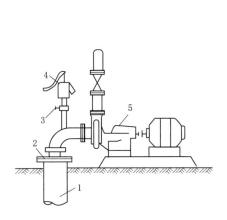

图2-39 对口抽真空井
1—井管；2—封闭法兰；3—阀门；
4—手压泵；5—卧式离心泵

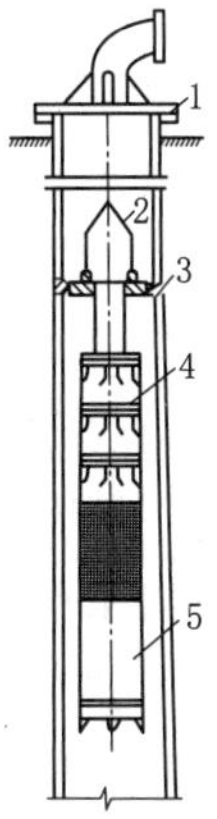

图2-40 深井潜水井真空井

（2）爆破法。对于裂隙水、岩溶水，常因孔隙、裂隙、溶洞发育不均，影响地下水的流动，从而降低管井出水量。此时，可采用井中爆破法，以增加含水层的透水性。在爆破时，应对含水层的岩性、厚度和裂隙溶洞发育程度进行分析，拟订爆破计划。

（3）酸处理法。该法适用于石灰岩地区，可采用注酸的方法增大石灰岩裂隙及溶洞。注酸后以980kPa以上的压力水注入井内，使酸液深入裂隙中，时间为2～3h；之后，应及时排除反应物。

（二）大口井

1. 大口井日常运行与管理

大口井运行与管理和管井比较类似，但也有其特殊性。在运行中，应特别注意以下事项：

（1）水量管理。大口井在运行时应均匀取水，且最高取水量不得超过设计出水量。由于大口井出水量在丰水期和枯水期的变幅较大，因此，枯水期应避免过量取水，否则容易破坏滤层结构，使井内大量涌砂，影响大口井出水量。

（2）水质管理。大口井所采集的浅层地下水容易遭受周围地表水以及土壤的污染。可采取以下措施加强水质的管理：定期维护井口、井筒的防护构造；在地下水影响半径范围内，注意水质监测；制定水源卫生防护管理制度；保持井内良好的卫生环境，经常通风换气，并防止井壁微生物生长。

2. 大口井运行常见问题及处理措施

大口井运行中最常见的问题是出水量降低。产生这种问题的原因可能是井内动水位下降、井底反滤层铺设不当或淤积以及井壁进水孔的堵塞等。可分别采取以下处理措施：

（1）井内动水位下降，水泵扬程增加，效率降低，出水量相应减少。此时，可降低水泵标高，改善水泵的工作条件，增加出水量。

（2）井底反滤层铺设不当或已造成井底严重淤积的大口井，应重新铺设反滤层以增加出水量。铺设时，先将地下水位降低，挖出原有反滤层，彻底清洗并补充滤料。

（3）井壁进水孔堵塞时，应清理井壁进水孔或换填井壁周围的反滤层。清理方法可参考管井的运行与管理相关内容。

（三）渗渠

1. 渗渠日常运行与管理

渗渠的日常运行与管理方法和管井、大口井基本相同，但也有其特殊性，应加以注意。

（1）应掌握渗渠出水量的变化情况。由于渗渠出水量与河流流量关系密切，因此应通过长期观察掌握其变化规律。

（2）加强水质管理。应经常进行水质监测，做好卫生防护工作，确保渗渠出水水质。这对于只经过消毒处理的渗渠出水来说尤为重要。

（3）做好渗渠的防洪工作。渗渠的集水管、检查井、集水井等须防止洪水冲刷以及洪水灌入集水管造成渗渠的淤积。每年汛期前，应检查井盖封闭是否牢靠，护坡、丁坝等是否完好；洪水过后应及时检查并进行清淤、维修工作。

2. 渗渠出水量衰减问题及措施

渗渠在运行过程中常出现不同程度的出水量衰减的问题，这主要有渗渠本身、地下水源以及渗渠设计等方面的原因。可以采取表2-11中的措施。

表2-11 渗渠出水量减少的原因与措施

原　因	措　施
渗渠反滤层和周围含水层受地表水中泥砂杂质淤塞	选择泥砂杂质含量少的河段建造渗渠；合理布置渗渠，避免将渗渠埋设在排水沟附近；控制渗渠的取水量
地下水源	降低渗渠取水量；河道整治

3. 增加渗渠出水量的措施

渗渠在运行过程中，如果需要增加其出水量，可考虑采取以下措施：

（1）修建拦河闸。在距离渗渠下游河床较近的地方，可垂直于河流修建拦河闸。枯水期关闸蓄水，以提高渗渠出水量；而在丰水期则开闸放水，冲走沉积的泥沙，恢复河床的渗透性能。

（2）修建临时性的拦河土坝。即在渗渠下游将河砂堆成土堤以缩小枯水期河流断面，达到提高河水水位的目的。这种方法由于需在汛期来临前拆除土坝，因此工程量较大。也可将土坝顺河修筑，慢慢缩小水面，以减少第二年的工程量。

（3）修建地下潜水坝。当含水层较薄，河流断面较窄时，可在渗渠下游 10～30m 内修建截水潜坝，能有效提高渗渠出水量。

此外，辐射井和复合井的运行与管理与上述几种地下水取水构筑物基本相同。

【任务准备】

假定某地表水取水构筑物运行中遇到了泥沙淤塞、漂浮物堵塞、进水管淤积等情况。

【任务实施】

到现场调查了解问题的基本情况，查阅相关资料，拟定解决方案。

【检查评议】

评分标准见表 2-12。

表 2-12 评 分 标 准

编号	项目内容	评 分 标 准	分值	扣分	得分
1	学习态度	不认真学习扣 10 分，态度不积极扣 10 分	20		
2	团队协作精神	没有团队精神扣 10 分	10		
3	专业能力	是否正确的分析问题；问题的解决方法是否正确；是否正确实施了解决方案；效果如何	50		
4	安全文明操作	不注意安全扣 20 分	20		
5	合 计		100		

【思考题】

（1）地表水源和地下水源各有何优缺点？如何选择合适的水源？

（2）地表水取水构筑物按构造形式不同可分为哪几种类型？它们各有何优缺点？

任务三 给水管网运行与管理

知识点一 管网技术资料与地理信息系统管理

2-3-1 管网技术资料与地理信息系统管理

【任务描述】

了解管网技术资料管理的主要内容，熟悉管网技术资料管理的要求。

【任务分析】

城市给水管网一般埋设于地下，属于隐蔽性工程。使用者要想了解管网的资料，进行管网的运行与管理、改建和扩建，只有通过查阅管网的技术档案资料，并借助管网地理信息系统，才能实现。因此首先需要熟悉管网技术资料有哪些，以及如何使用管网地理信息系统。

【知识链接】

一、管网技术资料管理

管网技术资料包括设计资料、竣工资料、管网改扩建资料、管网现状资料等。

1. 管网设计资料

管网设计资料包括管网规划资料、管网项目建议书、可行性研究报告、前期审批文件、设计任务书、管道水力计算书、管网设计图、管网设计变更和工程概预算书。其中管网设计图包括总平面图、带状平面图、纵断面图和节点详图。

2. 竣工资料

施工过程中的技术资料主要有施工技术文件和施工原始记录，而竣工资料一般应包括图纸资料和文字资料。图纸资料包括总平面图、带状平面图、纵断面图和节点详图；文字资料包括工程说明、招投标文件、管道水压试验记录、全线工程试运行及验收记录、隐蔽工程验收记录、工程预算和修改预算及决算资料。

3. 管网改扩建资料

一般应包括改扩建的时间，改扩建图纸及相关的文字资料，改扩建后供水状况的变化情况等。

4. 管网现状资料

较重要的管网现状技术资料是管网现状图。除了管网现状图外，还有管网运行与维护记录、用户管理卡、阀门管理卡等管网技术资料。

上述管网技术档案资料应严加管理，不能遗失或损坏。

二、管网地理信息系统及其管理

1. 管网地理信息系统

给水排水管网地理信息系统（简称管网 GIS）可管理给水排水管网的地理信息，包括泵站、管道、阀门井、水表井等各种附属构筑物以及用户资料等，为给排水的运行管理提供了重要的信息决策依据。其具体优势如下：

（1）为管网系统规划、改扩建提供图样及精确数据。

（2）能准确定位管道的位置、埋深、管道井、阀门井的位置等，减少开挖位置不正确导致的施工浪费和可能对通信、电力等其他地下管道的损坏。

（3）提供了管网优化规划设计、实时运行模拟、状态参数校核、管网优化调度等技术性功能的软件接口，具有管线巡查、测量、数据统计与计算、管网改造预警及管网事故处理等多种功能，能够优化给水管网系统，并降低运行成本。

管网 GIS 关系图如图 2-41 所示。

2. 管网地理信息系统管理

管网 GIS 的空间数据信息主要包括与给水系统有关的各种基础地理特征信息，如地形、土地利用、地貌、地下构筑物和河流等，以及给水系统本身的各种地理特征信息，如泵站、管道水表、阀门、水厂及各种附属构筑物等。

在管网系统中采用地理信息系统，由于图形及其属性（表 2-

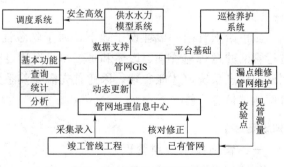

图 2-41　管网 GIS 关系图

13）数据可被看作是一体的，所以可以方便地进行图形和数据间的互相查询。

表 2 - 13　　　　　　　　管 网 GIS 的 属 性

节点属性	包括节点编号、节点坐标（X、Y、Z）、节点流量、节点所在道路名等
管道属性	包括管道的编号、起始节点号、终止节点号、管长、管材、管道粗糙系数、施工日期、维修日期等
阀门属性	包括阀门的变化、坐标（X、Y、Z）、阀门种类、阀门所在道路名等
水表属性	水表编号、水表坐标（X、Y、Z）、水表种类、用户名等

【任务准备】

准备某管网现状资料以及管网 GIS 等相关软件。

【任务实施】

根据提供的管网现状资料分析管网运行状况，并利用管网 GIS 进行统计分析。

【检查评议】

评分标准见表 2 - 14。

表 2 - 14　　　　　　　　评 分 标 准

编号	项目内容	评 分 标 准	分值	扣分	得分
1	学习态度	不认真操作扣 10 分	10		
2	动手能力	动手能力不强扣 10 分	10		
3	团队协作精神	没有团队精神扣 10 分	10		
4	专业能力	是否正确地分析问题；设备是否准备齐全，放置规范；是否按操作步骤进行；记录数据，分析管道渗漏情况等，操作错误一处扣 5 分，扣完为止	50		
5	安全文明操作	不爱护设备扣 10 分；不注意安全扣 10 分	20		
6	合　　　计		100		

【思考与练习】

（1）管网技术资料包含哪些？

（2）管网 GIS 的功能有哪些？

知 识 点 二　管 网 运 行 状 态 监 测

【任务描述】

熟悉管网水压和流量的测定。

2 - 3 - 2
管网运行
状态监测

【任务分析】

给水管网的水压和流量是管网运行的重要参数。通过了解管网压力和流量可直接掌握管网的运行状态，提出改造管网的措施，保证管网经济合理地运行。因此，水压和流量测定是管网运行与管理的重要内容。

【知识链接】

一、管网水压的测定

1. 水压测定方法

水压的测定一般每季度一次，但在夏季供水高峰期间，应增加测定次数。管网测压点分为固定测压点和临时测压点。

（1）固定测压点一般选在能说明管网运行状态、具有一定代表意义的压力点上，而且分布均匀合理。

（2）固定测压点主要设在大中管径的干管上，不宜设在进户支管或用水量大的用户处。经常测压的测压点可采用自动水压记录仪，每小时测 4 次，绘出 24h 水压变化曲线。临时测压点一般根据临时测压需要设置，没有固定式测压设备，须临时组装压力表。

（3）每次测压后，应整理汇总测压资料，绘出等水压线，以反映各条管线的负荷。

2. 水压测定设备

常用的压力测量仪表有弹簧管压力表及电阻式、电感式、电容式等远传压力表。测量水压时，可在水流呈直线的管道下方设置导压管，导压管应与水流方向垂直。在导压管上安装压力表即能测出该管段的水压。

二、管网流量的测定

流量测定是给水管网管理的重要手段，可测定出水流的流速、流向和流量。测流点的选择也应该有一定的代表性。一般测流点应靠近管网前端。

管网流量测定的设备较多，常用的是毕托管、电磁式流量计和超声波式流量计（图 2-42）。毕托管测流时可插入管道中，比较经济、简便，但其操作较烦琐，测量时间长，测定结果需要计算。电磁式流量计和超声波式流量计安装使用方便，不增加管道的水头损失，容易实现数据的自动采集。流量计的使用方法参见本书其他项目。

（a）电磁式

（b）超声波式

图 2-42　流量计

【任务准备】

准备压力表。

【任务实施】

测定某管网的水压，根据已有数据，绘制 24h 水压变化曲线，并且进行分析。

【检查评议】

评分标准见表 2-14。

【思考与练习】

（1）测压点的设置原则是什么？

（2）如何评定管网的运行状态？

知识点三　管网检漏与维修

2-3-3
管网检漏
与维修

【任务描述】

熟悉给水管网漏损的原因，检测漏损的方法，以及管网漏水的维修方法。

【任务分析】

给水管网在运行过程中常会出现漏损。管网漏损将使供水量减少，造成水资源、能源和药剂的浪费，同时还可能危及公共建筑和路面交通。因此，管网的检漏工作是降低管线漏水量、节约用水、降低成本的重要措施。

【知识链接】

一、管网的检漏

管网检漏的方法很多，如听漏法、直接观察法、分区检测法、间接测定法、地表雷达测定法等。其中，听漏法和直接观察法应用比较广泛。

1. 听漏法

听漏法是常用的检漏方法，也是使用最久的方法。它是根据管道漏水时产生的漏水声或由此产生的震荡，利用听漏棒、听漏器以及电子检漏器等仪器进行管道泄漏的测定。听漏工作一般在深夜进行，以免受到车辆行驶和其他杂声的干扰。使用听漏棒时，将听漏棒一端放在地面、阀门或消火栓上，可从棒的另一端听到漏水声。这一方法的听漏效果凭个人经验而定。半导体检漏仪是比较好的检漏工具。它是一个简单的高频放大器，利用晶体探头将地下漏水的低频振动转化为电信号，放大后即可在耳机中听到漏水声，也可从输出电表的指针摆动看出漏水情况。检漏仪的灵敏度很高，但所有杂声都被放大，以致有时不易区别真正的漏水声。

2. 直接观察法

直接观测法又称实地观察法，是从地面上观察管道的漏水迹象，如地面或沟边有清水渗出，地面上有"泉水"出露，甚至呈明显的管涌现象（图 2-43）。检查井中有水流出，局部地面下沉，局部地面积雪融化，某处草木特别繁茂，晴天地面潮湿较重等情况，可以直接确定漏水的地点。本法简单易行，但较粗略。

3. 分区检测法

分区检测法（图 2-44）是用水表测出漏水地点和漏水量，一般只在允许短期停水的小范围内进行。方法是把整个给水管网分成小区,凡是和其他地区相通的阀门全部关闭,小区内暂停用水,然后开启装有水表的一条进水管上的阀门,使小区进水。如小区内的管网漏水,水表指针将会转动,由此可读出漏水量。漏水量一般以小于每分钟 4L 为限。查明小区内管道漏水后,可按需要再分成更小的区,用同样方法测定漏水量。这样逐步缩小范围,最后还需结合听漏法找出漏水的地点。

图 2-43　管涌现象示例

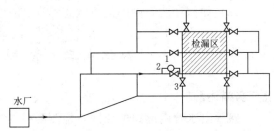

图 2-44　分区检测法
1—水表;2—旁通管;3—阀门

4. 间接测定法

间接测定法是利用测定管线的流量和节点水压来确定漏水地点的方法。一般漏水点的水力坡度线会有突然下降的现象。

5. 地表雷达测定法

地表雷达测定法是利用无线电波对地下管线进行测定,可以精确地绘制出路面下管线的横断面图。它也可以根据水管周围的图像判断是否有漏水的情况。其缺点是一次搜索的范围很小,目前在我国使用较少。

除此以外,管网检漏还可以采用区域装表法、浮球测漏法等,根据不同的情况进行选择。

二、管网的维修

管道的渗漏形式有接口漏水、窜水、砂眼喷水、管壁破裂等。确定出管网的漏水点后,应根据现场不同的漏水情况,及时采取处理措施。

直管段漏水时,应将表面清理干净,并停水补焊;法兰盘处漏水时,则应更换橡胶垫圈;如果是因基础不良而导致的,则应对管道加设支墩;而如果承插口漏水,则应用水冲洗干净后,再重新打油麻等填充物,捣实后再用青铅或石棉水泥封口。

(一)水泥压力管的维修

1. 管壁破裂

水泥压力管因裂缝而漏水,可采用环氧砂浆进行修补,如图 2-45 所示。修补时,先将裂口凿成宽 15~25mm,深 10~15mm,长出裂缝 50~100mm 的矩形浅槽;刷净后,用环氧底胶和环氧砂浆填充。当裂缝较大时,还可用包贴玻璃纤维布和贴钢板的方法堵漏(图 2-46)。玻璃纤维布的大小和层数与裂缝大小有关,一般可设 4~6 层。当管段严重损坏时,可在损坏部位焊制一钢套管,中间填充油麻和石棉水泥进行堵漏。

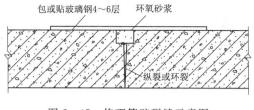

图2-45　修理管壁裂缝示意图

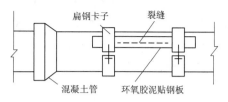

图2-46　管壁外贴钢板维修管壁砂眼喷水

2. 管道接口漏水

如果管道接口漏水，则多采用填充封堵的方法。一般须停水操作，可分为以下几种情况：

（1）由于橡胶胶圈不严产生的漏水，可将柔性接口改为刚性接口，重新用石棉水泥封口（图2-47）。

（2）若接口缝隙太小，可采用填充环氧砂浆，然后贴玻璃钢的方法进行封堵（图2-48）。

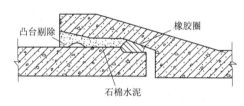

图2-47　柔性接口改刚性接口示意图

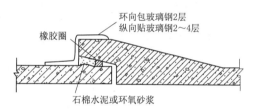

图2-48　接口用玻璃钢维修示意图

（3）接口漏水严重时，可用钢套管将整个接口包住，然后在腔内填自应力水泥砂浆封堵（图2-49）。

（4）当接口漏水的维修是带水操作时，一般采用柔性材料封堵的方法。操作时，先将特制的卡具固定在管身上，然后将柔性填料置于接口处，最后上紧卡具，填料恰好堵住接口（图2-50）。

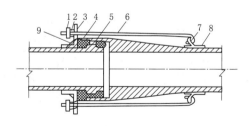

图2-49　接口钢套管的修理图

1—螺母；2—套管；3—胶圈挡板；4—胶圈；
5—油麻；6—拉钩螺栓；7—固定拉钩；
8—固定卡扣；9—胶圈挡肋

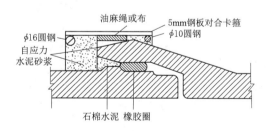

图2-50　接口带水外加柔口的修理

（二）铸铁管件的维修

铸铁管件具有一定的抗压强度。管件裂缝的维修可采用管卡进行（图2-51）。管卡做成比管径略大的半圆管段，彼此用螺栓紧固。发现裂缝，可在裂缝处贴上 3mm 厚的橡胶板，然后压上管卡紧至不漏水即可。砂眼的修补可采用钻孔、攻丝，用塞头堵孔的方法来修补（图 2-52）。管件接口漏水，对于承插式接口，一般可先将填料剔除，再重新打口。

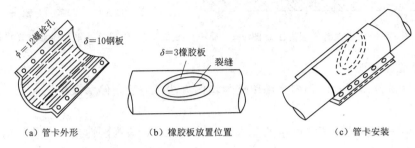

（a）管卡外形　　　（b）橡胶板放置位置　　　（c）管卡安装

图 2-51　管卡修复示意图

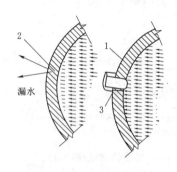

图 2-52　铸铁管塞头堵孔
修补示意图
1—铸铁管；2—砂眼穿孔；
3—带丝塞头

（三）用塑料管进行非开挖技术管道修复

聚乙烯管特别适合于非开挖工程。其重量轻，可以进行一体化的管道连接；熔接连接接口的抗拉能力高于管材本身；此外它还具有很好的挠性和良好的抵抗刮痕的能力。

非开挖技术修复管道常用方法有爆管或胀管法、传统内衬法和改进内衬法等。

1. 爆管或胀管法

该方法更新管道采用膨胀头将旧管破碎，并用扩张器将旧管的碎片压入周围的土层，同时将新管拉入，完成管道更换（图 2-53）。新管直径可与旧管道相同或更大。该法适用于陶土管、混凝土管、铸铁管、PVC 管等脆性管道的更换，适宜管径为 50～600mm，长度一般为 100m。

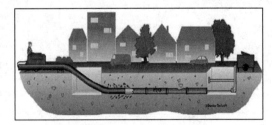

（a）PVC管　　　　　　　　　（b）PE管

图 2-53　爆管法示例图

2. 传统内衬法

该法在施工时将一直径较小的新管插入或拉入旧管内（图 2-54）。通常对给水和污水管道要求向环形间隙灌浆固结。此法的优点是施工简单，成本较低。由于直径减小，所以流量损失较大。该法主要适用于旧管内无障碍、形状完好、没有过度损坏的管道。根据采用新管的不同，传统内衬法可分为连续管法和短管法。

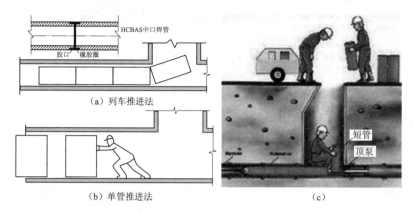

图 2-54　传统内衬法

3. 改进内衬法

这种方法是在施工前，减小新衬管尺寸，随后插入旧管，最后用热力、压力或自然的方法恢复原来的大小和尺寸，以保证与旧管的紧密结合（图 2-55）。该法的主要优点是新旧管道之间无环形间隙，管道流量损失很小，而且可在开挖的工作坑内或人井内施工，方便长距离修复；主要缺点是施工时可能引起结构性的破坏。改进内衬法可分为缩径法（热拔法、冷轧法）和变形法。

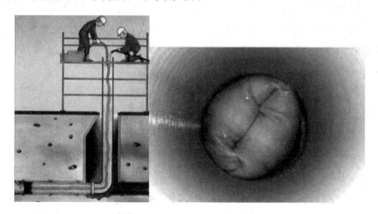

图 2-55　软管内衬法示例

【任务准备】

准备漏损的给水管道、听漏棒、电子检测仪等器具。

【任务实施】

通过检漏的几种方法对管道进行检漏，并能对漏点进行补漏。

【检查评议】

评分标准见表 2-14。

【思考与练习】

（1）管网检漏的方法有哪些？

（2）非开挖技术修复管道的方法有哪几种？具体是怎么实施的？

2-3-4
管网防腐
蚀和清垢、
涂料

知识点四 管网防腐蚀和清垢、涂料

【任务描述】

了解管网腐蚀的原因和影响因素、管网防腐蚀的常用方法，以及管网清垢、涂料的方法和技术。

【任务分析】

管道特别是金属管道的防腐蚀处理非常重要，它将直接影响输配水的水质安全、管道使用寿命和运行可靠性。腐蚀主要是材料在外部介质影响下所产生的化学作用或电化学作用，使材料破坏和质变。由于化学反应引起的腐蚀称为化学腐蚀；由于电化学反应引起的腐蚀称为电化学腐蚀。在给水排水管道系统中，通常会因为管道腐蚀而引起系统漏水等现象，这样既浪费能源，又影响生产或生活。为了保证正常的生产、生活秩序，延长系统的使用寿命，除了正确选材外，采取有效的防腐措施也是十分必要的。

【知识链接】

一、管道防腐蚀

腐蚀的表现形式有生锈、结瘤、坑蚀、开裂、脆化等。按照腐蚀机理可分为化学腐蚀、电化学腐蚀和微生物腐蚀；而按照腐蚀部位，则可分为内壁腐蚀和外壁腐蚀。给水管网的腐蚀以电化学腐蚀为主。下面重点介绍管道外壁防腐蚀方法。

1. 采用非金属材料

非金属管材的抗腐蚀性明显高于金属管道，因此可采用非金属管道，也可考虑使用复合材料的管道，以增强管道抗腐蚀性。

2. 覆盖防腐

覆盖防腐是在金属管表面涂防护层，使管材表面与周围环境隔离，从而起到保护的作用（图 2-56）。对与空气接触的管道可涂刷防腐涂料，埋地管道可设置沥青绝缘防腐，管道内防腐则可采用水泥砂浆内衬、环氧树脂内衬、喷涂塑料等。

（a）涂料防腐　　　　　　（b）沥青绝缘防腐　　　　　　（c）内衬水泥砂浆

图 2-56 覆盖防腐示例

3. 电化学保护（阴极保护）

对一些腐蚀性高的地区或重要管线，采用上述两种方法可能达不到理想的防腐效果，此时可采用阴极保护的方法。其原理是使金属管道成为阴极，从而防止腐蚀。阴极保护分为外加电流法和牺牲阳极法，如图2-57所示。

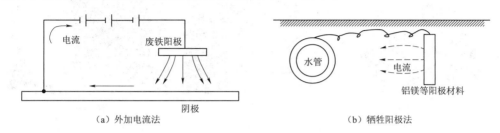

（a）外加电流法　　　　　　　　　　（b）牺牲阳极法

图2-57　金属管道阴极保护

（1）外加电流法采用废铁作为阳极，管道为阴极。直流电源的正极与废铁相连，负极与管道相连。这种方法适用于土壤电阻率高的情况。

（2）牺牲阳极法。适用消耗性的电位更低的阳极材料，如铝、镁等，隔一定距离用导线连接到管线上，在土壤中形成电路，结果是阳极被腐蚀，作为阴极的管线得到保护。这种方法常在缺少电源、土壤电阻率低和水管保护涂层良好的情况下使用。

二、管道清垢和涂料

在给水工程中，新敷设的管线内壁一般应事先采用水泥砂浆等做内衬，以防止管道的腐蚀。管道经长时间使用后，内壁因腐蚀和结垢使得管道阻力增加，管道断面缩小，导致管道输水能力下降，电耗增加，使用年限缩短，严重时甚至会造成管壁穿孔爆裂。此外，腐蚀、结垢对水质有"二次污染"的情况，使水浊度、色度升高，产生臭和味，细菌总数增加，有的细菌会严重影响水质，有的则加剧管道的腐蚀。为延长管道的使用寿命，减缓管道内壁的腐蚀和结垢，保持应有的输水能力，应定期对管道实施清理和涂保护层，即刮管涂衬。

（一）管道清垢

管道清垢又称为刮管。清除结垢的方法很多，应根据结垢的性质进行选择。

1. 水力清洗

（1）高速水流冲洗法。当结垢表面松软，可经常用高速水流冲洗（图2-58），以免日久变成硬垢。冲洗流速可为正常流速的3～5倍，但压力的增加不可超过管道的允许值。冲洗时从水管一处进水，废水从排水口、阀门或消火栓排出。

（2）气-水联合冲洗法。当结垢较硬，与管壁结合紧密时，可采用气-水联合冲洗，即在水力冲洗的同时通入压缩空气，使水气混合，紊流加剧，效果比单纯用水冲洗更好。对管道进行高压水冲洗的同时输入压缩空气（气压为0.7MPa）。压缩空气进入管道后迅速膨胀，在管内与水流混合，管内紊流增强，对管壁产生很大的冲击和振动，从而逐渐使结构松弛和脱落。气-水联合冲洗时，一次冲洗长度为50～200m。常用的操作步骤如下：高压水冲洗15～30min后，气-水联合冲洗40～60min，然后用高压水再冲洗20～30min。用该种方法一般可恢复输水能力的80%～90%。该种方法的冲洗效果优于水力冲洗法，操作费用低于机械刮管法和酸洗法，并且不会破坏管道的防腐层。

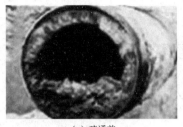

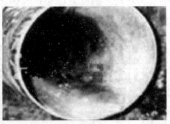

（a）疏通前　　　　　　　　　（b）疏通过程中　　　　　　　　　（c）疏通后

图 2-58　高速水流冲洗法

2. 气压脉冲射流法

如图 2-59 所示，储气罐中的高压空气通过脉冲装置、橡胶管、喷嘴送入需清洗的管道中，冲洗下来的锈垢由排水管排出。该法的设备简单、操作方便、成本不高。进气和排水装置可安装在检查井中，因而无须断管或开挖路面。

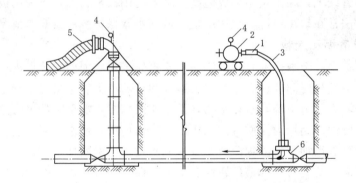

图 2-59　气压脉冲射流法冲洗管道
1—脉冲装置；2—储气罐；3—橡胶管；4—压力表；5—排水管；6—喷嘴

水力冲洗法和气压脉冲射流法的共同特点是清垢操作时间较短，不会损坏管内绝缘层，可作为新敷设管线的清洗方法。

3. 机械刮管法

管壁内形成坚硬的结垢，难以用水力或气-水联合冲洗的方法清除，可考虑采用机械刮管法。主要分两种形式：第一种是在连于绞车的钢丝绳上顺序拖挂切削环、刮管环、钢丝刷，使其在管道内多次往复，直至管壁结垢完全清除，适用于中小管径的管道，如图 2-60 所示；第二种是将旋转刮刀或键锤安装在电机上，利用电机作动力，带动车前端的刀具转动，用钢丝绳拖动刮管器往复运动，去除结垢，此法适用于大口径管道，如图 2-61 所示。

机械刮管法一般每次可刮管 100～150m，对于较长距离的管道需要分成若干个清洗段，分别断开，逐段实施，从而增加人工开挖工程量和施工停水时间。

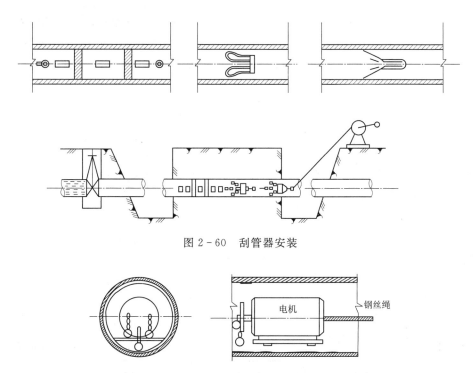

图 2-60　刮管器安装

图 2-61　旋转法刮管器

4. 酸洗法

酸洗法是指利用酸溶液溶解各种腐蚀性水垢、碳酸盐水垢、有机物水垢等。酸溶液中应加入适量的缓蚀剂、消沫剂以保护管壁。酸洗后，应用高压水彻底冲洗管道，之后加入钝化剂，使管内壁形成钝化膜。酸洗法一般适用于中、小口径管道的清洗。

5. 弹性清管器法

Poly-Pig 清管技术是国外的成熟技术。其刮管的方法，主要是使用聚氨酯等材料制成的"炮弹"型的清管器，Pig 清管器外表装有钢刷或铁钉，在压力水的驱动下，使清管器在管道中运行。在移动过程中由于清管器和管壁的摩擦力，把锈垢刮擦下来，另外通过压力水从清管器和管壁之间的缝隙通过时产生的高速度，把刮擦下来的锈垢冲刷到清管器的前方，从出口流走。

（二）管道涂料

管壁结垢清除后，应在管内壁涂衬保护涂料，防止管道再次被腐蚀，并使管道恢复输水能力，延长使用寿命。下面介绍几种常用的涂料方法。

1. 水泥砂浆涂衬法

水泥砂浆衬里靠自身的结合力和管壁支托，结构牢靠，其粗糙系数比金属管壁小，对管壁起到物理性能保障外，还能起到防腐的作用。钢管或铸铁管可在内壁喷涂水泥砂浆或聚合物改性水泥砂浆。涂敷水泥砂浆可采用活塞式涂管器，一般用钢板与胶皮制成，如图 2-62 所示。涂敷时先将导引管道内装入配好的水泥砂浆，两端塞入活塞式涂管器，并将导引管接入待涂敷的管道，将管道密封并通入压缩空气，利用压缩空气产生的推力推动涂管器由管道的一端移动至另一端，将砂浆均匀地抹涂在管壁上，如此往返抹涂两次，可达到要求。这种方法适于中、小直径的管道，如图 2-63 所示。当管道直径在 500mm 以上时，可采用自动喷涂机进行喷涂，如图 2-64 所示。

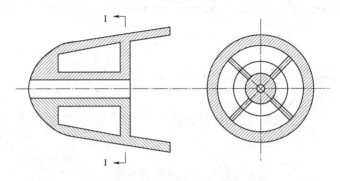

图 2-62　活塞式涂管器

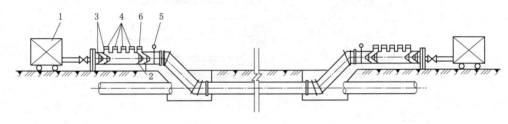

图 2-63　压缩空气衬涂设备

1—空气压缩机；2—前涂管器；3—后涂管器；4—装料口；5—挡棍；6—放空阀

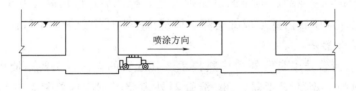

图 2-64　喷涂机工作情况

2. 环氧树脂涂衬法

该法是近十年才推广使用的，环氧树脂具有耐磨性、柔软性、紧密性，使用环氧树脂和硬化剂混合后的反应型树脂，可以形成快速、强劲、耐久的涂膜。环氧树脂的喷涂方法是采用高速离心喷射原理，一次喷涂的厚度为 0.5～1mm，便可满足防腐要求。环氧树脂涂衬不影响水质，施工期短，当天即可恢复通水。但该法设备复杂，操作较难。

3. 内衬软管法

内衬软管法即在旧管内衬套管，有滑衬法、反转衬里法、"袜法"及用弹性清管器拖带聚氨酯薄膜等方法，该法改变了旧管的结构，形成了"管中有管"的防腐形式，防腐效果非常好，但造价比较高，材料需要进口，目前大量推广有一定的困难。

【任务准备】

准备结垢管道若干，刮管器、清管器、酸溶液等。

【任务实施】

利用所学知识，选取适当的方法除垢。

【检查评议】

评分标准见表 2－14。

【思考与练习】

（1）常见的管道清垢方法有哪些？

（2）常见的管道涂料有哪些？

知识点五　管线运行设施的管理

2－3－5
管线运行
设施的管理

【任务描述】

掌握管线的运行维护以及阀门、水表的管理更新等内容。

【任务分析】

管线运行设施的管理关系到管网运行以及管道检修人员的安全等问题，是保障供水公司正常利益、防止偷盗水等的重要途径，也是给水管网运行管理的重要组成部分。为防止管网出现渗漏、积泥、偷盗用水等现象，保障管网安全运行，应对管线进行定期的巡查和维护管理。

【知识链接】

一、管线的运行维护

1．原水输水管线的运行维护

（1）压力式、自流式的输入管道，每次通水时，均应将气排净后方可投入运行。

（2）压力式输水管道线应在规定的压力范围内运行，沿途管线应装设压力表，进行观测。

（3）应设专人并佩戴证章定期进行全线巡视，严禁在管线上圈、压、埋、占。及时制止严重危及城市供水安全的行为并上报有关部门。

（4）自流式输入管线运行中应设专人并佩戴证章进行巡视，不应有跑、冒、外溢和地下水的渗漏污染现象。

（5）对低处装有排泥阀的管线，应定期排除积泥，其排放频率应依据当地原水的含泥量而定，宜为每年 1～2 次。

2．自来水输水管线的定期维护

（1）应每季对管线附属设施、排气阀、自动阀、排空阀、管桥巡视检查和维修一次，保持完好。

（2）应每年对管线及附属设施检修一次，并对钢制外露部分进行涂漆。应定期检查输水明渠的运行、水生物、积泥和污染情况，并采取相应预防措施。

（3）管网输水要保持良好的水质，关键是改善管网的运行条件。由于管道末端的存在以及消火栓等形成的局部死水会污染管网，影响水质。因此，要开展定期的末端冲洗，每年不得少于一次。

（4）新敷设的管道在施工中要严把质量关，防止施工过程对管道内部污染，新管道消毒冲洗应按有关规范执行。

输配水管道冲洗方法可选择水-气混合冲洗法、高压射流法等。

二、阀门和水表的管理

（一）阀门的管理

1. 阀门井的安全要求

阀门井是地下建筑物，处于长期封闭状态，空气不能流通，造成氧气不足。所以井盖打开后，维修人员不可立即下井工作，以免发生窒息或中毒事故。应首先使其通风半小时以上，待井内有害气体散发后再行下井。阀门井设施要保持清洁、完好。

2. 阀门井的启闭

阀门应处于良好状态，为防止水锤的发生，启闭时要缓慢进行。管网中的一般阀门仅作启闭用，为减少损失，应全部打开，关要关严。

3. 阀门故障的主要原因及处理

（1）阀杆端部和启闭钥匙间打滑。主要原因是规格不吻合或阀杆端部四边形棱边损坏，要立即修复。

（2）阀杆折断。原因是操作时旋转方向有误，要更换杆件。

（3）阀门关不严。原因是在阀体底部有杂物沉积。可在来水方向装设沉渣槽，从法兰入孔处清除杂物。

（4）因阀杆长期处于水中，造成严重腐蚀，以致无法转动。解决该问题的最佳办法是：阀杆用不锈钢，阀门丝母用铜合金制品。因钢制杆件易锈蚀，为避免锈蚀卡死，应经常活动阀门，每季度一次为宜。

4. 阀门的技术管理

阀门现状图纸应长期保存，其位置和登记卡必须一致。每年要对图、物、卡检查一次。工作人员要在图、卡上标明阀门所在位置、控制范围、启闭转数、启闭所用的工具等。对阀门应按规定的巡视计划周期进行巡视，每次巡视时，对阀门的维护、部件的更换、油漆时间等均应做好记录。启闭阀门要由专人负责，其他人员不得启闭阀门。管网上控制阀门的启闭，应在夜间进行，以防影响用户供水。对管道末端、水量较少的管段，要定期排水冲洗，以确保管道内水质良好。要经常检查通气阀的运行状况，以免产生负压和水锤现象。

5. 阀门管理要求

阀门启闭完好率应为100%。所有的阀门、主要输水管道上的阀门每季度应检修、启闭一次。配水干管上的阀门每年应检修、启闭一次。

（二）水表的管理

水表安装好后应在一段时间内观察其读数是否准确，水表应定期进行标定，对于走数不准确的应及时更换，水表表壳应经常保持清晰可读，不应在水表上方放置重物。水表不要与酸碱等溶液接触。

【任务准备】

联系水厂相关负责人员，准备管线巡查等相关工作。

【任务实施】

在水厂相关人员的带领下，对管网进行巡查，发现问题应及时进行记录和分析。出现问题时应配合相关人员进行处理。

【检查评议】

评分标准见表 2-14。

【思考与练习】

（1）管线的维护管理包括哪些内容？

（2）阀门的管理包括哪些内容？

2-3-6
管网水质
管理

知识点六 管网水质管理

【任务描述】

掌握给水管网水质管理的主要措施。

【任务分析】

符合饮用水标准的出厂水要通过复杂庞大的管网系统才能输送到用户，水在管网中的滞留时间可达数日。在输送过程中，由于物理、化学和生物作用导致水质发生变化，使其达不到生活饮用水标准，从而造成二次污染。因此，应采取必要措施加强对管网的水质管理，保证供水水质满足要求。

【知识链接】

一、管网水质污染的原因

1. 管道内壁的腐蚀和结垢

管道内壁腐蚀、结垢是造成管网水质二次污染的重要原因。由于腐蚀等作用，管道内生成各种沉积物形成结垢层，而这种结垢层是病原微生物繁殖的场所，容易形成"生物膜"。以上因素都会导致水质的污染。

2. 管网受外界影响产生的二次污染

给水管网也会受到外界的影响产生水质的二次污染。

（1）管道漏水、排气管或排气阀损坏未及时修理。当管道压力降低甚至产生负压时，水池废水、受污染的地下水等可能会倒流入管道；等到管道压力升高后，这些污水便会输送给用户。

（2）二次供水引起水质污染。

（3）自备水源的储水设备与给水管道相同连接不合理，无任何隔断措施，管网因突然停水或水压低等使自备水流入供水管内，引起局部水质恶化。

3. 微生物、有机物和藻类的影响

饮用水通常用氯进行消毒处理。管道内容易繁殖耐氯的藻类（图2-65），抵抗氯的消毒。这些藻类消耗余氯，使有机物浓度提高，这又促进了微生物的生长。这些微生物一般停留在支管的末梢或管网内水流动性差的管段，使水质变差。

图2-65 管道藻类繁殖示例

4. 消毒副产物的影响

消毒剂与有机物或无机物间的化学反应产生的消毒副产物也会引起水质的二次污染。如氯气消毒法可能产生氯胺、三氯甲烷、氯乙酸等副产物。氯胺的消毒效果虽然更持久，但在一定条件下，氯胺分解生成氮化合物，可导致水体的富营养化；而三氯甲烷则是一种毒性较强的有机物。

二、管网水质管理的措施

为保持给水管网正常的水量和水质，除了严格控制出厂水水质外，还可进行管线冲洗，加强管网维护，控制余氯，优化消毒工艺和管线消毒等。

（1）二次供水管理措施：①以满足楼房顶层用户的供水压力实时需求为前提，减少或取消屋顶水箱，避免产生二次污染；②对水塔、水池以及屋顶高位水箱，应长期维护并定期清洗、消毒，并经常检验其储水水质。

（2）自备水源管理。用户自备水源与城市管网联合供水时，在管道连接处应采取必要的防护措施，如空气隔离措施等。

（3）管线水质监测。在管网的运行调度中，应重视管道内的水质监测，以便及时发现水质问题并采取有效措施。

（4）管材的更换。室外埋地给水管应逐步推广使用球墨铸铁管、HDPE管等新型管材；室内给水管则采用玻璃钢管、PPR管等管材，以防止管网的腐蚀。

（5）采用不停水开口技术，取消预留口。给水管网上过多的预留口会带来诸多问题，其使用率较低，只有不到30%，而且预留口处滞留水的腐败也影响水质。为此，可采用不停水开口接管技术，避免因停水导致水资源的浪费；同时避免了因停水导致的水质二次污染。

【任务准备】

找出管网水质污染实例。

【任务实施】

根据实例情况，分析水质污染原因，提出管理措施。

【检查评议】

评分标准见表2-14。

【思考与练习】

　　(1) 管路中容易产生的污染物有哪些？

　　(2) 进行管网水质管理可以采用哪些措施？

任务四　污水管网运行与管理

知识点一　污水管网的清通

2-4-1
污水管网
清通

【任务描述】

　　掌握污水管网清通的常用方法及其适用范围和操作步骤。

【任务分析】

　　污水管网在运行过程中，由于水量不足、坡度较小、流速过低，污水中污物较多或施工质量较差等原因而发生沉淀、淤积，淤积过度时便会影响管网的排水能力，甚至可能造成管网的堵塞，因而，应定期对管网进行清通。

【知识链接】

　　清通的方法有水力清通、机械清通、竹劈清通、钢丝清通等，其中以水力清通和机械清通应用最为广泛。

一、水力清通

　　水力清通方法是用水对管道进行冲洗。可以利用管道内污水自冲，也可利用自来水或河水冲洗。用管道内污水自冲时，管道本身必须具有一定的流量，同时管内淤泥不宜过多（20％左右）。用自来水冲洗时，通常从消防龙头或街道集中给水栓取水，或用水车将水送到冲洗现场，一般在街坊内的污水支管，每冲洗一次需水约 2000～3000m³。水力清通常采用增加管道上下游水位差，以提高流速的方法来冲洗管道。操作方法主要有以下几种：

　　(1) 常用操作方法如图 2-66 所示。首先用一个一端由钢丝绳系在绞车上的橡皮气塞或木桶橡皮刷堵住管道井下游管道的进口，使上游管道充水。待上游管道充满并在检查井中水位抬高至 1m 左右以后，突然放掉气塞中部分空气，使气塞缩小，气塞便在水流的推力作用下往下游浮动而刮走污泥，同时水流在上游较大的水压作用下，

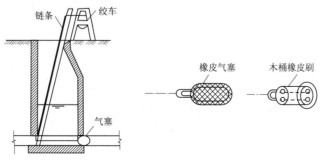

图 2-66　水力清通操作示意图

以较大的流速从气塞底部冲向下游管道。这样沉积在管底的淤泥便在气塞和水流的冲刷下排向下游的检查井，而管道本身则得到清洗。污泥排入下游的检查井后，可用吸泥车（图2-67）抽吸运走。污泥排入下游检查井后，可用吸泥车抽吸运走。吸泥车的型式有装有隔膜泵的罱泥车、装有真空泵的真空吸泥车和装有射流泵的射流泵式吸泥车。

图2-67 吸泥车

因为污泥含水率非常高，它实际上是一种含泥水，为了回收其中的水用于下游管段的清通同时减少污泥的运输量，我国一些城市已采用泥水分离吸泥车。目前生产中使用的泥水分离吸泥车的储泥罐容量为 $1.8m^3$，过滤面积为 $0.4m^2$，整个操作过程均由液压控制系统自动控制。近年来，有些城市采用水力冲洗车进行管道的清通。目前生产中使用的水力冲洗车的水罐容量为 $1.2 \sim 8.0m^3$，高压胶管直径为 $25 \sim 32mm$；喷头喷嘴有 $1.5 \sim 8.0mm$ 等多种规格，射水方向与喷头前进方向相反，喷射角为 $15°$、$30°$ 或 $35°$；消耗的喷射水量为 $200 \sim 500L/min$。

水力清通方法操作简便，工效较高，工作人员操作条件较好，目前已得到广泛采用。根据我国一些城市的经验，水力清通不仅能清除下游管道 250m 以内的淤泥，而且在 150m 左右上游管道中的淤泥也能得到相当程度的刷清。当检查井的水位升高到 1.20m 时，突然松塞放水，不仅可清除污泥，而且可冲刷出沉在管道中的碎砖石。但在管渠系统脉脉相通的地方，当一处用上了气塞后，虽然此处的管渠被堵塞了，由于上游的污水可以流向别的管段，无法在该管渠中积存，气塞也就无法向下游移动，此时只能采用水力冲洗车或从别的地方运水来冲洗，消耗的水量较大。

（2）调整泵站运行方式，即在某些时段减少开车以提高管道水位，然后突然加大泵站抽水量，造成短时间的水头差，对淤泥进行冲刷。这种方法最方便、最经济。

（3）安装阀门。在管道中安装固定或临时阀门，平时闸门关闭，水流被阻断，上游水位随即上升，当水位上升到一定高度后，依靠浮筒的浮力将闸门迅速打开，实现自动冲洗。这种方法可以完全利用管道自身的污水且无须人工操作。由于排入下游检查井的污泥的含水率较高，实际中，常采用泥水分离吸泥车，以减少污泥的运输量，同时可以回收其中的水用于下游管段的清通。

（4）除了增加上下游水位差、提高流速进行水力清通外，还可以采用水力冲洗车，利用高压射水冲洗管道（图2-68）。这种冲洗车由大型水罐、机动卷管器、加压水泵、高压胶管、射水喷头和冲洗工具箱等部分组成。高压水通过高压胶管流到射水喷头，推动喷嘴向反方向运动，并带动胶管在排水管道内前进。在高压射水和胶管的共同作用下，管道内的淤泥被冲刷至下游检查井。

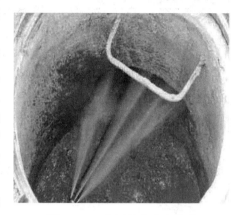

图2-68 高压射水冲洗管道

水力疏通方法操作简便，效率较高，操作条件好，也比较经济。它不仅能清除下游管道250m以内的淤泥，而且在上游管道150m范围内的淤泥也能得到一定程度的清理和冲刷。

二、机械清通

当管渠淤塞严重，淤泥黏结比较密实，水力清通效果较差时，应该采用机械清通的方法。机械清通包括绞车清通和通沟机清通两种方法。

（一）绞车清通

绞车清通是目前普遍采用的一种方法，又称为摇车疏通，如图2-69所示。

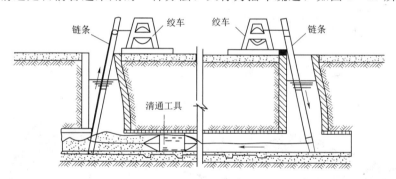

图2-69 绞车清通操作示意图

1. 操作方法

首先用竹片穿过需要清通的管渠段，竹片一端系上钢丝绳，绳上系住清通工具的一端。在清通管渠段两端检查井上各设一架绞车，当竹片穿过管渠段后将钢丝绳系在一架绞车上，清通工具的另一端通过钢丝绳系在另一架绞车上。然后利用绞车往复绞动钢丝绳，带动清通工具将淤泥刮至下游检查井内，使管渠得以清通。绞车的动力可以是手动，也可以是机动，例如以汽车引擎为动力。

2. 清通工具

机械清通工具很多，有靶松淤泥的骨形松土器（图2-70），清通树根及破布等的

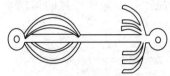

图 2-70　骨形松土器

锚式清通器和弹簧刀（图 2-71），用于刮泥的清通工具如胶皮刷、铁簸箕、钢丝刷和铁牛（图 2-72）等。

清通工具的大小应与管道管径相适应，当淤泥较厚时，可先用小号清通工具，待淤泥清除到一定程度后再用与管径相适应的清通工具。清通大管道时，由于检查井井口尺寸的限制，清通工具可分成数块，在检查井内拼合后再使用。

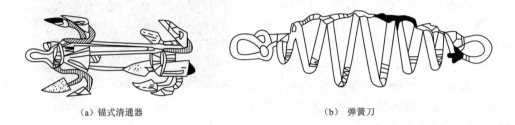

（a）锚式清通器　　　　　　　　　（b）弹簧刀

图 2-71　清通树根及破布等的机械清通工具

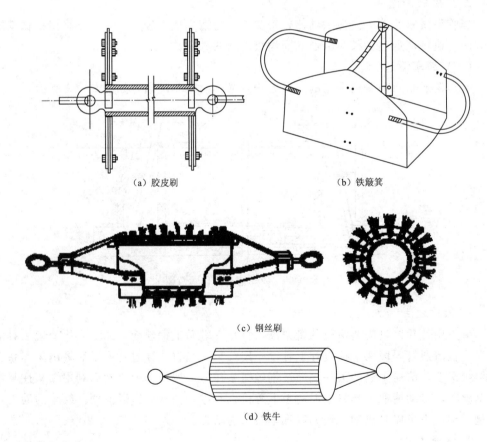

（a）胶皮刷　　　　　　　　　（b）铁簸箕

（c）钢丝刷

（d）铁牛

图 2-72　用于刮泥的清通工具

近年来，国外开始采用气动式通沟机与钻杆通沟机清通管渠。气动式通沟机借压缩空气把清泥器从一个检查井送到另一个检查井，然后用绞车通过该机尾部的钢丝绳向后拉，清泥器的翼片即行张开，把管内淤泥刮到检查井底部。钻杆通沟机是通过汽油机或汽车引擎带动一机头旋转，把带有钻头的钻杆通过机头中心由检查井通入管道内，机头带动钻杆转动，使钻头向前钻进，同时将管内的淤积物清扫到另一个检查井中。淤泥被刮到下游检查井后，通常也可采用吸泥车吸出，如果淤泥含水率低，可采用抓泥车挖出，然后由汽车运走。

排水管渠的养护工作必须注意安全。管渠中的污水通常析出硫化氢、甲烷、二氧化碳等气体，某些生产污水能析出石油、汽油或苯等气体，这些气体与空气中的氧混合能形成爆炸性气体。煤气管道失修、渗漏也能导致煤气逸入管渠中造成危险。如果养护人员要下井，除应有必要的劳保用具外，下井前必须先将安全灯放入井内，如有有害气体，由于缺氧，灯将熄灭。如有爆炸性气体，灯在熄灭前会发出闪光。在发现管渠中存在有害气体时，必须采取有效措施排除，例如将相邻两检查井的井盖打开一段时间，或者用抽风机吸出气体。排气后要进行复查。即使确认有害气体已被排除，养护人员下井时仍应有适当的预防措施，例如在井内不得携带有明火的灯，不得点火或抽烟，必要时可戴上附有气带的防毒面具，穿上系有绳子的防护腰带，井外留人，以备随时给予井下人员以必要的援助。

（二）通沟机清通

通沟机清通是新型的机械清通设备，包括气动式通沟机和钻杆式通沟机。

气动式通沟机借压缩空气把清泥器从一个检查井送到另一个检查井，然后用绞车通过该机尾部钢丝绳向后拉，清泥器的翼片即行张开，把管内淤泥刮至检查井底部。

钻杆式通沟机（图 2-73）是通过汽油机或汽车引擎带动钻头向前钻进，同时将管内的淤积物清除到另一检查井中。这种通沟机可完成 30～250mm 直径管道的清通工作，清通距离可达 150m。

三、清通操作安全

污水管渠的维护应特别注意操作安全。管渠中的污水常会析出硫化氢、甲烷、二氧化碳等气体，这些气体与空气混合能形成爆炸性气体。维护人员下井操作时，应采取必要的劳动保护措施，如戴防毒面具，穿上系有绳子的防护腰带等，并遵守操作安全规程，确保清通工作顺利进行。

图 2-73　钻杆式通沟机

【任务准备】

准备好清通机械和工具。

【任务实施】

某段污水管道运行一段时间后，发现淤积比较严重，需要进行清通。根据管道淤塞情况，选择合适的清通方法，进行清通操作。

【检查评议】

评分标准见表 2-14。

【思考与练习】

（1）水力清通的操作方法主要有哪些？

（2）绞车清通的操作步骤有哪些？

（3）清通操作时应如何确保安全？

2-4-2
污水管网
维修

知识点二 污水管网维修

【任务描述】

掌握污水管网修理的主要内容、维修方法及维修注意事项。

【任务分析】

系统地检查污水管渠的淤塞及损坏情况，有计划地安排管渠维修，是管网维护工作的重要内容之一。

【知识链接】

一、修理内容

污水管渠的修理有大修与小修之分，应根据各地的经济条件来划分。修理内容主要有：

（1）检查井、雨水口顶盖等的修理与更换。

（2）检查井内踏步的更换，砖块脱落后的修理。

（3）局部管渠段损坏后的修补。

（4）由于出户管的增加需要添建的检查井及管渠。

（5）管渠本身损坏、淤积严重，无法清通时应进行的整段开挖翻修。

二、修理方法

污水管道可采用开挖修理或非开挖修理。管道开挖修理应符合《给水排水管道工程施工及验收规范》（GB 50268—2008）的规定。管道开挖修理前应封堵管道。封堵方法主要有充气管塞、机械管塞、木塞、止水板、黏土麻袋或墙体等。

为减少地面的开挖，可采用非开挖修理。对于个别接口损坏的管道可采用局部修理；出现中等以上腐蚀或裂缝的管道应采用整体修理；而对于强度已削弱的管道，应采用自立内衬管设计的方法。选用非开挖修理方法可参照表 2-15 进行。

表 2-15 非开挖修理的方法

修理方法		小型管	中型管	大型管以上	检查井
局部修理	钻孔注浆	—	—	＋	＋
	嵌补法	—	—	＋	＋
	套环法	—	—	＋	＋
	局部内衬	—	—	＋	＋

续表

修理方法		小型管	中型管	大型管以上	检查井
整体修理	现场固化内衬	＋	＋	＋	＋
	螺旋管内衬	＋	＋	＋	－
	短管内衬	＋	＋	＋	＋
	拉管内衬	＋	＋	－	－
	涂层内衬	－	－	＋	＋

注　表中"＋"表示适用。

　　污水管道非开挖修理的方法参见本项目给水管网维修这一部分。

　　在进行检查井的改建、添加或整段管渠翻修时，常常需要断绝污水的流通，可采取以下措施：①安装临时水泵将污水从上游检查井抽送到下游检查井；②临时将污水引入雨水管渠中。

　　修理应尽可能在短时间内完成，如能在夜间进行更好。

【任务准备】

　　准备好相应的维修机械设备和材料，进行修理。

【任务实施】

　　污水管道由于土壤不均匀沉降、地面载荷过大等原因出现损坏，需要进行维修。学生根据现场情况决定开挖修理方式，按照相应的操作步骤实施开挖，并对管道进行维修。

【检查评议】

　　评分标准见表2－14。

【思考与练习】

　　（1）污水管道损坏的可能原因有哪些？

　　（2）污水管网维修的内容包括哪些？

知识点三　污水管网渗漏检测

2－4－3
污水管网
渗漏检测

【任务描述】

　　学习污水管网渗漏检测的方法。

【任务分析】

　　污水管网的渗漏检测是一项重要的日常管理工作。为保证新管道的施工质量，应对其进行防渗检测；而对已建管道，则应进行日常检测。

【知识链接】

　　污水管道的渗漏检测方法主要有闭水试验和低压空气检测方法等。

一、闭水试验

1. 闭水试验的过程（图 2 - 74）

（1）先将两污水检查井间的管道封闭，封闭的方法可用砖砌水泥砂浆或用木制堵板加止水垫圈。

图 2 - 74　管道闭水试验示意图

（2）封闭管道后，从管道低的一端充水，以排除管道中的空气，直到排气管排水后关闭排气阀。试验管段灌满水后浸泡时间应不少于 24h。

（3）充水使水位达到水筒内所要求的高度，记录时间和计算水桶内的降水量。根据相关的规范判断管道的渗水量。

（4）一般非金属管道的渗水试验时间应不小于 30min。

2. 管道闭水试验的规定

（1）当试验段上游设计水头不超过管顶内壁时，试验水头应以试验段上游管顶内壁加 2m 计。

（2）当试验段上游设计水头超过管顶内壁时，试验水头应以试验段上游设计水头加 2m 计。

（3）当计算出的试验水头小于 10m，但已超过上游检查井井口时，试验水头应以上游检查井井口高度为准。

二、低压空气检测方法

将低压空气通入一段管道，记录管道中空气压力降低的速率，检测管道的渗漏情况（图 2 - 75），如果空气压力下降速率超过规定的标准，则表示管道施工质量不合格或者需要进行修复。

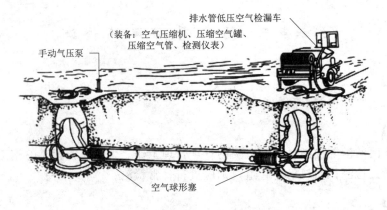

图 2 - 75　低压空气检漏示意图

【任务准备】

准备好检漏和维修的设备和工具，进行管道的渗漏检测。

【任务实施】

某段污水管道建成后，需要检测其渗漏情况。学生应合理选择检漏方法，按照检漏方法进行操作，记录试验数据，并确定管道是否符合标准，并进行必要的修复。

【检查评议】

评分标准见表 2－14。

【思考与练习】

（1）污水管网渗漏检测的方法与给水管网有何异同？

（2）闭水试验时应该注意哪些问题？

给水处理工艺运行与管理

【思政导入】

党的二十大报告指出，要在关系安全发展的领域加快补齐短板，提升战略性资源供应保障能力。饮水安全关系民生福祉，事关人民群众的身体健康和生命安全。

【知识目标】

通过本项目的学习，了解给水处理厂设备安装调试和试运行的程序；熟悉特种水处理工艺的运行与管理方法；掌握常规给水处理的工艺和构筑物运行与管理方法。

【技能目标】

通过本项目的学习，能够进行常规给水工艺和构筑物的运行与管理（包括常见问题的处理方法）。

【重点难点】

本项目重点在于掌握常规给水工艺和构筑物运行与管理的方法和相关技能；难点在于特种水处理工艺的运行与管理方法。

任务一　给水处理厂（站）调试与验收

知识点一　设备的安装调试和验收

3-1-1
给水设备
的安装调
试和验收

【任务描述】

了解给水处理常见设备的安装要求，能够参与给水处理厂（站）的设备验收工作。

【任务分析】

给水厂设备的安装必须严格按该设备安装工艺及要求进行，否则将影响整个净水工艺，严重时可使整个处理系统瘫痪。因此，正确的安装调试非常重要，水厂技术人员往往要参与到整个安装调试过程中，并最终对设备进行验收。

一、安装的一般要求

1. 开箱

开箱逐台检查设备的外观，按照装箱单清点零件、部件、工具、附件、合格证和其他技术文件，检查有否因运输途中受到振动而损坏、脱落、受潮等情况，并作记录，见表3-1。

2. 定位

设备在室内定位的基准线应以柱子的纵横中心线或墙的边缘为准，其允许偏差为10mm。设备上定位基准的面、线或点对定位基准线的平面位置和标高的允许偏差，一般应符合表3-2的规定。

表3-1　　　　　　　　　　　　　　　设备开箱记录表

设备开箱检验记录			编号	××-001		
设备名称		桥架	检查日期	年月日		
规格型号			总数量			
装箱单号			检验数量			
检验记录	包装情况	完好				
	随机文件	产品合格证、检验报告				
	备件与附件	齐全				
	外观情况	完好				
	测试情况	完好				
检验结果	缺、损附备件明细表					
	序号	名称	规格	单位	数量	备注
		/				
		/				
		/				

结论：

检验合格

签字栏	建设单位	施工单位	供应单位

表3-2　　　　　　　　　　设备基准面与定位基准线的允许偏差

项　目	允许偏差/mm	
	平面位置	标高
与其他设备无机械上的联系	±10	+20 −10
与其他设备有机械上的联系	±2	±1

设备找平时，必须符合设备技术文件的规定，一般横向水平度偏差为1mm/m，纵向水平度偏差为0.5mm/m。设备不应跨越地坪的伸缩缝或沉降缝。

3. 地脚螺栓和灌浆（图3-1）

地脚螺栓上的油脂和污垢应清除干净。地脚螺栓离孔壁应大于15mm，其底端不应碰孔底，螺纹部分应涂油脂。当拧紧螺母后，螺栓必须露出螺母 1.5～5 个螺距。灌浆处的基础或地坪表面应凿毛，被油沾污的混凝土应凿除，以保证灌浆质量。地脚螺栓和灌浆结构如图 3-1 所示。

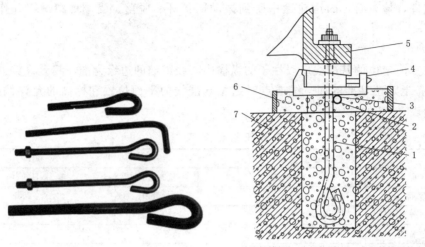

1—地脚螺栓；2—点焊位置；3—支承垫铁用的小圆钢；
4—螺栓调整垫铁；5—设备底座；6—灌浆层；7—基础或地坪

图 3-1　地脚螺栓和灌浆示意图

4. 清洗

设备上需要装配的零部件应根据装配顺序清洗洁净，并涂以适当的润滑脂。加工面上如有锈蚀或防锈漆，应进行除锈及清洗。各种管路也应清洗洁净并使之畅通。

5. 装配

（1）过盈配合零件装配。装配前应测量孔和轴配合部分两端和中间的直径。每处在同一径向平面上互成 90° 位置上各测一次，得平均实测过盈值（图 3-2）。压装前，在配合表面均需加合适的润滑剂。压装时，必须与相关限位轴肩等靠紧，不准有窜动的可能。

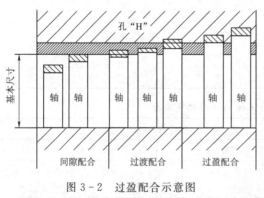

图 3-2　过盈配合示意图

（2）螺纹与销连接装配。螺纹连接件装配时，螺栓头、螺母与连接件接触紧密后，螺栓应露出螺母 2～4 个螺距。不锈钢螺纹连接的螺纹部分应加涂润滑剂。

（3）滑动轴承装配。同一传动中心上所有轴承中心应在一条直线上，即具有同轴性。轴承座必须紧密牢靠地固定在机体上，当机械运转时，轴承座不得与机体发生相对位移。轴瓦合处放置的垫片不应与轴接触，离轴瓦内径边缘一般不宜超过 1mm。滑动轴承结构如图 3-3（a）所示。

（4）滚动轴承装配。滚动轴承安装在对开式轴承座内时，轴承盖和轴承座的接合面间应无空隙，但轴承外圈两侧的瓦口处应留出一定的间隙。凡稀油润滑的轴承，不准加润滑脂；采用润滑脂润滑的轴承，装配后在轴承空腔内应注入相当于空腔容积65%～80%的清洁润滑脂。滚动轴承允许采用机油加热进行热装，油的温度不得超过100℃。滚动轴承结构如图3-3（b）所示。

（a）滑动轴承　　　　　　　　　　（b）滚动轴承

图3-3　轴承示意图

（5）密封件装配。各种密封毡圈、毡垫、石棉绳等密封件装配前必须浸透油。钢板纸用热水泡软。O形橡胶密封圈，用于固定密封时预压量为橡胶圆条直径的25%，用于运动密封时预压量为橡胶圆条直径的15%。装配V形、Y形、U形密封圈，其唇边应对着被密封介质的压力方向。

二、主要设备的安装调试和验收

（一）水泵的安装

水泵结构图如图3-4所示。

图3-4　水泵结构图

（1）水泵泵体与电动机、进出口法兰安装的允许偏差见表3-3。

表3-3　　　　　　　水泵泵体与电动机、进出口法兰的安装允许偏差

项　　目	允　许　偏　差				
	水平度/(mm/m)	垂直度/(mm/m)	中心线偏差/mm	径向间隙/mm	同轴度/(mm/m)
水泵与电动机	<0.1	<0.1			
泵体出口法兰与出水管			<5		
泵体出口法兰与进水管			<5		

续表

项　目	允　许　偏　差				
	水平度 /(mm/m)	垂直度 /(mm/m)	中心线偏差 /mm	径向间隙 /mm	同轴度 /(mm/m)
叶片外缘与壳体				半径方向小于规定的40%，两侧间隙之和小于规定最大值	
泵轴与传动轴					<0.03

（2）泵座、进水口、导叶座、出水口、弯管和过墙管等法兰连接部件的相互连接应紧密无隙。

（3）填料函与泵轴间的间隙在圆周方向应均匀，并压入按产品说明书规定的类型和尺寸的填料。

（4）油箱内应按规定注入润滑油到标定油位。

（5）调整、试运转及验收。查阅安装质量记录，各技术指标符合质量要求。开车连续运转2h，必须达到表3-4所列的要求。

表 3-4　　　　　　　　　　　　水泵调试及验收要求

项　目	检　查　结　果
各法兰连接处	无渗漏，螺栓无松动
填料函压盖处	松紧适当，应有少量水滴出（以每分钟30～60滴为宜），温度不应过高
电动机电流值	不超过额定值
运转状况	无异常声音，平稳，无较大振动
轴承温度	滚动轴承小于70℃，滑动轴承小于60℃，运转温升小于35℃

（二）桥式起重机及轨道安装

桥式起重机及轨道结构如图3-5所示。

图 3-5　桥式起重机及轨道结构

1. 轨道

采用矩形或桥形垫板在混凝土行车梁上安装的轨道，其安装允许偏差见表3-5。

表 3-5　　　　　　　　　　矩形或桥形垫板的安装允许偏差

项　目	接　触　间　隙
垫板与轨道	底面接触面大于60%；局部间隙小于1mm
垫板与混凝土行车梁	接触间隙小于25mm，垫板数小于3块；接触间隙大于25mm，用水泥砂浆填实

　　注　固定垫板与轨道的螺栓之间，应采用螺母、弹簧垫圈或双螺母紧固，螺母应拧紧。轨道重合度、轨距和倾斜度的允许偏差见表3-6，其中2、3、4项为关键。

表 3-6　　　　　　　　　　轨距和倾斜度的允许偏差

序号	项　目	允许偏差
1	轨道实际中心距与安装基准线的重合度	3mm
2	轨距	±5mm
3	轨道纵向倾斜度	1/1500
	全行程	10mm
4	两根轨道相对标高	5mm 10mm
5	轨道接头处偏移（上、左、右三边）	1mm
6	伸缩缝间隙	±1mm

　　2. 负荷试验

　　（1）静负荷试验。以额定负荷进行静负荷运行时，起重量大于50t。先按75%的额定负荷进行，合格后，按额定负荷运行。除上拱度和下挠度必须符合规定外，其余各部分须按表3-7的要求检查。

表 3-7　　　　　　　　　　桥式起重机及轨道安装要求

项　目	检　查　结　果
车轮与导轨顶面	接触良好，轨道无啃道现象
主梁主端梁	连接牢固可靠
钢丝绳	位置正确，在绳槽中必须缠绕不乱
制动器	工作正常

　　（2）动负荷试验。在额定负荷下，检查起重机小车、吊钩的运行，升降速度应符合设备技术文件的要求。在超过额定负荷10%的情况下，升降吊钩3次，并将小车行至起重机一端，起重机也行至轨道的一端，分别检查终端开关和缓冲器的灵敏可靠性。

　　（三）搅拌设备安装

　　1. 溶液、混合搅拌机的安装

　　搅拌机及搅拌轴结构细节如图3-6所示。

　　搅拌轴的安装允许偏差见表3-8。

　　介质为有腐蚀性溶液的搅拌轴及桨板宜采用环氧树脂3NTU、丙纶布2层包涂，以防被腐蚀。

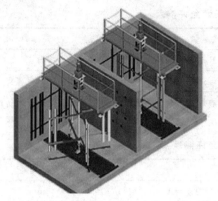

图 3-6　搅拌机与搅拌轴

表 3-8　　　　　　　　　　　　搅拌轴的安装允许偏差

搅 拌 器	转数/(r/min)	下端摆动量	桨叶对轴线垂直度/mm
桨式、框式和提升叶轮搅拌器	≤32	≤1.50	为桨板长度的 4/1000 且不超过 5
推进式圆盘平直叶涡轮式搅拌器	>32	≤1.00	
	100～400	≤0.75	

搅拌设备安装后，必须经过用水作介质的试运转和搅拌工作介质的带负载试运转。这两种试运转都必须在容器内装满 2/3 以上容积的容量。试运转中设备应运行平稳，无异常振动和噪声。以水作介质的试运转时间不得少于 2h；负载试运转对小型搅拌机为 4h，其余不少于 24h。

2. 絮凝搅拌机的安装

（1）絮凝搅拌机搅拌轴的安装允许偏差见表 3-9。

表 3-9　　　　　　　　　　絮凝搅拌机搅拌轴的安装允许偏差

搅拌机型式	轴的直线度	桨板对轴线垂直度或平行度	轴的垂直度
立式	≤0.10/1000	为桨叶长度 4/1000，且不超过 5mm	≤0.5/1000，且不超过 1mm
卧式	为 GB 1184 中的 8 级精度	为桨叶长度 4/1000，且不超过 5mm	

（2）木质桨板应涂以热沥青。

（3）试运转时设备应运行平稳，无异常振动和噪声。试运转时间不得少于 2h。

3. 澄清池搅拌机、刮泥机的安装

澄清池搅拌机与刮泥机如图 3-7 所示。

（1）澄清池搅拌机的安装。

1）澄清池搅拌机安装允许偏差见表 3-10。

2）主轴上各螺母的旋紧方向，应与轴工作旋向相反。

3）调整和试运转。试运转时设备应运行平稳，无异常振动和噪声。转速由最低速缓慢地调至最高速；叶轮由最小开启度调至最大开启度进行试验。带负荷试运行水位、转速、功率应达到设计有关规定。其试运行时间在最高速条件下不得少于 2h。

（a）

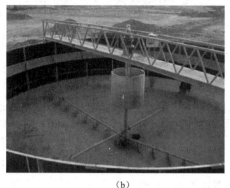
（b）

图 3-7　澄清池搅拌机与刮泥机

表 3-10　　　　　　　　　　澄清池搅拌机安装允许偏差

项　　目	允　许　偏　差/mm					
	叶轮直径/m			桨板长度/mm		
	<1	1~2	>2	<400	400~1000	>1000
叶轮上、下面板平面度	3	4.5	6			
叶轮出水口宽度	+2 0	+3 0	+4 0			
叶轮径向圆跳动	4	6	8			
叶轮端面圆跳动	4	6	9			
桨板与叶轮下面板应垂直，其角度偏差				±1°30′	±1°15′	±1°

（2）澄清池刮泥机安装。

1）刮泥耙刮板下缘与池底距离为 50mm，其偏差为 ±25mm。

2）当销轮直径小于 5m 时，销轮节圆直径偏差为 0~2.0mm；销轮端面跳动偏差为 5mm；销轮与齿轮中心距偏差为 +5.0~-2.5mm。

3）调整和试运转。试运行时设备运行平稳，无异常啮合杂音。试运行时间不得少于 2h，带负荷试运行时，其转速、功率应符合有关技术文件。

（四）其他设备安装

1. 水锤消除器

水锤安装位置如图 3-8 所示。

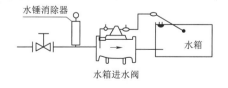
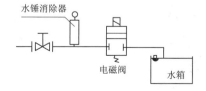

图 3-8　水锤安装示意图

（1）水锤消除器底座不平度不大于 1/1000。

（2）在寒冷地区水锤消除器及其排水系统必须做好防冻处理。

（3）下开式水锤消除器在重锤下落处应设支墩，支墩高度在重锤下落最低位置以上 10mm 处。

2. 移动式启门机

（1）设备各部件、限位开关和其他安全保护装置的动作应正确可靠，无卡轨现象。

（2）吊钩下降到最低位置时，卷筒上的钢丝绳不应少于 5 圈。

（3）静负荷试运行：主梁承载时下挠度不大于跨度的 1/700，卸载时上拱度应大于跨度的 0.8/1000。

3. 重锤式起吊机

（1）起吊机构横梁的长度应比导轨内侧宽度小 10～20mm。

（2）吊点的位置应设在机构的重心位置，由设置压重或钻孔来调整。

（3）挂钩、连杆、弹簧等部件工作应灵活、正确、可靠。

（4）弹簧不允许涂涂料。

【任务准备】

准备一台设备及其完整的说明与技术文件放在包装箱内。

【任务实施】

根据开箱检查记录表（表 3-1），逐项检查核对并填写记录表。

【检查评议】

评分标准见表 3-11。

表 3-11　　　　　　　　　评　分　标　准

编号	项目内容	评　分　标　准	分值	扣分	得分
1	学习态度	不认真操作扣 10 分	10		
2	动手能力	动手能力不强扣 20 分	20		
3	团队协作精神	没有团队协作精神扣 10 分	10		
4	专业能力	开箱检查并填写记录表，每错一个处扣 5 分，扣完为止	50		
5	安全文明操作	不爱护设备扣 10 分	10		
6	合　　计		100		

【考证要点】

熟悉开箱检查的方法要点与记录表的填写方法。

【思考与练习】

（1）设备定位的要求有哪些？

（2）简述供水水泵安装验收要点。

知识点二　处理设施的试运行

【任务描述】

了解给水处理设备试运行的程序与内容。

【任务分析】

在给水厂的处理构筑物和主要给水设备安装、试验、验收完成之后，正式投入运行之前，都必须进行设备的试运行。

【知识链接】

一、试运行的目的

（1）参照设计、施工、安装及验收等有关规程、规范及其他技术文件的规定，结合构筑物的具体情况，对整个构筑物的土建工程及给水排水工程设备的安装进行全面、系统的质量检查和鉴定，以作为评定工程质量的依据。

（2）通过试运行可及早发现遗漏的工作或工程和给水排水工程设备存在的缺陷，以便及早处理，避免发生事故，保证建筑物和给水排水工程设备能安全可靠地投入运行。

（3）通过试运行以考核主、辅机械协联动作的正确性，掌握给水排水工程设备的技术性能，制定一些运行中必要的技术数据及操作规程，为设备正式投入运行作技术准备。

（4）在一些大、中型水处理厂或有条件的水处理厂、站，还可以结合试运行进行一些现场测试，以便对运行进行经济分析，满足设备运行安全、低耗、高效的要求。

通过试运行，确认水厂土建和安装工程质量符合规程、规范要求，便可进行全面交接验收工作，将给水处理厂由施工、安装单位移交给生产管理单位正式投入运行。

二、试运行的内容

给水排水工程设备试运行工作范围很广，包括检验、试验和监视运行，给水排水工程设备相互联系密切。由于给水排水工程设备为首次启动，且以试验为主，对运行性能均不了解，所以必须通过一系列的试验才能掌握。其内容主要有：

（1）给水排水工程设备机组充水试验。

（2）给水排水工程设备机组空载试运行。

（3）给水排水工程设备机组负载试运行。

（4）给水排水工程设备机组自动开停机试验。

试运行过程中，必须按规定进行全面详细地记录，要整理成技术资料，在试运行结束后，交鉴定、验收、交接组织进行正确评估并建立档案保存。

三、试运行的程序

为保证给水设备试运行安全可靠，并得到完善可靠的技术资料，启动调整必须逐步深入，稳步进行。

（一）试运行前的准备工作

试运行前要成立试运行小组，拟定试运行程序及注意事项，组织运行操作人员和值班人员学习操作规程、安全知识，然后由试运行人员进行全面认真的检查。

试运行现场必须进行彻底清扫，使运行现场有条不紊，并适当悬挂一些标牌、图表，为给水设备试运行提供良好的环境条件和协调的气氛。

1. 设备过流部分的检查

应着重过流部分的密封性检查，其次是表面的光滑性。具体工作有：

（1）清除现场的钢筋头，必要时可做表面铲刮处理，以求平滑。

（2）封闭进人孔和密封门。

（3）充水，检查阀门、混凝土结合面和相关部位有无渗漏。

（4）在静水压力下，检查调整检修闸门的启闭，对快速闸门、工作闸门，阀门的手动、自动做启闭试验，检查其密封性和可靠性。

2. 机械部分的检查

（1）检查转动部分间隙，并做好记录，转动部分间隙力求相等，否则易造成机组径向振动。

（2）渗漏检查。

（3）技术充水试验，检查渗漏是否符合规定，油轴承或橡胶轴承通水冷却或润滑情况。

（4）检查油轴承转动油盘油位及轴承的密封性。

3. 电动机部分的检查

（1）检查电动机空气间隙，用白布条或薄竹片打扫，防止杂物掉入气隙内，造成卡阻或电动机短路。

（2）检查电动机线槽有无杂物，特别是金属导电物，防止电动机短路。

（3）检查转动部分螺母是否紧固，以防运行时受振松动，造成事故。

（4）检查制动系统手动、自动的灵活性及可靠性，复归是否符合要求，机组转动部分与固定部分不相接触。

（5）检查转子上、下风扇角度，以保证电动机本身提供最大冷却风量。

（6）检查推力轴承及导轴承润滑油位是否符合规定。

（7）通冷却水，检查冷却器的密封性和示流信号器动作的可靠性。

（8）检查轴承和电动机定子温度是否均为室温，否则应予以调整；同时检查温度信号计整定值是否符合实际要求。

（9）检查碳刷与刷环接触的紧密性、刷环的清洁程度及碳刷在刷盒内动作的灵活性。

（10）检查电动机的相序。

（11）检查电动机一次设备的绝缘电阻，作好记录，并记下测量时的环境温度。

（12）检查核对电气接线，吹扫灰尘，对一次和二次回路作模拟操作，并整定好各项参数。

4. 辅助设备的检查

辅助设备的检查与单机试运行对于设有辅助设备的情况，如泵站中的辅助设备等要进行以下检查：

（1）检查油压槽、回油箱及储油槽油位，同时试验液位计动作反应的正确性。

（2）检查和调整油、气、水系统的信号元件及执行元件动作的可靠性。

（3）检查所有压力表计（包括真空表计）、液位计、温度计等反应的正确性。

（4）逐一对辅助设备进行单机运行操作，再进行联合运行操作，检查全系统的协联关系和各自的运行特点。

（二）给水设备及泵站机组空载试运行

1. 给水设备及泵站机组的第一次启动

经上述准备和检查合格后，即可进行第一次启动。第一次启动应用手动方式进行，有些设备应该轻载或空载启动（如离心泵的启动一定要轻载启动），这样既符合试运行程序，也符合安全要求。空载启动时，检查转动部件与固定部件是否有碰撞或摩擦，轴承温度是否稳定，摆度、振动是否合格，各种表计是否正常，油、气、水管路及接头、阀门等处是否渗漏，测定电动机启动特性等有关参数，对运行中发现的问题要及时处理。

2. 给水设备及泵站机组停机试验

机组运行 4～6h 后，上述各项测试工作均已完成，即可停机。机组停机仍采用手动方式，停机时主要记录从停机开始到机组完全停止转动的时间。

3. 机组自动开、停机试验

开机前将机组的自动控制、保护、励磁回路等调试合格，并模拟操作准确，即可载操作盘上发出开机脉冲，机组即自动启动。停机也以自动方式进行。

（三）机组负荷试运行

机组负荷试运行的前提条件是轻载试运行合格，油、气、水系统工作正常，各处温升符合规定，振动、摆度在允许范围内，无异常响声和碰擦声，经试运行小组同意，即可进行带负荷运行。

1. 负荷试运行前的检查

（1）检查进、出口内有无漂浮物，并应妥善处理。

（2）各种阀门操作正常，要求动作准确，密封严密。

（3）油、气、水系统投入运行。

（4）各种仪表显示正常、稳定。

（5）人员就位，抄表。

2. 负载启动

上述工作结束即可负载启动。负载启动用手动或自动均可，由试运行小组视具体情况而定。负载启动时的检查、监视工作，仍按轻载启动各项内容进行。

如无通水必要，运行 6～8h 后，若一切运行正常，可按正常情况停机，停机前抄表一次。

（四）给水设备及泵站机组连续试运行

在条件许可的情况下，经试运行小组同意，可以进行给水设备及泵站机组连续试运行。其要求是：①给水设备及泵站单台机组运行一般应在 7 天内累计运行 72h（含全部给水设备及泵站机组联合运行小时数）；②连续试运行期间，开机、停机不少于3 次；③给水设备及泵站机组联合运行的时间，一般不少于 6h。

【任务准备】

准备一台水泵以及卡尺、万用电表等。

【任务实施】

根据水泵试运转测试记录表，逐项测试核对并填写记录表（表3－12）。

表3－12　　　　　　　　　　　　　水泵试运转测试记录表

施工单位		××公司				试运转日期		年　月　日	
设备名称					型号规格				
制造厂名					出厂日期			年　月　日	
水泵扬程					出口压力				
联轴器	间隙		填料室滴水情况	要求值/滴		最高温度/℃	室内温度		
	轴向倾斜						轴承温度		
	径向位移			每分钟实测值/滴			机身温度		
	用手盘动	无卡阻							
阀门工作情况									
额定电压值/V				实测电流值/A		I_A			
实测电压值/V						I_B			
额定电流值/A						I_C			
其他试运转情况									
结论									

【检查评议】

评分标准见表3－13。

表3－13　　　　　　　　　　　　　评　分　标　准

编号	项目内容	评　分　标　准	分值	扣分	得分
1	学习态度	不认真操作扣10分	10		
2	动手能力	动手能力不强扣20分	20		
3	团队协作精神	没有团队协作精神扣10分	10		
4	专业能力	逐项测试并填写记录表，每错一个处扣5分，扣完为止	50		
5	安全文明操作	不爱护设备扣10分	10		
6	合　　计		100		

【考证要点】

熟悉给水设备试运行的方法要点。

【思考与练习】

（1）简述给水厂试运行的内容。

（2）简述给水厂试运行的程序。

3-1-3
给水处理
水质监测

知识点三　给水处理水质监测

【任务描述】

学习给水处理水质监测的内容、方法与仪器。

【任务分析】

水质监测是供水企业加强水质管理、确保供水安全的重要措施，饮用水主要考虑对人体健康的影响，其水质标准除有物理指标、化学指标外，还有微生物指标；对工业用水则考虑是否影响产品质量或易于损害容器及管道。

【知识链接】

一、水质监测项目

给水厂在水质监测过程中主要监测的参数有原水的水温、水位、流量、水质（浊度、碱度、pH 值、溶解氧等）以及出水的余氯、漏氯检测和报警。

在净水处理过程中，监测设施应根据实际需要设置。一般需要设置的仪表可参见图 3-9。

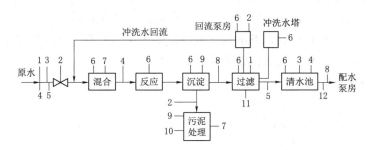

图 3-9　水质监测点

1—浊度计；2—流量计；3—水温；4—pH 计；5—加氯；6—水位；7—净水药剂；

8—剩余氯；9—污泥浓度；10—污泥量；11—过滤水头；12—加氨

在选择和确定监测仪表时，应从实际可能出发，并应考虑以下因素：给水厂的规模，水质的要求，原水处理的难易程度，给水构筑物本身的运行要求、投资占用的比例（对给水厂而言），管理部门的技术水平、维修力量以及经济效益等，通过技术经济比较后确定应用的程度。

二、出厂水监测与控制方法

给水厂出厂水需要具备必要的检测手段。运行管理人员把出厂水检验分散为对每一段净水构筑物都有出水的质量要求，就可以自然地保证出水的合格，这就是给水厂水质控制。要进行水质过程控制，就需配齐各种构筑物起码必有的仪表，还要求运行人员掌握浊度、余氯的检测技术和手段。

给水厂水质控制主要为浊度控制和余氯控制，下面就浊度控制以及余氯控制进行详述。

（一）净化过程浊度控制

1. 浊度控制点

（1）沉淀池进水，要求净化水中的絮体"大而密实"，如图 3-10 所示。

图 3-10　沉淀池进水

（2）沉淀池出水浊度应控制在不大于 8～10NTU，且越低越好。

（3）滤池出水浊度不大于 1NTU。

2. 保证控制点达标的方法

（1）保证沉淀池进口絮体质量。①保证准确适量；②絮凝反应适当；③药与原水快速混合均匀。

（2）保证沉淀池出水浊度。①上工序保证水中有易于沉淀的"大而密实"的絮体；②沉淀负荷不突增；③及时、适量地排泥，充分保证按设计参数运行。

（3）保证滤池出水浊度。①滤池进水浊度不大于 8～10NTU；②保证优良的反冲洗效果。保证有足够的冲洗时间和强度，及时清理泥球。

关于管网对水质的影响，考虑到管网对浊度增高的影响，所以要求水厂出水浊度不得超过 1NTU，运行管理人员必须清楚这一规定。

（二）余氯控制

加氯点可选择如下：

（1）滤前加氯。指在混凝沉淀前加氯，其主要目的在于改良混凝沉淀和防止藻类生长，但易生成大量氯化副产物。

（2）滤后加氯。指在滤后水中加氯，其目的是杀灭水中病原微生物，它是最常用的消毒方法。也可采取二次加氯，即混凝沉淀前和滤后各加一次。

（3）中途加氯。在输水管线较长时，在管网中途的加压泵站或储水池泵站补充加氯。采用此法既能保证末梢余氯，又不致使水厂附近的管网水含余氯过高。

在有条件的水厂，加氯点宜设置余氯连续测定仪。

三、检测仪器使用方法

下面介绍主要的检测仪器及其注意事项。

（一）pH 计

pH 计是最普通的计测仪器，使用 pH 计要注意以下事项：

（1）pH 标准液指定 1/20mol/L 的邻苯二（甲）酸氢钾溶液，其 15℃时的 pH 值定为 4.000。此外，还使用磷酸盐标准液（1/40mol/L 磷酸二氢钾—1/40mol/L 磷酸氢二钠溶液，pH 值为 7）、硼酸盐标准液（1/100mol/L 硼酸钠溶液，pH 为 9）等，也可用图 3-11 的缓冲剂直接配制。

（2）使用玻璃电极时，随着玻璃薄膜表面的逐渐变化和玻璃成分的溶出，其性质有所改变，测定误差也逐渐增大。为防止这种变化，需随时用标准液进行零位调整和

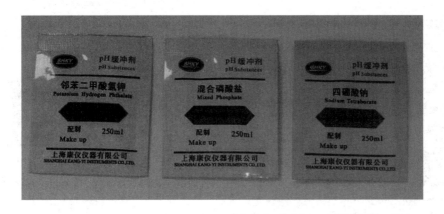

图 3-11 pH 缓冲剂

间距调整。

（二）浊度计

浊度计用于对原水、沉淀水和滤后水的浊度进行指示和记录。

使用浊度计要注意以下事项：

（1）浊度测定的标准物质采用高岭土，以 1mL 试样在 1L 水中分散时的浊度为 1NTU（高岭土）。该测定是通过目测加以比较。用同样装置测定同种类的系列试样时可以相互比较，在不同装置内测定不同试样时，利用数值直接比较往往没有意义。这就是说，在测定的数据上需要标明测定方式和标准物质。

（2）高岭土标准液在稳定性、重现性方面存在许多问题，故近来采用福尔马林标准液。它是用 1% 的硫酸肼溶液和 10% 的六亚甲基四胺溶液各 10mL，在 (25±3)℃ 下保持 24h 后配制成的 200mL 稀释液。该溶液的浊度为 400NTU（福尔马林），用于校准浊度计。

浊度计日常要注意维护保养。对操作者的要求仅限于周期性的标定、标准化检查及维护外部设备。如果出现任何系统报警，应立即查找原因，以免发生更为严重的故障。操作者要经常监视控制单元指示器以便了解出现的异常情况。每月一次的标准化检查，应使用校准过的实验室仪器，对定时采到的样品进行分析，至少每 4 个月进行一次校准。

（三）余氯控制器

这里就介绍一下 CT-610 型余氯控制器。此控制器外壳设计特殊，防水及防酸气效果较好，防日晒透明前盖设计，方便读值。

（四）水质自动监测系统（图 3-12）

水质自动监测系统不仅提供水体的各污染物浓度值，由于其监测数值的连续性，可同时监控水体的变化，以捕捉突发性污染事件的发生。

四、突发性水污染事件应急水质监测

突发性水污染事件有突然发生的性质，水质变化速率大。因入河污染物超过水环境容量所造成的水污染事件，主要是由于当水量小时未及时控制污染物入河总量，受

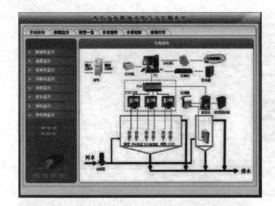
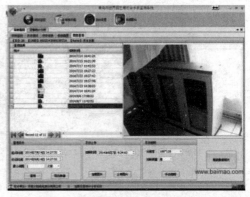
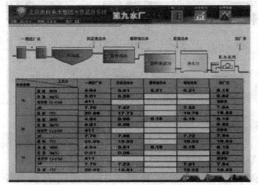
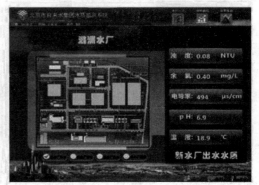

图 3-12　水质自动监测系统

水量和入河污染物的双重影响。由于人们缺乏思想准备，不能及时采取防御措施，对社会经济和环境的影响会很严重，有的甚至很难恢复。

应急水质监测是判断水污染事件影响程度的依据，它不同于日常的水质监测，其特点表现为：一是时间短，污染过程不可重复，事前无计划；二是耗费资金、人力、物力；三是污染物和排放方式不同，监测断面、项目和频率不同，具体流程可参见图3-13。

应急水质监测的原则是：事前有预防，有预案；事后就近监测、跟踪监测，测站监测与监测中心监测互相配合，固定监测与移动监测互为补充；做好人员培训、仪器设备装备和技术的储备。

【任务准备】

准备余氯控制器一台。

【任务实施】

调试并使用余氯控制器监测水管内水流余氯含量。

【检查评议】

评分标准见表3-14。

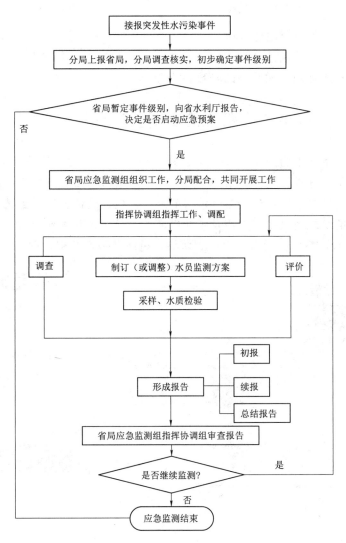

图 3-13　应急水质监测流程图

表 3-14　　　　　　　　　评　分　标　准

编号	项目内容	评　分　标　准	分值	扣分	得分
1	学习态度	不认真操作扣 10 分	10		
2	动手能力	动手能力不强扣 20 分	20		
3	团队协作精神	没有团队协作精神扣 10 分	10		
4	专业能力	调试并使用余氯控制器监测余氯含量	50		
5	安全文明操作	不爱护设备扣 10 分	10		
6		合　　　计	100		

【考证要点】

简述掌握余氯控制器的使用方法。

【思考与练习】

（1）简述 pH 计使用注意事项。

（2）简述浊度计使用注意事项。

（3）简述给水处理水质监测的参数和位置。

任务二　常规给水工艺运行与管理

由于自然因素和人为因素，原水中含有各种各样的杂质。从给水处理角度考虑，这些杂质可分为悬浮物、胶体、溶解物三大类。给水厂净水处理的目的就是去除原水中这些会给人类健康和工业生产带来危害的悬浮物质、胶体物质、细菌及其他有害成分，使净化后的水能满足生活饮用及工业生产的需要。正常情况下水厂采用常规给水工艺（图 3-14），它包括混合、反应、沉淀、过滤及消毒几个过程。

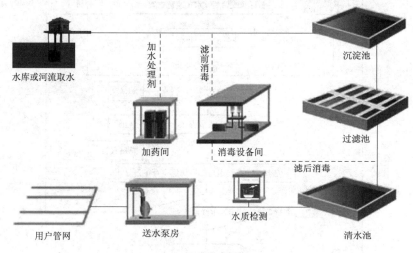

图 3-14　常规给水工艺

3-2-1
投药与混
凝工艺运
行与管理

知识点一　投药与混凝工艺运行与管理

【任务描述】

学习混合方法和投药方法、投药设备运行管理与维护方法。

【任务分析】

混凝剂投加是城市供水处理过程中净水处理的重要环节，准确地投加混凝剂可以有效地减轻过滤、消毒设备的负担，在保证满足出厂水浊度要求的前提下尽量减少混凝剂的投加量，提高经济效益和社会效益。

一、混合

混合和反应为混凝过程的两个阶段。混合的作用在于使药剂迅速均匀地扩散于水中，以创造良好的水解和聚合条件。与此同时，胶体脱稳随即完成并借颗粒的布朗运动和紊动水流进行凝聚。但在此阶段并不要求形成大的絮凝体。混合要求快速剧烈，在 10～30s 至多不超过 2min 内应该完成，其作用主要在于使药剂在水中均匀扩散。在混合和反应过程中，控制水力条件的重要参数是速度梯度，即两相邻水层的水流速度差和它们之间的距离之比，用 G 表示。目前常用的混合方式主要有水泵混合、隔板混合池和机械混合三种，其主要特点如下：

（1）水泵混合是一种较常用的混合方式。药剂在取水泵吸水管上或吸水喇叭口处投加，利用水叶轮高速转动以达到快速而剧烈混合的目的。水泵混合效果好，不需另建混合设备，节省动力，大、中、小型水厂均可采用。但用三氯化铁作为混凝剂且投量较大时，药剂对水泵叶轮有一定腐蚀作用。当取水泵房距水厂构筑物较远时，不宜采用水泵混合。因为经水泵混合后的原水，在长距离管道输送中可能会过早地在管中形成絮凝体，已形成的絮凝体在管道出口一经破碎难于重新聚结，不利于以后的絮凝。此外，当管中流速低时，絮凝体还有沉积在管中的可能。所以水泵混合通常用于取水泵房靠近水厂净化构筑物的条件下。

（2）隔板混合池内设隔板数块，水流通过隔板孔道时产生急剧收缩与扩散，使药剂与原水充分混合，时间一般为 10～30s。在流量稳定情况下，隔板混合效果尚好。流量变化较大时，混合效果不稳定。

（3）机械混合是以电动机驱动桨板或螺旋桨进行强烈搅拌，按混合阶段对速度梯度的要求选配。混合时间同样宜在 10～30s 之间，最大不能超过 2min。桨板外缘旋转线速度宜取 2m/s 左右。机械搅拌强度可以随时调节，但机械搅拌增加了管理维修工作。

除以上三种方式外，混合方式还有多种。如将药剂投入取水泵压水管中借助管中流速进行所谓的"管道混合"，也有利用水跃或堰后跌水进行混合的（图 3-15）。至于采用哪种方式混合更好，要根据当地实际情况综合考虑。

二、混凝

水的混凝处理是靠水中投加混凝剂及助凝剂来促使水中全部细微悬浮物与胶体颗粒产生凝聚，使凝聚后的颗粒能迅速产生絮凝，使絮凝后的颗粒能迅速下沉。混凝示意图如图 3-16 所示。水中投加混凝剂后产生凝聚作用，包括以下两个过程：①脱稳，也就是使水中高度稳定状态的胶体颗粒失去稳定性；②絮凝，也就是脱稳后的胶

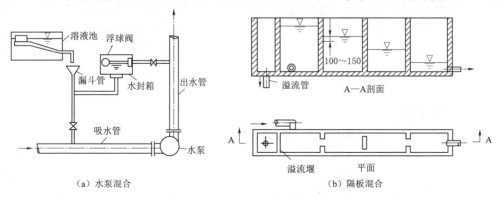

（a）水泵混合　　　　　　　　（b）隔板混合

图 3-15（一）　混合方法

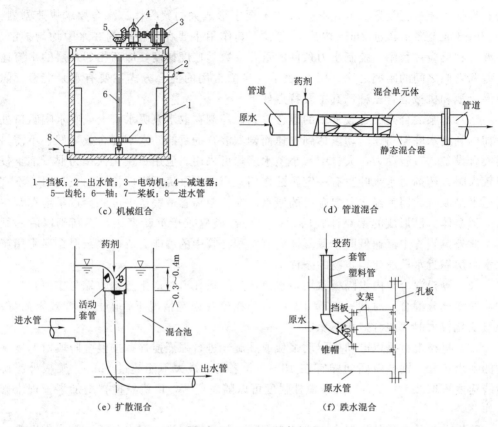

1—挡板；2—出水管；3—电动机；4—减速器；
5—齿轮；6—轴；7—桨板；8—进水管

（c）机械组合　　　　　　　　　　（d）管道混合

（e）扩散混合　　　　　　　　　　（f）跌水混合

图 3-15（二）　混合方法

体颗粒相互吸附，同时与水中原有较大悬浮颗粒产生黏结作用，生成较大的絮凝体（通常叫矾花），如图 3-17 所示。

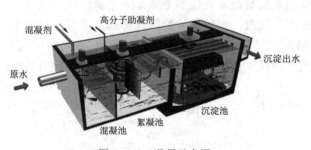

图 3-16　混凝示意图

图 3-17　絮凝

（一）混凝剂

净化工艺中最常用的混凝剂有两大类：一类是铝盐，如硫酸铝、明矾、聚合氯化铝等；另一类是铁盐，如三氯化铁、硫酸亚铁等，分别如图 3-18、图 3-19 所示。

固体混凝剂须先溶解在水中，配成一定浓度的溶液后投加。在产水量较大的水厂，因为凝剂用量很多，须专门设置溶解池，将固体药剂溶解。池内应有搅拌设备，

图 3-18 铝混凝剂

图 3-19 铁混凝剂

如电动搅拌机或水泵搅拌等以加速溶解。搅拌桨由电动机带动，因混凝剂特别是三氯化铁有腐蚀性，因此搅拌桨应选用耐腐蚀的材料并有防腐措施。

固体混凝剂在投加之前，必须在溶解池内加水化成浓溶液。为了加速溶解，可以采用水力、机械、压缩空气、水泵混合等多种方式。

混凝剂用量少或容易溶解时，可在水缸或水槽中放入混凝剂，加一定量的水，然后由人力搅拌。或用水力溶药装置，逐步溶解成所需浓度的溶液，如图 3-20 所示，这是最简单的一种。

混凝剂用量大或难以溶解时，可用机械搅拌方法，依靠桨板的拨动促使混凝剂溶解（图 3-21）。桨板采用加工方便、使用效果较好的平板，材料可为金属、塑料或木板。

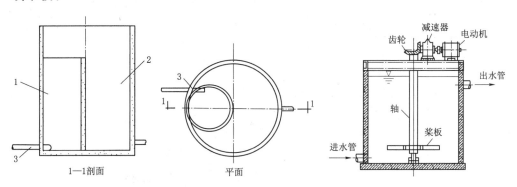

图 3-20 水力溶药装置
1—溶药池；2—储药池；3—压力水管

图 3-21 机械搅拌装置

不管用什么方法溶解药剂，每天溶解药剂的次数不宜太多，一般每日 3 次，也就是每班溶药一次，这样安排对于操作管理比较方便。溶解池的大小根据制水量、混凝剂用量和溶液浓度等确定。为了操作、搬运和倾倒药剂方便，混凝剂用量大的水厂，溶解池多布置在地下。混凝剂用量少时，因为所需的溶解池容积不大，往往和溶液池放在一起，以节省占地。

（二）混凝剂的投加

混凝剂的投加点和投加方式对其混凝效果起很重要的作用。

1. 投药点的选择

投药点必须促使混凝剂与原水能迅速充分混合，混合后在进入反应池前，不宜形成大颗粒矾花，投药点与投药间距离尽量靠近，以便于投加。

（1）泵前投加。当一级泵房与反应室（池）距离较近（一般为100m以内）时，投药点应选在泵前，通过水泵与翼轮高速转动使药剂与原水充分混合，这种方法称为"水泵混合"，如图3-22所示。

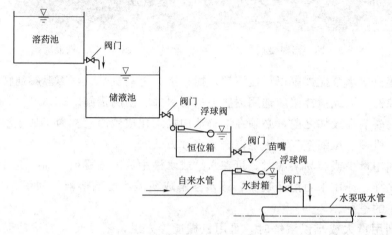

（a）适用于投药点有吸力的

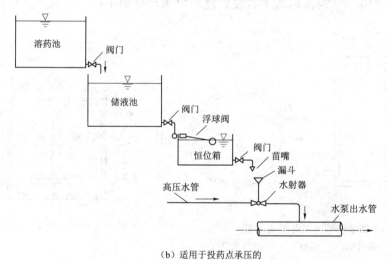

（b）适用于投药点承压的

图3-22　泵前投加

（2）泵后投加。当一级泵房与反应池距离较远（一般大于100m）时，宜在泵后投加药剂。投药点可分别选在一级泵房至反应池的管段上，凭借管内水流使混凝剂与原水充分混合，这种混合方式也称为"管式混合"。

如果在出水管段上投加混凝剂，设备条件有困难时，投加点也可选在反应室（池）进水口处。但反应室（池）进水口处必须有专门的混合设备，否则会影响混凝效果，增加混凝剂的投加量。

2.投药方法

（1）重力投加法。依靠重力作用把混凝剂加入投药点，这种投加方法称为重力投加法（图3-23）。该法根据地形条件不同也适用于在混合室进口处投加。如在隔板混合室前投加或在水力循环澄清池混合管前投加。

（2）吸入投加法。混凝剂依靠水泵吸水管负压吸入，这种投加方法称为吸入投加法。它适用于水泵前吸水管段投加。

（3）压力投加法。混凝剂用加注工具在水泵出水压力管处用压力投加，这种投加方法称为压力投加法。通常采用的加注工具有水射器和耐酸泵两种，如图3-24和图3-25所示。

3.投药设备

投药设备包括投药池和计量设备，如图3-26所示。

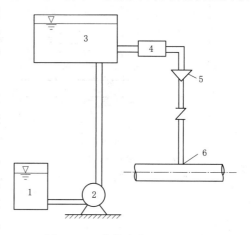

图3-23　高位溶液池重力投药
1—溶解池；2—水泵；3—溶液池；4—投药箱；
5—漏斗；6—压水管

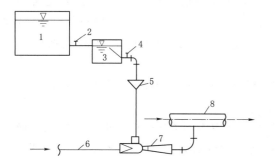

图3-24　水射器投药
1—溶液池；2—阀门；3—投药箱；4—阀门；5—漏斗；
6—高压水管；7—水射器；8—原水管

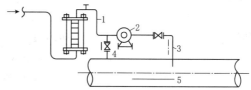

图3-25　耐酸泵投药
1—输液管；2—耐酸泵；3—投药管；
4—补充水管；5—水泵出水管

投药设备的容积大小应根据处理水量、原水所需混凝剂的最大用量来确定，并应保证连续投加的需要，同时投药池容积不宜过大。

水厂中溶解和储存药剂的溶解池和溶液池等设备要注意防腐。混凝剂溶液一般为酸性，随着溶液浓度增高，pH值将下降。三氯化铁溶解时会放出热量，升高温度，这些都可加速设备的腐蚀。为了安全生产，储液设备采取防腐蚀措施是必要的。小型水厂的防腐蚀问题较易解决，因为投加的药量少，可以用陶瓷缸存放溶液。但是大、中水厂加药量很大，需要较大的设备。最常用的防腐方法是在混凝土浇制的溶解池或溶液池内，衬砌防腐蚀板材，如塑料板、辉绿岩板、瓷砖和玻璃

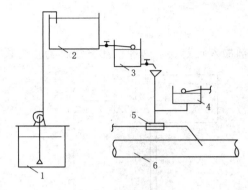

图 3-26 投药设备
1—溶解池；2—溶液池；3—恒位箱；
4—水封箱；5—水射器；6—吸水管

钢等。

4. 药剂调制方法

混凝剂一般采用湿式投加，它具有劳动条件好、易于与原水充分混合、管理方便、便于调节等优点。

三、投药运行与维护

1. 运行

（1）净水工艺中选用的混凝药剂，与药液和水体有接触的设施、设备所使用的防腐涂料，均需鉴定对人体无害，即应符合《生活饮用水卫生标准》（GB 5749—2022）的规定。混凝剂质量应符合国家现行的有关标准的规定。经检验合格后方可使用。

（2）混凝剂经溶解后，配制成标准浓度进行计量加注。计量器具每年鉴定一次。

（3）固体药剂要充分搅拌溶解，并严格控制药液浓度不超过 5%，药剂配好后应继续搅拌 15min，再静置 30min 以上方可使用。

（4）要及时掌握原水水质变化情况。混凝剂的投加量与原水水质关系极为密切，因此操作人员对原水的浊度、pH 值、碱度必须进行测定。一般每班测定 1～2次，如原水水质变化较大时，则需 1～2h 测定 1 次，以便及时调整混凝剂的投加量。

（5）重力式投加设备，投加液位与加药点液位要有足够的高差，并设高压水，每周至少自加药管始端冲洗一次加药管。

（6）配药、投药的房间是给水厂最难搞好清洁卫生的场所，而它的卫生面貌也最能代表一个给水厂的运行管理水平。应在配药、投药过程中，严防跑、冒、滴、漏。加强清洁卫生工作，发现问题及时报告。

2. 维护

（1）日常维护。

1）应每月检查投药设施运行是否正常，储存、配制、输送设施有无堵塞和滴漏。

2）应每月检查润滑、加注和计量设备是否正常，并进行设备、设施的清洁保养及场地清扫。

（2）定期维护。

1）配制、输送和加注计量设备，应每月检查维修，以保证不渗漏，运行正常。

2）配制、输送和加注计量设备，应每年大检查一次，做好清刷、修漏、防腐和附属机械设备、阀门等的解体修理工作，金属制栏杆、平台、管道应按规范规定的色标进行油漆。

四、混合絮凝设施运行与维护

1. 运行

（1）药水药剂投入净化水中要求快速混合均匀，药剂投加点一定要在净化水流速最大处。

（2）混合、絮凝设施运行负荷的变化，不宜超过设计值的 15%，所以混合、絮凝设施在设计中考虑负荷运行的措施是十分必要的。

（3）对投药后的絮凝水体水样，注意观察出口絮体情况，应达到水体中絮体与水的分离度大，絮体大而均匀，且密度大。

（4）絮凝池出口絮体形成不好时，要及时调整加药量。最好能调整混合、絮凝的运行参数。

（5）混合、絮凝池要及时排泥。

2. 维护

（1）日常保养。主要是做好环境的清洁工作。采用机械混合的装置，应每日检查电机、变速箱，搅拌桨板的运行状况，加注润滑油，做好清洁工作。

（2）定期维护。机械、电气设备应每月检查修理一次；机械、电气设备、隔板、网格、静态混合器每年检查一次，解体检修或更换部件；金属部件每年油漆保养一次。

【任务准备】

准备烧杯、搅拌器、原水、混凝剂。

【任务实施】

用烧杯试验确定混凝剂的投加量。

【检查评议】

评分标准见表 3-15。

表 3-15　　　　　　　　　　评　分　标　准

编号	项目内容	评　分　标　准	分值	扣分	得分
1	学习态度	不认真操作扣 10 分	10		
2	动手能力	动手能力不强扣 20 分	20		
3	团队协作精神	没有团队协作精神扣 10 分	10		
4	专业能力	准确快速测试出混凝剂的投加量	50		
5	安全文明操作	不爱护设备扣 10 分	10		
6		合　　　计	100		

【考证要点】

掌握混凝剂投加量的测试方法。

【思考与练习】

（1）混凝剂的投加方法有哪些？

（2）混凝剂的投加点有哪些？适用条件是什么？

3-2-2
沉淀与澄
清工艺运
行与管理

知识点二 沉淀与澄清工艺运行与管理

【任务描述】

学习沉淀与澄清工艺流程及构筑物运行与管理方法。

【任务分析】

国内外的给水处理工艺大多采用沉淀（澄清）过滤和消毒形式（图 3-27、图 3-28），其中沉淀部分对原水中悬浮物的去除显得尤为重要。

图 3-27 沉淀池

图 3-28 澄清池

一、沉淀

水中固体颗粒依靠重力作用，从水中分离出来的过程称为沉淀。澄清则将微絮体的絮凝过程和絮凝体与水的分离过程综合于一个构筑物中完成。

按照水中固体颗粒的性质，沉淀可以分以下两种：

（1）自然沉淀。其特点是颗粒在沉淀过程中不改变其大小、形状和密度。对于泥沙含量较高的河水水源，往往为节省投药费用，在混凝处理以前首先使大量固体颗粒在预流池中下沉，这种工艺属于自然沉淀。

（2）混凝沉淀。其特点是在沉淀过程中，颗粒由于相互接触凝聚而改变其大小、形状和密度，当原水的固体颗粒较小，特别是含有较多的胶体颗粒时，必须先经混凝处理，使之形成较大的絮凝体再进行沉淀，这种工艺属于混凝沉淀。

沉淀池按构造形式可以分为平流式沉淀池和斜板（管）沉淀池。

（一）平流式沉淀池

平流式沉淀池（图 3-29）包括进水区、沉淀区、出水区及积泥区四部分。平流式沉淀的优点是可就地取材，造价低，操作管理方便，施工较简单，适应性强，处理效果稳定。缺点是排泥较困难，占地面积较大。

1. 进出水布置形式

为了充分利用沉淀池的全部容积，提高沉淀效率，要求均匀分布进水和均匀收集出水。一般将反应池至沉淀池的隔墙做成配水花墙，花墙孔口流速不宜大于 0.2m/s，孔口形式一般采用方形或矩形。孔口的布置应使最上面一排孔口经常淹没在水面以下

（a）外观

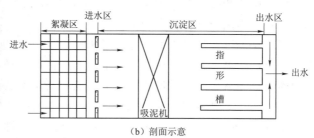
（b）剖面示意

图 3-29 平流式沉淀池

12~15cm，最下一排孔口在沉淀池积泥高度以上 30~50cm。在配水花墙处，由于流速小往往容易积泥，因此应考虑设置排泥管。出水区的作用是使沉淀后的水从池中均匀流出，送往快滤池。出水形式有堰或淹没孔口出水。堰顶必须保持水平，以免沿堰长排出的水流量不均匀。

2. 沉淀区

沉淀区是沉淀池的主要部分。水在沉淀池中缓慢流动，矾花逐渐下沉。沉淀区的深度，包括沉淀部分深度、池底积泥深度和水面以上的保护高。一般总深在 3~4m。沉淀池的长度取决于水平流速和沉淀时间，水平流速一般为 10~25mm/s，沉淀时间可为 1.0~3.0h。沉淀池的宽度决定于流量、池深和水平流速。每格宽度一般为 3~9m，最大不超过 15m。长度与每格宽度之比不得小于 4:1，长度与深度之比不得小于 10:1。

3. 积泥区的排泥形式

有人工排泥、重力排泥、机械排泥三种。人工排泥每年进行 1~2 次，优点是池底结构简单、不需刮泥设备、造价低；缺点是排泥时要停止生产且劳动强度大。重力排泥有斗底排泥与穿孔管排泥两种形式。机械排泥的沉淀池底一般是具有一定坡度的斜平底。底部积泥用机械刮板刮至污泥泵吸泥口附近，再由污泥泵将池底积泥提升至池顶的污泥槽排走。

4. 液面负荷

液面负荷（表面负荷率），即沉淀（澄清）池单位液（水）面积所负担的出水流量。平流式沉淀池液面负荷参考指标见表 3-16。

表 3-16　　　　　　　　　平流式沉淀池液面负荷参考指标

原 水 性 质	液面负荷/[m³/(m²·h)]
浊度在 100~250NTU 的凝聚沉淀	1.87~2.92
浊度大于 500NTU 的凝聚沉淀	1.04~1.67
低浊高色度水的凝聚沉淀	1.25~1.67
低温低浊水的凝聚沉淀	1.04~1.46
不用凝聚剂的自然沉淀	0.42~0.63

5. 运行

（1）必须严格控制运行水位，水位宜控制在允许最高运行水位和其下 0.5m 之间，以保证满足设计各种参数的允许范围。

（2）平流沉淀池必须做好排泥工作。如果沉淀池底积泥过多将减少沉淀池容积，并影响沉淀效果，故应及时排泥。有机械连续吸泥或有其他排泥设备的沉淀池，应将沉淀池底部泥渣连续或定期进行排除。采用排泥车排泥时，每日累计排泥时间不得少于 8h，当出水浊度低于 8NTU 时，可停止排泥；采用穿孔管排泥时，排泥频率为每 4～8h 一次，同时要保持快开阀的完好、灵活。无排泥设备的沉淀池，一般采取停池排泥，把池内水放空采用人工排泥，人工排泥一年至少应有 1～2 次，可在供水量较小期间利用晚间进行。

（3）发现沉淀池内藻类大量繁殖，应采取投氯和其他除藻措施，防止藻类随沉淀池出水进入滤池。此外，应保持沉淀池内外清洁卫生。

（4）沉淀池出水口应设立控制点，出水浊度宜控制在 8～10NTU 以下。

（5）运行人员必须掌握检验浊度的手段和方法，保证沉淀池出水浊度满足要求。

6. 维护

（1）日常保养。

1）每日检查沉淀池进出水阀门、排泥阀、排泥机械运行状况，加注润滑油，进行相应保养。

2）检查排泥机械电气设备、传动部件、抽吸设备的运行状况并进行保养。

3）保持管道畅通，清洁地面、走道等。

（2）定期维护

1）清刷沉淀池每年不少于两次，有排泥车的每年清刷一次。

2）排泥机械、电气设备，每月检修一次；排泥机械、阀门每年修理或更换部件一次；对池底、池壁每年检查修补一次；金属部件每年油漆一次。

（二）斜板（管）沉淀池

斜板（管）沉淀池是一种在沉淀池内装置许多间隔较小的平行倾斜板或直径小的平行倾斜管的新型沉淀池。其特点是沉淀效率高，池子容积小和占地面积小。国内已有不少地方建造这类沉淀池，特别在挖潜改造时，在沉淀池中加装斜板（管），其效果更为显著。斜板（管）沉淀池按水流方向主要有上向流、平向流及下向流三种。斜管沉淀池内部结构如图 3-30 所示。

根据沉淀原理，一个池子在一定的流量和一定的颗粒沉降速度条件下，其沉淀效率与池子的平面面积成正比。因此，如在同一池子中在高度上分成四个间隔，使水池的平面面积增加 4 倍，则在理论上可以提高沉淀效率 4 倍（实际上由于各种其他因素的影响，不可能达到 4 倍）。斜板（管）的设置正是用加大沉淀池平面面积来提高沉淀效率的方式之一。加设斜板（管）使颗粒沉淀距离缩短，能大大减少沉淀时间。

增加斜板（管）后，改善了水力条件，提高了水流稳定性，使絮体与水容易分离，有利于絮体的沉降。

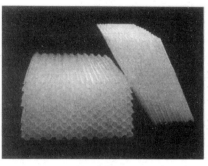

（a） （b）

图 3 - 30 斜管沉淀池内部结构图示

1. 构造

斜板（管）沉淀池由反应区、配水区、整流区、斜板（管）区、集水区、积泥区等部分组成。

2. 净水流程

加过混凝剂的原水，通过反应区混凝生成良好的絮体，由配水区及整流区均匀配水整流，进入斜板（管）下部，泥与水在斜板（管）内迅速分离，清水从上部经集水区通过穿孔集水管送出池外，沉淀在斜板（管）内的絮体沿斜板（管）壁滑下落入积泥区，定期排出池外。

3. 液面负荷

斜板（管）沉淀池的液面负荷是对沉淀池总平面面积而言的，即包括斜板（管）净出水口面积、斜板（管）材料所占面积和无效面积（如第一块斜板所占面积）三部分。《室外给水设计标准》（GB 50013—2018）规定，异向流斜管沉淀池斜管沉淀区的液面负荷一般可采用 $9.0 \sim 11.0 \text{m}^3/(\text{m}^2 \cdot \text{h})$；同向流斜板沉淀区的液面负荷一般可采用 $30 \sim 40 \text{m}^3/(\text{m}^2 \cdot \text{h})$。

4. 运行与管理

（1）斜板（管）设置在平流式沉淀池中，效果最为显著，但仍存在着占地面积大的弊病。一些小城镇自来水厂常采用占地面积小的斜管沉淀池，如图 3 - 31 和图 3 - 32所示。

（2）混合反应的好坏对斜板（管）沉淀效果有很大影响。

（3）当采用聚氯乙烯蜂窝材质作斜管，在正式使用前，要先放水浸泡去除塑料板制造时添加剂中的铅、钡等。

（4）严格控制沉淀池运行的流速、水位、停留时间。积泥泥位等参数不超过设计允许范围。上向流斜板（管）沉淀池的垂直上升流速，一般情况下可采用 $2.5 \sim 3.0 \text{mm/s}$。斜板与斜管比较，当上升流速小于 5mm/s 时，两者净水效果相差不多；当上升流速大于 5mm/s 时，斜管优于斜板。水在斜板（管）内停留时间一般为 $2 \sim 5 \text{min}$。

（5）沉淀池的进水、出水、进水区、沉淀区、斜管的布置和安装、积泥区、出水

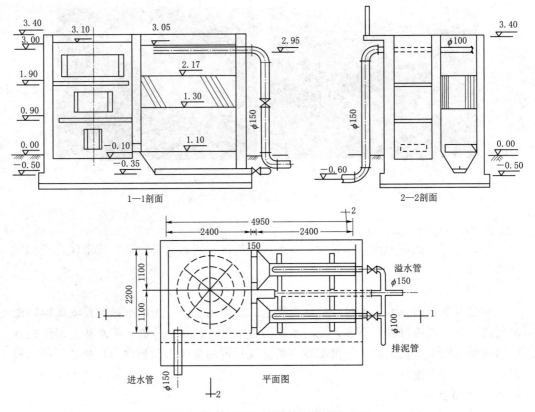

图 3-31 某自来水厂斜管沉淀池示意图

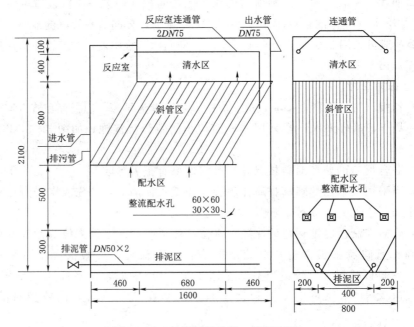

图 3-32 斜板沉淀池正、侧剖面图

区应符合设计和运行要求。安装时，应用尼龙绳把斜管体与下部支架或池体捆绑牢固，以防充水后浮起。除此外还要将斜板（管）与池壁的缝隙堵好，防止水流短路。

（6）沉淀池适时排泥是斜管沉淀池正常运行的关键。穿孔管排泥或漏斗式排泥的快开阀必须保持灵活、完好，排泥管道畅通，排泥频率应为每隔 4～8h 一次，原水高浊期，排泥管径小于 200mm 时，排泥频率酌情增加。运行人员应根据原水水质变化情况、池内积泥情况积累排泥经验，适时排泥。

（7）斜管沉淀池不得在不排泥或超负荷情况下运行。

（8）斜管顶端管口、斜管管内积存的絮体泥渣，根据运行实际需要，应定期降低池内水位，露出斜管，用 0.25～0.3MPa 的水枪水冲洗干净，以避免斜管堵塞和变形，造成沉淀池净水能力下降。

（9）斜管沉淀池出水浊度为净水厂重点控制指标，出水浊度应控制在 8～10NTU 以下，宜尽量增加出水浊度的检测次数。必须特别注意不间断地加注混凝剂和及时排泥，发现问题，及时采取补救措施。

（10）在日照较长、水温较高地区，应加设遮阳屋（棚）盖等措施，以防藻类繁殖，减缓斜板管材质的老化。

5. 维护

（1）日常保养。

1）每日检查进出水阀、排泥阀、排泥机械运行状况，加注润滑油进行保养。

2）检查机械、电气设备并进行保养。

（2）定期维护。

1）每月对机械、电气设备检修一次，每月对斜管冲洗、清通一次。

2）排泥机械、阀门每年解体修理或更换部件一次。

3）斜管沉淀池每年排空一次，对斜管、支托架、绑绳等进行维护；对池底、池壁进行修补，金属件油漆。

二、澄清池

利用悬浮泥渣层创造的接触絮凝条件，增加原水中的颗粒与矾花碰撞、吸附、相互结合的机会，从而提高凝聚澄清的效果。澄清池的优点是占地面积小，排泥方便，单位产水量的基建投资较平流式沉淀池低。缺点是对水量、水质、水温的变化较敏感，净化效果容易受这些因素的影响，排泥的耗水量较大。

澄清池的类型有很多，目前使用较多的是机械搅拌澄清池及水力循环澄清池。其中水力循环澄清池在小城镇给水工程中应用较多，它具有设备简单、建设容易等特点。

（一）水力循环澄清池（图 3-33）

水力循环澄清池属于泥渣回流接触分离型澄清池。

1. 运行准备

水力循环澄清池对气温、水温、水质等的变化比较敏感，故在运行中必须加强管理，应做到勤检测、勤观察、勤调节。运行前完成如下准备工作：

（1）清除池内积水及杂物，检查各部管线闸阀是否完好。

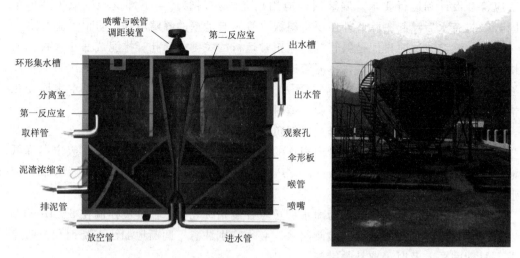

图 3-33 水力循环澄清池

（2）测定原水浊度、pH值、试验所需要投加的混凝剂量。

（3）将喉管与喷嘴口的距离先调节到等于两倍喷嘴直径的位置。

（4）当原水浊度在200NTU以下时，应准备好500～1000kg黄泥。黄泥颗粒要均匀，质重而杂质少。投加黄泥的方法有干投法和湿投法两种。干投法是将泥块打碎，过筛去除石子和垃圾后加到第一反应室。湿投法是先把去除了杂质的泥块用水搅拌成泥浆加到水泵吸水口，或加到吸水管与第一反应室。湿投法操作过程虽比干投法麻烦，但效果比干投法好。

（5）准备好混凝剂溶液，其数量要比正常投药量多3～4倍。

2. 初次运行

（1）原水浊度在200NTU以上时，可不加黄泥。进水流量控制在设计流量的1/3。混凝剂投加量要比正常增加50%～100%，即能形成活性泥渣。

（2）原水浊度低于200NTU时，将准备好的黄泥一部分先倒入第一反应室，然后澄清池开始进水，进水量为设计水量的70%左右，其余黄泥根据原水浊度情况逐步加入。总投加黄泥量应根据原水浊度酌情而定。混凝剂投加量为正常投药量的3～4倍。

（3）当澄清池开始出水时，要仔细观察分离区与反应池水质变化情况。如分离区的悬浮物产生分离现象，并有少量矾花上浮，而面上的水不是很浑浊，第一反应室水中泥渣含量却有所增高，一般可以认为投药和投泥适当。如第一反应室水中泥渣含量下降，或加泥时水浑浊，不加时变清，则说明黄泥投加量不足，需继续增加黄泥投加量。当分离区有泥浆水向上翻，则说明投药量不足，悬浮物不能分离，需增加投药量。

（4）当澄清池开始出水时，还要密切注意出水水质情况，如水质不好应排放，不能进入滤池。

（5）测定各取样点的泥渣沉降比。泥渣沉降比反映了反应过程中泥渣的浓度与流动性,是运行中必须控制的重要参数之一。若喷嘴附近泥渣沉降比增加较快,而第一反应室出口处却增加很慢,这说明回流量过小,应立即调节喉嘴距,增加回流量,使其达到最佳位置。

(6)如有两个澄清池,其中一个池子的活性泥渣已形成而另一个未形成,则可利用已形成活性泥渣的池子,在排泥时暂时停止进水,打开尚未形成活性泥渣池子的进水闸阀,把活性泥渣引入该池。若一次不够,可进行多次,直至活性泥渣形成。澄清池的初次运行实际上是培养活性泥渣阶段,为正常运行创造必要的条件。

3. 正常运行

(1)每隔1~2h测定一次原水与出水的浊度和pH值,如水质变化频繁时,测定次数应增加。

(2)操作人员应根据化验室试验所需投加量,找出最佳控制数据,使出水水质符合要求。操作人员应在日常工作中摸索出原水浊度与混凝剂投加量之间的一般规律。

(3)当原水pH值过低或过高时,应加碱和加氯助凝(参看平流式沉淀池运行管理)。

(4)每隔1~2h测第一反应室出口与喷嘴附近处泥渣沉降比一次。掌握沉降比、原水水质、混凝剂投加量、泥渣回流量与排泥时间之间变化关系的规律。一般原水浊度高、水温低,沉降比要控制小一些;相反要控制大一些。一般当沉降比达到15%~30%时应排泥,具体应根据原水水质情况来确定。

(5)掌握进水管压力与进水量之间的规律,避免由于进水量过大而影响出水水质,或因为水压过高、过低而影响泥渣回流量。进水量一般可根据进水压力进行控制。

(6)必须掌握气温、水温等外界因素对运行的影响,加强对清水区的观察,以便及时处理事故,避免水质变坏。

(7)及时排泥,使池内泥渣量保持平衡,不使水质因泥渣量过少或过多而变坏。排泥历时不能过长,以免排空活性泥渣而影响池子正常运行。

(二)机械搅拌澄清池(图3-34)

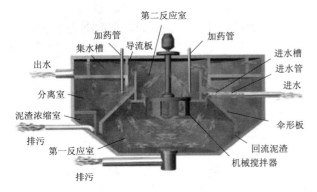

图3-34 机械搅拌澄清池

利用机械搅拌设备使池中泥渣回流,以此提高净化效果,是这种澄清池的特点。回流泥渣的浓度较高,泥渣量又很大,一般相当于澄清池进水量的3~5倍。机械搅拌澄清池较其他类型澄清池更能适应水质、水量和水温的变化，投药量较少，效果稳定，容易管理。机械搅拌性设备的转速、回流泥渣的数量和浓度等都可以调整，但转速不宜过高，否则容易把矾花打碎。澄清池投产时，通过试验调整转速，一般控制在 $5 \sim 7 r/min$，平时不经常变动。关于回流泥渣的浓度，从混凝反应效果考虑，浓度高些好，因为接触凝聚机会多，但是泥渣浓度大后，从水中分离时就困难些，有时随着泥渣浓度的提高，就要渐渐向上膨胀，最后部分泥渣就像飘浮的白云在水中缓慢上升，细小矾花随澄清水带入集槽，反而会影响水质。所以不及时排泥而导致泥渣层浓度越来越大的情况是不好的。根据生产经验，泥渣层浓度应控制在 $2500 \sim 5000 mg/L$ 范围内。回流泥渣量和泥渣的浓度是有联系的，回流量大，可以减轻原水水质和水温变化的影响。一般设计时是按回流量等于设计水量 Q 的 4 倍，即进水量为 $5Q$ 来考虑的。

在生产运行时，如要改变回流量，除了改变搅拌设备的转速外，还可调整叶轮的高低，因为叶轮装在第一反应室顶板上的圆孔中，顶板厚可遮住部分叶轮出口。如果位置上下变动，出口面积和流量都会随着改变。提升叶轮的高低一般也不经常变动。机械搅拌澄清池的搅拌设备不可停用，否则泥渣下沉，泥渣层消失，出水水质无法保证。

多余的泥渣从悬浮层中进入浓缩室，这不同于其他澄清池从悬浮层表面流入浓缩室，通常悬浮层下部的泥渣颗粒较大，在池内停留时间已较长，吸附能力较差，故先排除这些老化的，而留下吸附能力较好的泥渣，这对于提高澄清效果是有好处的。

机械搅拌澄清池和其他澄清池一样，都是利用悬浮泥渣层的接触絮凝作用来提高净水能力。由于间歇运行时下沉的泥渣容易老化变质，等到下一次投入运行时，又需重新形成泥渣层，不仅要增加混凝剂投量，还需要较长的泥渣层形成时间，因此应尽可能连续而不是间歇地运行。

【任务准备】

准备小型倾斜板沉淀装置、浊度仪、原水、混凝剂。

【任务实施】

投加混凝剂，利用斜板沉淀池降低原水浊度，并检测原水和出水浊度。

【检查评议】

评分标准见表 3-17。

表 3-17　　　　　　　　　　　　评　分　标　准

编号	项目内容	评　分　标　准	分值	扣分	得分
1	学习态度	不认真操作扣 10 分	10		
2	动手能力	动手能力不强扣 20 分	20		
3	团队协作精神	没有团队协作精神扣 10 分	10		
4	专业能力	运行斜板沉淀装置，检测进出水浊度	50		
5	安全文明操作	不爱护设备扣 10 分	10		
6		合　　计	100		

【考证要点】

掌握斜板沉淀池水流方向和操作使用方法，会观察絮体产生和沉淀的状况。

【思考与练习】

（1）平流式沉淀池和斜板（管）沉淀池的构造有何区别？

（2）简述机械搅拌澄清池运行与管理要点。

知识点三 过滤工艺运行与管理

3-2-3
给水处理
过滤工艺
运行与管理

【任务描述】

学习过滤工艺原理、运行管理与维护方法。

【任务分析】

过滤设备运行是由过滤、反洗和正洗三个步骤组成一个周期。当粒状滤料工作到截留一定量的泥渣时，为了恢复它的过滤能力，需要将滤层进行清洗。

【知识链接】

原水经混凝沉淀或澄清后，大部分杂质颗粒和细菌病毒已被去除，但还不能满足生活饮用和某些工业用水的要求，必须用过滤的方法进一步除去水中残留的悬浮颗粒和细菌病毒，因此过滤是净化过程中的一个重要的环节。过滤的原理：①机械作用：滤料颗粒间空隙越来越小，以后进入的较小杂质颗粒就相继被这种"筛子"截留下来，使水得到净化；②吸附作用：水中悬浮物在与滤料表面或已附在滤料表面上的絮凝体接触时被吸附住。

目前给水工程中常用的滤池有普通快滤池、双层滤料池、接触双层滤料池、无阀滤池、虹吸滤池、移动罩滤池、V形滤池等几种形式。

一、快滤池（图 3-35）

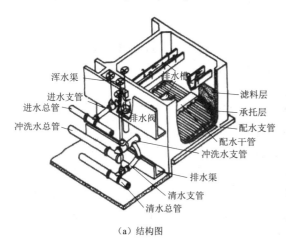

（a）结构图

（b）实物图

图 3-35 快滤池

（一）运行准备

（1）清除滤池内杂物，检查各部管道和闸阀是否正常，滤料层表面是否平整，高度是否足够，一般初次使用时滤料比设计要加厚 5cm 左右。

（2）凡滤池停止工作或放空后都应该做排除空气工作。

（3）未经洗净的滤料层需连续反冲洗两次以上，至滤料冲洗清洁为止。

（4）凡滤池翻修或填加滤料，都应用漂白粉溶液或液氯进行消毒处理。氯的耗用量根据滤料和承托层的体积确定，一般可按 $0.05\sim0.1kg/m^3$ 计算，漂白粉的耗用量应按有效氯折算。

（二）试运行

（1）测定初滤时水头损失与滤速。打开进水闸阀，沉淀（澄清）水进入滤池。出水闸阀的开启度应根据水头损失值进行控制，一般先开到水头损失为 0.4～0.6m 并测定滤速，看是否符合设计要求；如不符合，则再按水头损失大小调整出水闸阀，并再次测定滤速，直到符合设计要求为止。从中找出冲洗后的滤池水头损失和滤速之间的规律。每个滤池都必须进行测定。

（2）水头损失增长过快的处理。如进水浊度符合滤池要求，而出现水头损失增长很快，运行周期比设计要求短得多的现象，这种情况可能是由于滤料加工不妥或粒径过细所致。处理办法可将滤料表面 3～5cm 厚的细滤料层刮除。这样可延长运转周期，而后需重新测定滤速与水头损失的关系，直至满足设计要求。

（3）运转周期的确定根据设计要求的滤速运行，并记下开始运行时间，在运行中出水闸阀不得任意调整。水头损失随着运行时间的延长而增加，当水头损失增加到 2～2.5m 时，即可进行反冲洗。从开始运行至反冲洗的时间即为初步得出的运转周期。

（三）正常运行

经过一段时间试运行后，即转为正常运行，但必须有一套严格的操作规程和管理方法，否则很容易造成运行不正常、滤池工作周期缩短、过滤水水质变坏等问题。为此必须做到以下几点：

（1）严格控制滤池进水浊度，一般以 10NTU 左右为宜。进水浊度如过高，不仅会缩短滤池运行周期，增加反冲洗水量，而且对滤后水质有影响。一般应每隔 1～2h 测定一次进水浊度，并记入生产日报表。

（2）适当控制滤速。刚冲洗过的滤池，滤速尽可能小一点，运行 1h 后再调整至规定滤速。如确因供水需要，也可适当提高滤速，但必须确保出水水质。

（3）运行中滤料面以上水位宜尽量保持高一点，不应低于三角配水槽，以免进水直冲滤料层，破坏滤层结构，使过滤水短路，造成污泥渗入下层，影响出水水质。

（4）每小时观察一次水头损失，将读数记入生产日报表。运行中一般不允许产生负水头，决不允许空气从放气阀、水头损失仪、出水闸阀等处进入滤层。当水头损失到达规定数值时即应进行反冲洗。

（5）按时测定滤后水浊度，一般每隔 1～2h 测一次，并记入生产日报表中。当滤后水浊度不符合水质标准要求时，可适当减小滤池负荷，如水质仍不见好转，应停池检查，找出原因及时解决。

（6）当用水量减少，部分滤池需要停池时，应先把接近要冲洗的滤池冲洗清洁后再停用，或停用运行时间最短、水头损失最小的滤池。

（7）及时清除滤池水面上的漂浮杂质，经常保持滤池清洁，定期洗刷池壁、排水槽等，一般可在冲洗前或冲洗时进行。

（8）每隔 2～3 个月对每个滤池进行一次技术测定，分析滤池运行状况是否正常。对滤池的管配件和其他附件，要及时进行维修。

（四）反冲洗

反冲洗（图 3-36）是滤池运行管理中重要的一环。为了充分洗净滤料层中吸附着的积泥杂质，需要有一定的冲洗强度和冲洗时间，否则将影响滤池的过滤效果。

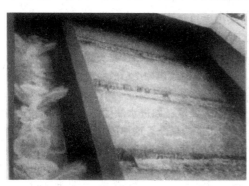

图 3-36 滤池反冲洗

1. 反冲洗强度的控制

反冲洗强度的大小用反冲洗闸阀控制。操作人员根据设计要求的反冲洗强度，用掌握反冲洗闸阀开启度方法，控制所要求的强度。

2. 反冲洗顺序

（1）关闭进水闸阀与水头损失仪测压管处的闸阀，将滤池水位降到冲洗排水槽以下。

（2）打开排水闸阀，使滤池水位下降到池料面以下 10～20cm。

（3）关闭滤后水出水闸阀，打开放气闸阀。

（4）打开表面冲洗闸阀，当表面冲洗 3min 后，即打开反冲洗闸阀，闸阀开启度由小至大逐渐达到要求的反冲洗强度，冲洗 2～3min 后，关闭表面冲洗闸阀，表面冲洗历时总共需 5～6min。表面冲洗结束后，再单独进行反冲洗 3～5min，关闭反冲洗闸阀和放气阀。

（5）关闭排水闸阀冲洗完毕。

3. 反冲洗要求

滤池能否冲洗干净，关键在于正确掌握反冲洗强度。同一滤池在相同水温条件下，用同样的水量进行反冲洗，反冲洗强度不同，效果就不同。

滤池反冲洗后，要求滤料层清洁、滤料面平整、排出水浊度应在 20NTU 以下。

如果排出水浊度超过 20NTU，应考虑适当缩短运行周期；当超过 40NTU 以上时，滤料层中含泥量会逐渐增多而结成泥球，不仅影响滤速，而且影响出水水质，破坏原有滤层结构。为了保证滤池冲洗干净，必须具有 12～15L/(m² · s) 的反冲洗强度以及 6～8min 的冲洗时间。

二、多层滤料快滤池（图 3-37）

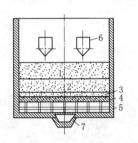

图 3-37 多层滤料快滤池
1—无烟煤；2—石英砂；3—磁铁矿；4—承托层；5—滤砖；6—冲洗排水槽；7—冲洗干渠

多层滤料快滤池（包括双层及三层滤料滤池）的过滤原理及构造与普通快滤池基本相同。所不同的是滤料分为两层或三层；上层滤料的粒径较下层的粗，这样不但上层可多截留悬浮颗粒，下层也能充分发挥截污作用，因此截污能力远远超过普通快滤池，故滤速较高。双层滤料快滤池的滤料组成分为两层：上层一般采用颗粒较大、相对密度较小的（相对密度为 1.5～1.8）无烟煤（白煤），下层采用颗粒较小、相对密度较大的（相对密度为 2.65）石英砂。其运行管理同普通快滤池近似。

三、接触双层滤料滤池

接触双层滤料滤池是将混凝与过滤作用统一在一个构筑物内完成。进入接触双层滤池前原水必须投加混凝剂，在管中进行混合后进入滤池，并在滤料层上部的水层中进行接触凝聚，形成细小的矾花，然后在滤池中进行吸附过滤。若滤前不进行凝聚，则细小的悬浮颗粒容易穿透滤料层，不能达到净化的要求。接触双层滤料滤池的构造及工作原理和双层滤料快滤池相同。这种净水构筑物，由于减少了反应及沉淀设备，具有占地面积小、节省基建投资和材料等优点。当原水浊度较低时，可采用接触双层滤料滤池作为一次净化构筑物，可省去沉淀池，降低了造价，运行操作简单。正确投药对接触双层滤池的运行极为重要。在滤池稳定运行和进水浊度不变的条件下，若混凝剂投加量不足，由于原水中细小杂质颗粒的稳定性不能充分被破坏，接触凝聚效果就差，部分细小的絮凝体不能牢固地黏附在滤料表面而穿过滤料层，滤后水就能看到有乳白色云雾状细小矾花，出水浊度达不到处理要求。如混凝剂投加过多，在原水 pH 值较高的情况下形成矾花颗粒过大，对滤料吸附能力也有很大影响。矾花颗粒越大，滤层孔隙阻塞就越快，大量的大颗粒矾花被吸附在滤层表面，使下部滤层不能充分发挥作用，造成水头损失骤增，滤速下降，影响产水量。加药点选择也极为重要，加药点距滤池不能太近，也不能太远。运行中还要注意以下几点：

（1）在设计安装中，在管段上多设几个混凝剂投加点，保证出水水质。

（2）运行时要经常测定进出水浊度，随时增减投药量，逐步摸索出不同进水浊度所需的混凝剂投加量。

（3）冲洗后运行，开始时滤速要小，逐步增大到规定滤速。

（4）滤池的冲洗、消毒、各种测定方法、注意事项和故障及其解决办法等，均可参照普通快滤池和双层滤料滤池有关部分。

四、虹吸滤池（图3-38）

虹吸滤池是快滤池的一种形式，其工作原理与普通快滤池相同，但在工艺布置、各种进出水管系统的设置及运行控制方式上均不相同。虹吸滤池的进水排水均采用虹吸管，用真空系统进行控制，因此可以省去各种大型闸阀。

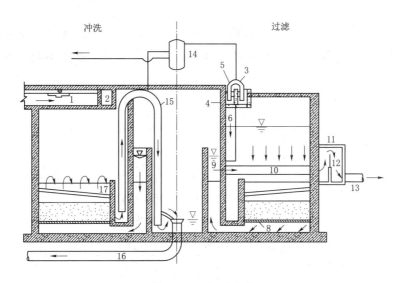

图3-38 虹吸滤池

1—进水槽；2—配水槽；3—进水虹吸管；4—单元滤池进水槽；5—进水堰；6—布水管；7—滤层；
8—配水系统；9—集水槽；10—出水管；11—出水井；12—出水堰；13—清水管；
14—真空罐；15—冲洗虹吸管；16—冲洗排水管；17—冲洗排水槽

真空系统在虹吸滤池中占重要地位，它控制着每组虹吸滤池的运行（过滤、反冲洗等），如果发生故障就会影响整组滤池的正常运行，为此在运行中必须维护好真空系统，真空泵（或水射器）、真空管路及真空旋塞等都应保持完好，防止一切漏气现象。寒冷地区做好必需的防冻工作，做到随时可以工作。当要减少滤水量时，可破坏进水小虹吸，停用一格或数格滤池。当沉淀（澄清）水质较差时，应适当降低滤速，可以采取减少进水量的方法，在进水虹吸管出口外装置活动挡板，用挡板调整进水虹吸管出口处间距来控制水量。

冲洗时要有足够的水量。如果有几格滤池停用，则应将停用滤池先投入运行后再进行冲洗。

五、移动罩滤池（图3-39）

移动罩滤池是由若干滤格组成，设有公用的进水出水系统的滤池。每滤格均在相同的变水头条件下，以降梯式进行降速过滤，而整个滤池又在恒定的进、出水位下，以恒定的流量进行工作。

图3-39 移动罩滤池

（一）移动罩滤池运行

1. 过滤

沉淀水进入滤池后，通过砂层和承托层进入集水区，然后通过出水虹吸管经出水堰流入清水池。在一个过滤周期中，滤池水头损失的变化表现在出水虹吸管中水位间的变化。

移动罩滤池（图 3-40）出水虹吸管中的最高水位应等于滤池水位减去清洁滤格在最高滤速时的水头损失，而最低水位（也就是移动罩滤池的期终水头损失）应等于

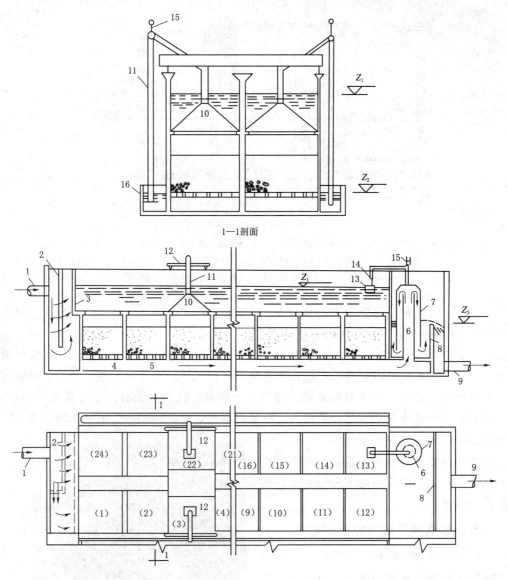

1—1剖面

图 3-40 移动罩滤池结构图

1—进水管；2—穿孔配水墙；3—消力栅；4—小阻力配水系统的配水孔；5—配水系统的配水室；

6—出水虹吸中心管；7—出水虹吸管钟罩；8—出水堰；9—入水管；10—冲洗罩；

11—排水虹吸管；12—桁车；13—浮筒；14—针形阀；15—抽气管；16—排水渠

滤池水位减去出水虹吸管中的最高水位，加上水头损失。在一个过滤周期中，总有一滤格在最高滤速下运行，也总有一滤格在最低滤速下运行，其他各滤格则根据其积污程度的不同，在最高与最低滤速之间运行。各滤格的滤速平均值，即为移动罩滤池的平均滤速。

当一个滤格冲洗结束开始过滤时，该滤格的滤料是清洁的，水头损失最小，出水虹吸管水位最高，该滤格处于最高滤速下运行，称最高滤速。随着水头损失的增加，出水虹吸管中水位将下降，其他滤格由于滤层积污程度比该滤格严重，其滤速要比该滤格低。当出水虹吸管中水位继续下降到最低水位时，滤层水头损失最大，第二个滤格即需要反冲洗，这时该滤格滤速最低，称最低滤速。整座滤池是在恒定的进、出水位下，以恒定的流量进行工作，单格滤池则在变水头下以不同等级的降速过滤。由于出水虹吸管中水位在一定范围内变化，而出水堰口标高是固定的，导致出水流量极不稳定。为了弥补这个缺欠，在虹吸管顶上装设了水位稳定器，可使滤池水位维持正常，使滤池进出水流量均衡和稳定。当出水虹吸管中水位处于其最高水位，与堰板标高间高差最大时，将使滤池出水量增加，滤池水位下降，此时水位稳定器能自动打开进气阀，使空气进入，增加了虹吸管阻力，从而减少了滤池出水量，使滤池水位保持在应有的标高处。

2. 反冲洗

反冲洗时来自邻近滤格的滤后水，通过砂层进行反冲洗，经移动冲洗罩从排水管流入排水槽（井）。移动罩滤池的反冲洗有两种形式：虹吸式和泵吸式。

虹吸式反冲洗时，来自邻近滤格的反冲洗水由虹吸排水管排出。排水虹吸管的口径，可按滤池出水虹吸管中水位与排水槽中水位的高差来确定。由于出水虹吸管中的水位要通过计算才能确定，一般按堰板高度与排水水位的高程差来计算，则虹吸管出流量是安全的。

泵吸式反冲洗时，来自邻近滤格的反冲洗水由排水泵抽提排出。水泵扬程可按滤池出水虹吸管中水位与滤池水位的高差计算，但一般均采用堰口标高与滤池水位的高程差计算，也是偏安全的。

由于水泵的限制，泵吸式反冲洗一般对单格滤池面积 $3 \sim 4 m^2$ 以下者适用。虹吸式反冲洗由于不受水泵限制，故适用于单格滤池面积较大者。不论哪种方式，冲洗装置是冲洗机构的关键部分，由于要求对滤池进行逐格清洗，因此冲洗罩的移动、定位、密封、启动等成为重要环节。

（二）维护与管理

（1）每日检查进水池、虹吸管、辅助吸管的工作状况，保证虹吸管不漏气；检查强制冲洗设备，高压水有足够的压力；进行真空设备的保养、补水；检查和保养阀门。

（2）保持滤池工作环境整洁、设备清洁。

（3）每半年至少检查滤层情况一次，检查时放空滤池水，打开滤池顶上人孔，运行人员下到滤层上检查滤层是否平整，查看滤层表面泥球情况，有无气喷扰动滤层情况发生。发现问题及时处理。

（4）每 1～2 年清出上层滤层清洗滤料，去除泥球。

（5）运行 3 年左右要对滤料、承托层、滤板进行翻修，部分或全部更换，对各种管道、阀门及其他设备进行解体恢复性修理。

（6）每年对金属件油漆一次。

（7）如发现平均冲洗强度不够，应设法采取增加冲洗水箱容积的措施。

六、慢滤池（图 3-41）

（a）

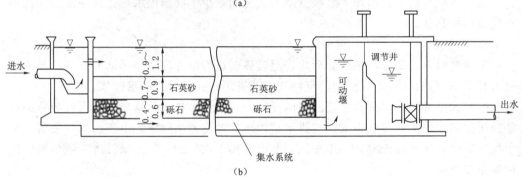

（b）

图 3-41　慢滤池结构图

慢滤池对从浊度较低的原水中去除有机物和微生物很有效果，可以节约消毒剂用量。慢滤池的成本低，材料和设备都比较容易解决，并且建造、操作和维护较简单。但必须要有尺寸合适、颗粒均匀和清洁的石英砂来源。

慢滤池的滤速应根据过滤水中悬浮物的浓度决定，应在 0.1～0.2m/h 范围内。滤池的个数应不少于 2。滤池单元的宽度应不大于 6m，长度应不大于 60m。

滤池再生用水应由专用水泵或专设水箱供给。也可以加大澄清水水泵的出水量，或者利用处于工作状态下的滤池的部分水容量来进行滤池的再生。

滤料表面的水层厚度应采用 1.5m，当滤池上设有池盖时，从滤料表面到池盖的距离应足以保证滤料的再生、更换和清洗。

在面积不足 10～15m² 的慢滤池中，应该通过设在滤池底部的渠道收集清水。在大面积的慢滤池中，应该设置由穿孔管、砖或带缝隙的混凝土板、多孔混凝土等组成的排水系统。

在有条件的地方，在慢滤池对水进行最后净化之前，应采用初滤池进行预处理。

初滤池滤速取决于被过滤水的浊度，滤速应在 3～5m/h 范围内，初滤池的数目不少于 2。初滤池的滤料（砂、砾石）粒径和滤层高度，应按表 3-18 采用。

表 3-18　　　　　　　　　　初滤池的滤料粒径和滤层高度

滤料粒径/mm	滤层高度/mm	滤料粒径/mm	滤层高度/mm
1～2	200	10～20	100
2～5	100	20～40	150
5～10	100		

初滤池滤料表面以上的水层高度应为 1.5m。初滤池冲洗水的配水系统应采用大阻力配水系统，冲洗强度为 12～14L/(m² · s)，冲洗历时为 6～7min，并应用滤后水进行冲洗。

除此之外，慢滤池的运行管理还应注意以下几点：

（1）运行初始，虚半负荷运行。7～15d 中可逐渐加大负荷至设计值。

（2）池中滋生藻类时，轻者人工打捞，严重时应用氯或漂白粉灭藻。

（3）运行 1～2 个月后，滤膜加厚影响滤速，应人工刮去表面砂层 2～5cm，并降低负荷，待滤膜形成再逐步提高负荷。

（4）慢滤池不宜间断运行，也不宜突然增大负荷。

慢滤池的维护应注意以下几点：

（1）每日保持滤池环境清洁。

（2）经常检查进出水阀门，保持完好。

（3）滤料层的厚度经几次刮砂变薄影响出水水质时，需每年一次补砂至设计厚度；

（4）5～10 年对滤层进行翻洗，重新装填。

七、无阀滤池（图 3-42）

无阀滤池是 20 世纪 80 年代以来在我国开始普遍使用的一种滤池，特别是中小型水厂使用较为广泛。无阀滤池分重力式和压力式两种，形状有圆形和方形。目前采用较多的是重力式无阀滤池。这里主要介绍重力式无阀滤池的运行维护。

1. 运行

（1）重力式无阀滤池一般设计为自动冲洗，因此滤池的各部分水位相对高程要求较严格，工程验收时各部分高程的误差应在设计允许范围内。

（2）滤池反冲洗水来自滤池上部固定体积的水箱，冲洗强度与冲洗时间的乘积为常数。因此如若想改善冲洗条件，只能增加冲洗次数，缩短滤程。

（3）滤池除应保证自动冲洗的正确运行外，还应建立必要的压力水或真空泵系统，并保证操作方便、随时可用。

（4）滤池在试运行时应依据试验的方法逐步调节，使平均冲洗强度达到设计要求。

（5）重力无阀滤池的滤层隐蔽在水箱下，因此滤层运行后的情况不可知晓，应谨慎运行，一切易使气体在滤层中出现的情况和操作都要避免。更应制订操作程序和操

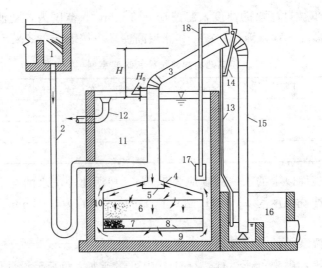

图 3-42　无阀滤池

1—进水分配槽；2—进水管；3—虹吸上升管；4—伞形顶盖；5—挡板；6—滤料层；

7—承托层；8—配水系统；9—底部配水区；10—连通渠；11—冲洗水箱；

12—出水渠；13—虹吸辅助管；14—抽气管；15—虹吸下降管；

16—水封井；17—虹吸破坏斗；18—虹吸破坏管

作规程，运行人员应严格执行。

（6）初始运行时，应先向冲洗水箱缓慢注水，使滤砂浸水，滤层内的水缓慢上升，形成冲洗并持续 $10\sim20min$；再向冲洗水箱的进水加氯，含氯量大于 $0.3mg/L$，冲洗 $5min$ 后停止冲洗，以此含氯水浸泡滤层 $24h$，再冲洗 $10\sim20min$ 后，方可进沉淀池正常运行。

（7）重力式无阀滤水池未经试验验证，不得超设计负荷运行。

（8）滤池出水浊度大于 $1NTU$ 时，尚未自动冲洗时，应立即人工强制冲洗滤池。

（9）滤池停运一段时间，如池水位高于滤层以上，可启动继续运行；如滤层已接触空气，则应按初始运行程序进行，是否仍需加氯浸泡措施应视出水细菌指标决定。

2. 维护

维护措施与移动罩滤池所述的维护措施相同。

八、V 形滤池

V 形滤池是我国从法国引进的一种滤池，近年来在大中型水厂使用较多，也有运用于小型水厂的案例。这里简单介绍一下，如图 3-43 和图 3-44 所示。

V 形滤池的基本原理及特点如下：

（1）采用在池的两侧壁的 V 形槽进水和池中央的尖顶堰溢流排水。V 形槽不仅起到滤池进水的作用，还可以通过 V 形槽底部开孔，在过滤期间淹没在水中，在冲洗期间利用原水经底部小孔排出，起到扫洗滤池表面水的作用，池中间只设置一条排水槽，采用尖顶堰口，使反冲洗和扫洗水均匀溢入。

（2）采用较粗而厚的单层均匀颗粒的砂滤层。滤料常用石英砂，有效粒径为

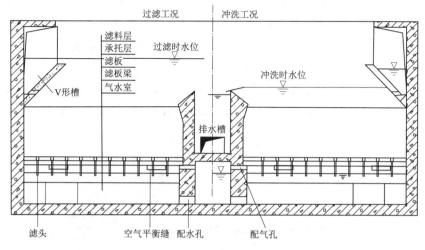

图 3-43 双格 V 形滤池

0.9～1.35mm；均匀系数在 1.2～1.8 之间，滤层厚度为 0.95～1.5cm。滤速一般采用 7～20m/h。滤速高相应滤层加厚。滤床上的水深，过滤时一般为 1.2m，反冲洗时为 0.5m。匀质滤料有利于杂质的逐层下移，提高了滤层的截污能力，还可延长滤池运行周期，降低能耗和水耗。

图 3-44 运行中的 V 形滤池

（3）采用滤床在不膨胀的状态下进行低反冲洗强度的气、水同时反冲洗，并兼有原水的表面扫洗。先用气、水同时冲洗，使砂粒互相振动和摩擦，从而使砂粒表面的污泥脱落，然后停止气冲，单独用水冲，使剥落下来的污泥随水流冲走。此外，冲洗滤池时并不停止进水，原水通过 V 形槽底部小孔进入滤池，对滤层表面进行扫洗。将杂质污泥扫向中间排水槽，从而消除了池面死角，使冲洗更为彻底。

气、水反冲洗装置采用滤板和带柄滤头在池底形成一个空间，气、水反冲时，使气、水同时进入池底，进行气、水分配混合。

（4）滤速控制系统。V 形滤池是根据滤池水位变化自动调节出水量，保持滤池水位不变来实现等速过滤运行。采用的控制系统有虹吸控制系统和蝶阀电动、气动水位控制系统两种类型。其原理都是在保持滤池水位不变的情况下，随着滤层阻力的增大，使出水管道系统的阻力减少，以保持滤池出水量不变，达到等速过滤运行的目的。

九、滤料

滤料是滤池工作好坏的关键，选用滤料、决定粒径应同时考虑过滤和反冲洗两方面的要求,即在满足最佳过滤条件下,选择反冲洗效果较好的滤料层。一个好的滤料层应能保证滤后水质达到下述要求:①过滤单位水量费用最少,即滤料层截污的悬浮浓度、滤速以及过滤周期的乘积为最大;②过滤时,达到预期水头损失的时间接近达到预期出水水质的时间,且反冲洗条件最好。

选择作为滤料的技术要求是:适当的级配、形状均匀度和空隙度;有一定的机械强度;有良好的化学稳定性。选择滤料要与所采用的滤池形式结合起来,同时要考虑到滤料的产地及运输方便。

【任务准备】

准备小型滤池实训装置。

【任务实施】

每组完成一次过滤流程:冲洗滤层、过滤、反冲洗。

【检查评议】

评分标准见表3-19。

表3-19   评 分 标 准

编号	项目内容	评 分 标 准	分值	扣分	得分
1	学习态度	不认真操作扣10分	10		
2	动手能力	动手能力不强扣20分	20		
3	团队协作精神	没有团队协作精神扣10分	10		
4	专业能力	准确完成过滤	50		
5	安全文明操作	不爱护设备扣10分	10		
6	合　计		100		

【考证要点】

熟悉滤池的构造,掌握过滤的方法要点。

【思考与练习】

(1)简述快滤池的构造?

(2)简述快滤池正常运行的管理要点。

知识点四　消毒工艺运行与管理

【任务描述】

学习给水消毒方法、设备及工艺运行与管理。

【任务分析】

给水消毒(图3-45)是城市给水处理系统中杀灭对人体有害的病原微生物的给水处理过程。城市给水系统中,地面水源的给水处理厂中水经混凝沉淀、过滤以后,能除去很多细菌。一般说,混凝沉淀可去除水中50%～90%的大肠菌群,过滤可以进一步去除水中 90％ 左右的大肠杆菌，但远远达不到饮用水水质标准中规定的要求。这时水中往往还含有大肠菌群 100 个左右，因此，还需进行最后的消毒处理。

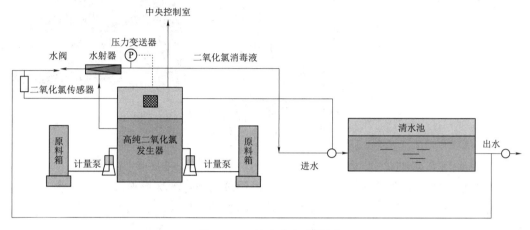

图 3-45　给水消毒示意图

一、消毒设施运行通则

（1）给水系统的消毒，仍以加氯消毒为主。主要含氯药剂有液氯、漂白粉、次氯酸钠液体和电解食盐水的商品次氯酸钠发生器。

（2）消毒剂加入净化水中后应充分混合均匀，并要求有 30～60min 的接触反应时间，以达到杀菌的目的。保证这一接触时间一般由清水池、高位水池或水塔储水时间来实现。

（3）为方便计算加注消毒剂的数量，一般反算其用量，以便于运行人员掌握。消毒剂数量的多少，应根据净化构筑物净化水的数量，四季各不相同，经消毒，最终以水厂出厂水中游离余氯不少于 0.3mg/L 为合格。夏季应增加投氯量，使出厂水中游离余氯可控制在 0.5mg/L 左右。每座水厂水源水条件各异，应尽快摸索出投氯量与出水厂余氯合格标准之间关系的规律，以保证出厂水余氯合格。

（4）按国家饮用水卫生标准，给水管网末梢水还应保持游离余氯含量不得少于 0.05mg/L。为此，运行化验人员还应积极认真摸索本水厂管网和水质情况，以及出厂水余氯与末梢水余氯的关系规律，以末梢水合格时的余氯，确定出厂水余氯控制值。城镇给水系统一般管网相对较短，余氯在管网中的消耗一般较少，因此通过摸索就可以减少消毒剂的用量。

（5）为提高自来水的品质，减少出厂水中有害物的含量，应尽量减少有效氯的投加量。

（6）净化过程中、加氯后的净化构筑物和配水泵房的运转人员都必须掌握余氯的检测技术，配备检测手段，以保证水质要求。

二、氯消毒 （图 3-46）

氯消毒具有杀菌能力强、使用方便、设备较简单、成本低等优点。

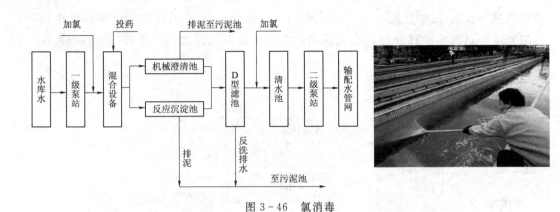

图 3-46　氯消毒

1. 氯的消毒方法

氯的消毒方法有两种。一次氯消毒是指消毒过程中，一次投加液氯（或漂白粉），一般适用于原水水质较好、含氨量很低、管线不长的水厂。二次氯消毒主要用于污染较严重、有机物含量较高、藻类繁殖较多的原水。采用二次氯消毒时，在原水混凝前进行第一次加氯，过滤后再第二次加氯至能保证出厂水规定的游离氯量。

2. 影响因素

虽然氯消毒是一种使用广泛而有效的消毒方法，但其影响因素也不可忽略。

（1）水温。对杀菌效果来说，一般水温高，杀菌效果好；反之则差。

（2）pH 值。pH 值影响消毒速度，如 pH 值从 8 增至 9，消毒时间增加 5～6 倍；pH 值从 7 降到 6，消毒时间可减少 50%。

（3）混合。氯加入水中，必须充分进行混合。混合越均匀、时间越长，对消毒效果越有利。

（4）接触时间。氯和水要有足够的接触时间，这是保证杀死细菌、防止芽孢细菌再生、灭活病毒的必要条件之一。

（5）投氯量。投氯量是否适当与消毒效果好坏直接有关，操作人员在水的消毒处理中应注意以下几点：

1）要及时掌握水质的变化。水质的变化对加氯量的影响很大。氯在水中为杀灭细菌所消耗的数量较小，但是存在于水中的各种有机物质（如腐殖质、蛋白质的分解产物等）、无机物质（如亚硝酸盐、氨、硫化氢、二价铁等）消耗氯的数量很大。如果投氯量不能满足这些有机与无机杂质的需要，就不能有效地杀菌。故操作人员对于水质要做到勤检查、勤化验（余氯、pH 值等）。当水质变化剧烈时，还要进行水的需氯量测定。

2）要均衡配置投氯。要根据处理水需氯量的要求，按处理水量的大小，掌握好投氯量，只有做到均衡配氯才能取得较好的持续效果。

3）要定时定点检测余氯。在净水过程中，定时定点检测余氯是及时反映水质变化情况，衡量加氯量是否恰当的重要措施。

4）要做好加氯设备的维护与保养工作。做到加氯机无铁锈、无铜锈，漂白粉池无结垢，若有损坏应及时修理，这是准确控制投氯量的重要保证。

三、加氯设备

采用加氯机（图 3-47）加氯，可保证氯的使用安全和计量准确。国内定型生产加氯机主要有 ZJ-1 型和 ZJ-2 型两种。近年来加氯设备种类在不断增加，在选用时可根据水厂规模及水质情况考虑选择。

图 3-47　加氯机

四、漂白粉消毒

1. 漂白粉的消毒方法

漂白粉或漂白粉精放入水中后，主要是通过产生次氯酸达到杀菌效果，其作用与放入液氯相同。

2. 漂白粉液的配制和投加方法

漂白粉或漂白粉精均需配成溶液加注，溶解时先调成浆状，然后再加水配成浓度为 1.0%～2.0%（以有效氯计）的溶液，当投加滤后水时，溶液必须经过 4～24h 澄清。如加入浑水中，可不澄清立即使用。

漂白粉的投加量可按下式计算：

$$e = 0.1 \times Qa/C$$

式中　Q——设计水量，m^3/d；

　　　a——最大加氯量，mg/L；

　　　C——漂白粉有效含氯量，%，一般采用 $C = 20～25$。

3. 消毒器

漂白粉液与漂白粉精液加注设备与投加混凝剂的设备相似，但溶液池上宜加盖，防止有效氯消失，加注器应抗腐蚀，加注管道宜采用硬塑料管或橡皮管。加注管内壁使用一段时间后会沉积碳酸钙之类的管垢，必须定期疏通。溶液池底部应考虑 15% 作为沉渣部分，池顶部应有大于 0.15m 的超高。

五、臭氧消毒

臭氧既是消毒剂，又是氧化能力很强的氧化剂。在水中投入臭氧进行消毒或氧化统称臭氧化。作为消毒剂，由于臭氧在水中不稳定、易消失，故在臭氧消毒后往往仍需投加少量氯、二氧化氯或氯胺以维持水中剩余消毒剂，臭氧极少作为唯一消毒剂使用。

1. 臭氧的制备

臭氧都是在现场用空气或纯氧通过臭氧发生器高压放电产生的。臭氧发生器是臭氧生产系统的核心设备。如果以空气作气源，臭氧生产系统应包括空气净化和干燥装置以及鼓风机或空气压缩机等，所产生的臭氧化空气中臭氧含量一般在 2%～3%（重量比）；如果以纯氧作为气源，臭氧生产系统应包括纯氧制取设备，所生产的是纯氧/臭氧混合气体，其中臭氧含量约达 6%（重量比）。由臭氧发生器出来的臭氧化空气（或纯氧）进入接触池与待处理水充分混合。为获得最大传质效率，臭氧化空气（或纯氧）应通过微孔扩散器形成微小气泡均匀分散于水中。臭氧的制备和应用过程如图 3-48 所示。

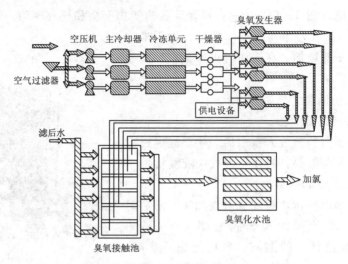

图 3-48　臭氧的制备和应用过程

2. 臭氧尾气处理及注意事项

臭氧和水在接触室内反应后，从尾气管排出的气体中还含有一定数量的剩余臭氧。剩余臭氧量的多少和投加的臭氧量、水质、接触时间等有关，一般约为臭氧总生产量的 1%～15%。当尾气不经处理直接排入大气中的浓度达到 0.1mg/L 时，就会污染环境，刺激鼻、眼、喉部和呼吸系统。因此，接触室尾气中的剩余臭氧须加以利用和处理，以提高臭氧利用率和消除污染。

使用臭氧时，有几件事须加注意。因为臭氧在水中是不稳定的，当接触室出水中的臭氧浓度为 0.4mg/L 时，在管道中流动半小时后还可以检测出微量的臭氧。如果清水池的容量有限，停留时间不足，在配水管网中，氧化反应仍在进行，由于臭氧的腐蚀性导致靠近水厂的用户所用设备发生腐蚀，这种情况下，应将剩余臭氧中和。另外一种情况是，在清水池的停留时间过长，并且水厂地处郊区远离用户，配水管网中的剩余臭氧消失以致浮游生物和细菌继续在配水管网中滋生。此时应在出厂水中加少量氯，因为出厂水中的有机物已被臭氧氧化，不再生成三氯甲烷。水温经常变化的水，臭氧的溶解度随之发生变化，水温低于 5℃时，去除臭味的效果下降，这时将臭氧和活性炭联合使用，可能是一种较好的方法。

六、紫外线消毒（图 3-49）

紫外线（UV）消毒是一种物理方法，可以利用紫外线的杀菌作用对水进行消毒。它是用紫外灯照射流过的水，以照射能量的大小来控制消毒效果。由于紫外线在水中的穿透深度有限，特别是有一定浑浊度的水应考虑穿透的水深或灯管之间的间距，以达到应有的消毒效果。

紫外线消毒的优点是：杀菌速度快，运行管理简便，不需向水中投加化学药剂，产生的消毒副产物少，不存在剩余消毒剂所产生的嗅味，但费用较高，紫外灯管寿命

图 3-49　紫外线消毒

有限，无剩余消毒作用，消毒效果较难控制。

紫外线消毒器运行管理应注意以下事项：

（1）为保证杀菌效果，根据紫外线杀菌灯的寿命和光强衰减规律，当使用至紫外灯管标记寿命的 3/4 时即应更换灯管。如国产 20W 紫外杀菌灯管的使用寿命一般为 1000h，在已使用 750h 时即应更换。有条件的应定期检测灯管的输出光强。没有条件的可逐日记录使用时间，以便判断是否达到使用期限。超过使用寿命后的紫外灯管即使仍发光，也可能已不能有效杀菌。

（2）开机后应经常观察产品的窥视孔，以确保紫外灯管处于正常工作状态。

（3）勿直视紫外光源。暴露于紫外灯下工作时应穿防护服、戴防护眼镜。为防止长时间开机后局部臭氧浓度过高，紫外消毒器工作的房间应加强通风。

（4）未放空水的紫外消毒器再次启用时应先点亮 5min 后再通水，以便首先对消毒器内部和存水进行消毒。

（5）由于光化学作用，长期使用后，紫外光消毒器的石英玻璃套管与水接触部分会结垢。若不及时清洗，会降低紫外线的穿透能力，大大降低杀菌效果。沉淀在石英套上的垢主要为氧化铁、碳酸钙等。可按厂家说明，小心取出石英套管，用适量的清洗剂（如柠檬酸、稀盐酸）清洗除垢。有的厂家在紫外线消毒器中设计安装了自动清洗除垢系统。在压力室内装上了紫外线光强测定仪，当石英套结垢后，照射强度下降。当照射强度下降到一定程度时，就会自动启动清洗系统。

七、氯胺消毒

氯胺消毒作用缓慢、杀菌能力比自由氯弱。但氯胺消毒的优点是：当水中含有有机物和酚时，氯胺消毒不会产生氯臭和氯酚臭，同时大大减少了 THMs 产生的可能；水中余氯能保持较久，适用于供水管网较长的情况。不过，因杀菌力弱，单独采用氯胺消毒的水厂很少，通常作为辅助消毒剂以抑制管网中细菌再繁殖。

人工投加的氨可以是液氨、硫酸铵或氯化铵，水中原有的氨也可利用。硫酸铵或氯化铵应先配成溶液，然后再投加到水中。

液氯和氨的投加量视水质不同而有不同比例。一般采用氯∶氨＝3∶1～6∶1。当以防止氯臭为主要目的时，氯和氨之比小些；当以杀菌和维持余氯为主要目的时应大些。采用氯胺消毒时，一般先加氨，待其与水充分混合后再加氯，这样可减少氯臭，特别当水中含酚时，这种投加顺序可避免产生氯酚恶臭。但当管网较长时，主要目的是为了使余氯较为持久，可先加氯后加氨。有的以地下水为水源的水厂，可采用进厂水加氯消毒，出厂水加氨减臭并稳定余氯。氯和氨也可同时投加。有资料认为，氯和氨同时投加比先加氨后加氯，可减少有害副产物（如三氯甲烷、氯乙酸等）的生成。

【任务准备】

准备水样、漂白粉、量筒等。

【任务实施】

测定水样体积，测定漂白粉的有效氯含量，按 1.5mg/L 的需氯量及所测得的该漂白粉的有效氯，计算漂白粉的用量。

【检查评议】

评分标准见表 3 - 20。

表 3 - 20　　　　　　　　　评 分 标 准

编号	项目内容	评 分 标 准	分值	扣分	得分
1	学习态度	不认真操作扣 10 分	10		
2	动手能力	动手能力不强扣 20 分	20		
3	团队协作精神	没有团队协作精神扣 10 分	10		
4	专业能力	计算正确	50		
5	安全文明操作	不爱护设备扣 10 分	10		
6		合　计	100		

【考证要点】

了解氯消毒的基本原理，掌握加氯量、需氯量的计算方法。

【思考与练习】

（1）简述消毒设施运行通则。

（2）氯消毒的注意事项有哪些？

知识点五　其他净水构筑物运行与管理

【任务描述】

了解清水池和二级泵房的结构特征、运行管理要点。

【任务分析】

清水池是给水系统中调节水厂均匀供水和满足用户不均匀用水的调蓄构筑物。二级泵房的作用是将处理厂清水池中的水输送（一般为高扬程）到给水管网，以供应用户需要。

【知识链接】

一、清水池运行管理与维护

（1）清水池（图 3-50）必须安装在线式液位仪，且保证液位仪的准确性。

（2）清水池阀门等设备应定期维护保养，保证动作正常。

（3）汛期应保证清水池四周的排水畅通，并对溢流口采取保护措施，防止雨水倒流和渗漏。

（4）清水池及周围不得堆放污染水质的物品和杂物。

（5）清水池应定期（每 1～2 年）排空清洗一次，清洗人员须持有健康证，清洗完毕后经消毒合格后方可重新投入使用。

图 3-50　清水池

（6）清水池清洗时要检查清水池结构，确保清水池无渗漏。

二、吸水井（图 3-51）及二级泵房（图 3-52）运行规程

图 3-51　吸水井

图 3-52　二级泵房

（一）吸水井运行与管理

（1）吸水井接来自清水池的出水，水位受控于清水池水位，严禁吸水井出现溢流现象。

（2）每座吸水井进水管上一般设补氯投加点。

（二）二级泵房运行与管理

1. 离心水泵运行应符合的规定

启动时应检查清水池或吸水井水位是否适于开机；检查进出水手动阀门是否开启，出水电动阀门是否关闭；检查轴承油位，确保轴承润滑；真空引水正常，泵内注水形成真空；按水泵机组《生产设备操作规程》开启水泵；当水泵运行平稳，表计显示正常后，应缓慢开启出水阀，调节压力和流量。

运转过程中必须观察仪表读数，轴承温度，水泵密封是否漏水，水泵振动和声音等是否正常，发现异常情况应及时处理。

停泵前应先关出水电动阀或止回阀后关泵，防止停泵水锤。

环境温度低于0℃时要注意水泵防冻保护，防止水泵冻裂。

2. 二级泵房的运行保障

（1）真空引水泵系统应保持正常状态，以保证水泵启动时的真空形成，真空未形成，不得启动水泵。

（2）水泵运行中，水泵进水水位（吸水井水位）不应低于规定值。

（3）进水手动阀门、出水手动阀门、出水电动阀门、泵口压力表、水泵、电机、配电系统、变频器、引真空系统、排水系统应定期维护检查，确保可用。

（4）二级泵房的相关设备出现故障时，生产运行人员及时填写"设备异常情况记录单"，并立即通知技术负责人。

（5）要关注二级泵房地面有无积水，及时开启排水泵，自动排水泵无法正常排水时，采用人工排水措施，防止二级泵房受涝。

（三）回用水池运行规程

（1）滤池的反冲洗水及初滤水排入回用水池。回用水池的进水可通过进水手动阀门控制。

（2）回用水池的水通过潜水泵送至配水井前进行回用。回用水池的潜水泵和搅拌机应设为自动运行，其运行条件是液位水深必须淹没电机。

（3）回用水池的所有设备、设施的操作都应按照《生产设备操作规程》来进行，必须随时保证回用水池能够正常运行。

（4）回用水池的所有设备应定期维护，要保证可靠准确。

（5）水质检测部门应定期对回用水进行检测，并把结果及时告知生产部门。

（6）运行人员应按照《生产运行巡视制度》的规定对回用水池定期巡视。

（7）要定期检查回用水池池底的积泥情况，根据检查情况定期对回用水池池底做清污工作。

【任务准备】

准备投入式液位计、水箱等。

【任务实施】

校准并使用投入式液位仪测定清水池（或水箱）水位。

【检查评议】

评分标准见表3-21。

表3-21　　　　　　　　　　　评　分　标　准

编号	项目内容	评　分　标　准	分值	扣分	得分
1	学习态度	不认真操作扣10分	10		
2	动手能力	动手能力不强扣20分	20		

续表

编号	项目内容	评 分 标 准	分值	扣分	得分
3	团队协作精神	没有团队协作精神扣 10 分	10		
4	专业能力	正确测定水位	50		
5	安全文明操作	不爱护设备扣 10 分	10		
6		合　计	100		

【考证要点】

了解清水池的日常管理，掌握液位仪的使用方法。

【思考与练习】

（1）简述清水池运行管理要点。

（2）简述二级泵房运行管理要点。

任务三　特种水处理工艺运行与管理

知识点一　高浊度水给水处理

【任务描述】

了解高浊度原水处理工艺与管理方法。

【任务分析】

高浊度水是指浊度较高、有清晰沉降界面的含砂水体，其含砂量一般大于 $10kg/m^3$，它是在大气降水后雨水或融化的冰雪水流对裸露土地冲刷，将泥土带入水体而形成的，一般出现在水土保持较差或自然植被较薄弱的地区。

一、高浊度水的特征

高浊度水（图 3-53）系指浊度较高，有清晰的界面分选沉降的含砂水体。其含砂量一般为 $10\sim100kg/m^3$。高浊度水处理流程与常规水处理流程的差别，主要在于调蓄水池和预沉池的设置以及沉淀池技术的考虑。

高浊度水的特点集中表现在沉降特性的不同，其沉降过程将产生浑液面而具有界面沉降的特点：

（1）含砂量较低（含砂量在 $6kg/m^3$ 以下），泥沙粒径组成较粗时，一般具有自由沉降的性质。

（2）当含砂量较高（在 $6kg/m^3$ 上，$15\sim20kg/m^3$ 以下），或泥沙颗粒较细时，由于细小泥沙的自然絮凝作

图 3-53　高浊度水

用而形成絮凝沉降。

（3）当含砂量更高时（15~20kg/m³以上时），细颗粒泥沙因强烈的絮凝作用而互相约束，形成均浓浑水层。均浓浑水层以同一平均速度下沉，并产生明显的清-浑水界面，称浑液面，此类沉降称界面沉降。组成均浓浑水层的细颗粒泥沙称稳定泥沙，其粒径范围随含沙量的升高而加大。

（4）原水含砂量继续增大，泥沙颗粒便进一步絮结为空间网状结构，黏性也急剧增高，此时颗粒在沉降中不再因粒径不同而分选，而是粗、细颗粒共同组成一个均匀的体系而压缩脱水，称压缩沉降。

沉降类型不同，颗粒沉降所遵循的规律和相应的沉降速度也各不相同。高浊度水的颗粒群体沉降服从界面沉降规律，故沉淀池应按浑液面沉降速度进行管理和运行。

二、高浊度水的工艺流程（图 3-54）

高浊度与常规水处理流程的主要差别，在于高浊度水需要根据水中含沙量设置调蓄水池、沉砂池和预沉池，完善沉淀（澄清）工艺。

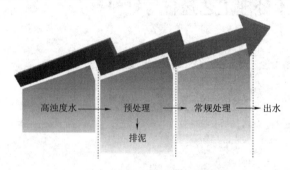

图 3-54　高浊度水工艺流程简图

高浊度水的工艺流程，一般分为一级沉淀（澄清）和二级沉淀（澄清）两种。

（1）一级沉淀（澄清）流程（图 3-55）的适用条件：①出水浊度允许大于 50mg/L；②设计最大含砂量小于 40kg/m³；③允许大量投加聚丙烯酰胺的生产用水工程；④投加聚丙烯酰胺剂量小于卫生标准的生活用水工程；⑤有备用水源的工程。

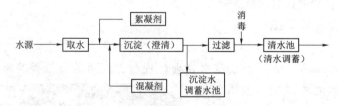

图 3-55　一级沉淀工艺流程图

（2）采用二级沉淀流程（图 3-56）应符合下列条件：①出水浊度要求小于 20mg/L；②取水河段最大含砂量大于 40kg/m³；③供有生活饮用水，净化所需投加的聚丙烯酰胺剂量超过卫生标准规定剂量；④无备用水源的工程。

三、高浊度水处理运行与管理

高浊度水处理运行与管理可参照常规处理的相关内容，重点是做好预沉池、沉砂池的运行与管理，其他按常规处理的管理要点执行。需要注意的是第一级沉淀构筑物的运行与管理，其方式如下：砂峰持续时间不长，可在高浊度水期间投加聚丙烯酰胺进行凝聚沉降，其他时间进行自然沉降；砂峰持续时间较长，可采用自然沉降或投加

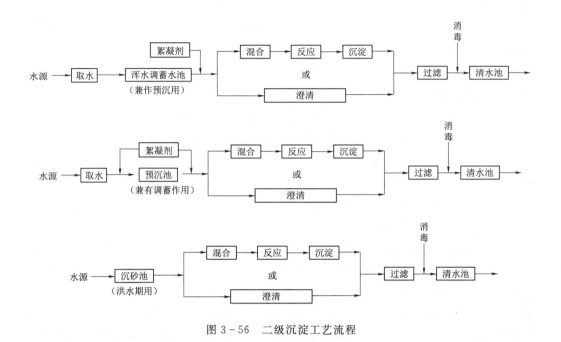

图 3-56　二级沉淀工艺流程

聚丙烯酰胺的凝聚沉淀。当河段砂峰超过设计含砂量的持续时间较长，或因断流、脱流、封冻等原因不能取水的持续时间较长时，亦应使用清水或浑水调蓄水池，以确保供水保证率。

【任务准备】

　　准备水样、烘箱、量筒、天平等。

【任务实施】

　　烘干法测定水样含沙量，取一定量水样，测其原重和烘干后的重量，计算出含沙量。

【检查评议】

　　评分标准见表 3-22。

表 3-22　　　　　　　　　　评　分　标　准

编号	项目内容	评　分　标　准	分值	扣分	得分
1	学习态度	不认真操作扣 10 分	10		
2	动手能力	动手能力不强扣 20 分	20		
3	团队协作精神	没有团队协作精神扣 10 分	10		
4	专业能力	正确测定计算含砂量	50		
5	安全文明操作	不爱护设备扣 10 分	10		
6	合　　　计		100		

【考证要点】

了解不同含砂量水样泥沙沉降特点，掌握含砂量测定方法。

【思考与练习】

（1）什么是高浊度水？

（2）简述高浊度水二级沉淀流程。

知识点二 含铁含锰水给水处理

【任务描述】

学习含铁含锰水处理方法及构筑物管理。

【任务分析】

铁和锰都是人体需要的元素，只要水中含量不超标，不至于影响人的健康。但水中铁含量＞0.3mg/L时水变浊，超过1mg/L时，水具有铁腥味；当锅炉、压力容器等设备以含铁量较高的水质作为介质时，常造成软化设备中离子交换设备污染中毒，承压设备结褐色坚硬的铁垢，致使其发生变形、爆管事故。而水中过量的锰会造成人体食欲不佳、恶心呕吐、肠胃紊乱等症状。因此对含铁水质除铁、除锰十分重要。

我国有丰富的地下水资源，其中有不少地下水含有过量的铁和锰，称为含铁含锰地下水。

水中含有过量的铁和锰，将给生活饮用及工业用水带来很大危害。我国《生活饮用水卫生标准》（GB 5749—2022）规定铁＜0.3mg/L，锰＜0.1mg/L。当原水中铁、锰含量超过上述标准时，就要设法进行处理。生产用水是否考虑除铁除锰，应根据用水要求确定。

一、除铁除锰方法

（1）曝气氧化法。就是利用空气中的氧将二价铁氧化成三价铁使之析出，然后经沉淀、过滤予以去除的方法。

（2）曝气接触氧化法。一般曝气气化法在没有催化剂的作用下，氧化速度比较缓慢。当含溶解氧的地下水经过滤层过滤时，水中二价铁被滤料吸附，进而氧化水解，逐渐生成具有催化作用的铁质或锰质活性"滤膜"，在"滤膜"的催化作用下，铁和锰的氧化速度大大加快，进而被滤料除去。

（3）氯氧化法。就是当以空气中的氧来氧化地下水中的二价铁有困难时，向水中投加氯，利用氯的强氧化性迅速地将二价铁氧化为三价铁，然后经沉淀过滤予以去除的方法。

（4）高锰酸钾氧化法。就是在中性和微酸性条件下投加高锰酸钾，用高锰酸钾的强氧化性迅速将水中二价锰氧化为四价锰，然后经沉淀、过滤予以去除的方法。

二、除铁除锰工艺

地下水除铁一般采用接触氧化法或曝气氧化法。当受到硅酸盐影响时，应采用接触氧化法。

原水只含铁、不含锰时采用接触氧化法的工艺为：原水曝气→接触氧化过滤。

原水含铁同时含锰时宜采用接触氧化法，其工艺流程根据下列条件确定：①当原水含铁量低于 2.0mg/L、含锰量低于 15mg/L 时，采用原水曝气→单级过滤除铁除锰；②当原水含铁量或含锰量超过上述数值时，应通过试验确定，必要时可采用原水曝气→氧化→一次过滤除铁→二次过滤除锰；③当除铁受硅酸盐影响时，应通过试验确定，必要时可采用原水曝气→一次过滤除铁（接触氧化）→曝气→二次过滤除锰。

曝气氧化法的工艺为原水曝气→氧化→过滤。

三、含铁含锰水处理构筑物及其管理

1. 含铁含锰水处理滤池池型

普通快滤池和压力滤池是除铁除锰工艺中常用的滤池池型，前者主要用于大、中型水厂，后者主要用于中、小型水厂。此外，无阀滤池构造简单、管理方便，也是除铁除锰工艺中常用的滤池池型之一。

2. 含铁含锰水处理滤池管理

含铁含锰水处理滤池的运行管理与选取的滤池管理方式相同，值得注意的是冲洗的强度和时间。除铁滤池运行管理规定见表 3-23，除锰滤池运行遵守以下规定：①滤速为 5～8m/h；②冲洗强度，锰砂滤料时为 16～20L/(s·m²)，石英砂滤料时为 12～14L/(s·m²)；③膨胀率，锰砂滤料时为 15%～25%，石英砂滤料时为 27.5%～35%；④冲洗时间为 5～15min。

表 3-23　　　　　　　　　　除铁滤池运行管理规定

序号	滤料	滤料粒径 /mm	冲洗方式	冲洗强度 /[L/(s·m²)]	膨胀率 /%	冲洗时间 /min
1	石英砂	0.5～1.2	无辅助冲洗	13～15	30～40	大于 7
2	锰砂	0.6～1.2	无辅助冲洗	18	30	10～15
3	锰砂	0.6～1.5	无辅助冲洗	20	25	10～15
4	锰砂	0.6～2.0	无辅助冲洗	22	22	10～15
5	锰砂	0.6～2.0	有辅助冲洗	19～20	15～20	10～15

【任务准备】

准备水样、小型锰砂过滤器等。

【任务实施】

按说明书要求调节参数，将水样通过锰砂过滤器去除铁、锰并反冲洗。

【检查评议】

评分标准见表 3-24。

表 3 - 24 评 分 标 准

编号	项目内容	评 分 标 准	分值	扣分	得分
1	学习态度	不认真操作扣 10 分	10		
2	动手能力	动手能力不强扣 20 分	20		
3	团队协作精神	没有团队协作精神扣 10 分	10		
4	专业能力	正确调节与使用锰砂过滤器	50		
5	安全文明操作	不爱护设备扣 10 分	10		
6		合 计	100		

【考证要点】

了解去除铁、锰的原理，掌握锰砂过滤器的使用方法。

【思考与练习】

（1）我国《生活饮用水卫生标准》规定铁含量不得超过_____，锰含量不得超过_____。

（2）除铁、除锰方法主要有_____、_____、_____、_____四种。

知识点三 含藻水给水处理

【任务描述】

学习含藻水处理方法及构筑物管理方法。

【任务分析】

随着水体富营养化的加剧，藻类及其产生的藻毒素对人类有较大的潜在危害，应对其进行控制、消除。

一、含藻水的特点

含藻水系指藻的含量大于 100 万个/L 或含藻量足以妨碍有混凝沉淀和过滤所组成的常规水处理工艺的正常运行，或足以使出厂水水质降低的水源水，含藻水主要是水库和湖泊水，浑浊度大都比较低，水源水质符合《地表水环境质量标准》（GB 3838—2002）Ⅲ类水域水质标准。含藻水处理技术与常规水处理技术的差异，主要在于杀藻和除藻。

二、含藻水处理的工艺流程

常规工艺流程为：原水→混合→絮凝→沉淀（澄清）→过滤→消毒。

以富营养型湖泊、水库为水源，且浑浊度常年小于 100 度的原水，处理工艺流程可采用：原水→混合→絮凝→气浮→过滤→消毒。

贫-中营养化或中-富营养化湖泊、水库水源，日最大浑浊度小于 20 度的原水，处理工艺流程可采用：原水→混合→絮凝→直接过滤→消毒。

三、构筑物及其运行管理

1. 处理含藻水的沉淀池和澄清池

(1) 平流沉淀池的表面负荷宜为 $1.0 \sim 1.5 m^3/(m^2 \cdot h)$，水平流速宜为 $5 \sim 8mm/s$，沉淀时间宜为 $2 \sim 4h$，当原水浑浊度较低时，沉淀应采用较高值。

(2) 异向流斜管沉淀池的表面负荷一般不大于 $7.2 m^3/(m^2 \cdot h)$。

(3) 澄清池清水区上升流速一般不大于 $0.7mm/s$。

2. 处理含藻的气浮池

(1) 气浮池表面负荷一般小于 $7.2 m^3/(m^2 \cdot h)$。

(2) 溶气罐压力一般采用 $300 \sim 400kPa$。

(3) 气浮池之前的絮凝时间，一般采用 $10 \sim 15min$。

(4) 气浮池分离区停留时间，一般为 $10 \sim 20min$。

(5) 气浮池分离区有效水深，一般为 $1.5 \sim 2.0m$。

3. 处理含藻水的滤池

(1) 湖泊、水库水经混凝沉淀或澄清处理以后，进入滤池时，其浑浊度应低于 7 度。

(2) 滤池的过滤周期，一般不宜小于 $12h$。

【任务准备】

准备含藻水样（浊度小于 20NTU）、水桶、搅拌器、过滤装置、混凝剂等。

【任务实施】

将一定量水样加入水桶中，加入混凝剂搅拌后倒入过滤装置中直接过滤，去除藻类。

【检查评议】

评分标准见表 3-25。

表 3-25 评 分 标 准

编号	项目内容	评 分 标 准	分值	扣分	得分
1	学习态度	不认真操作扣 10 分	10		
2	动手能力	动手能力不强扣 20 分	20		
3	团队协作精神	没有团队协作精神扣 10 分	10		
4	专业能力	正确混凝、过滤	50		
5	安全文明操作	不爱护设备扣 10 分	10		
6		合 计	100		

【考证要点】

熟悉含藻水给水处理方法。

【思考与练习】

(1) 什么是含藻水？

(2) 含藻水处理的工艺流程有哪些？

任务四　给水处理新工艺

知识点一　给水预处理技术

【任务描述】

了解氧化预处理技术和吸附预处理技术。

【任务分析】

预处理通常是指在常规处理工艺前面，采用适当物理、化学和生物的处理方法，对水中的污染物进行初级去除，同时可以使常规处理更好地发挥作用，减轻常规处理和深度处理的负担，发挥水处理工艺整体作用，提高对污染物的去除效果，改善和提高饮用水水质。

预处理方法按对污染物的去除途径不同可分为氧化法和吸附法。

一、氧化预处理技术

1. 化学氧化预处理技术

化学氧化预处理技术是指依靠氧化剂的氧化能力，分解破坏水中污染物的结构，达到转化或分解污染物的目的。氧化剂有氯气、紫外光和臭氧等。

（1）氯气预氧化。氯气预氧化是应用最早和目前应用最广泛的方法。在饮用水输送过程中或进入常规处理工艺构筑物之前投加一定量氯气预氧化，可以控制因水源污染生成的微生物和藻类在管道内或构筑物内的生长，同时也可以氧化一些有机物，提高混凝效果，并减少混凝剂使用量。但是，由于氯气预氧化导致大量卤化有机污染物的生成，且不易被后续的常规处理工艺去除，因此可能造成处理后水的毒理学安全性下降。

（2）紫外光氧化预处理。其虽然能有效减少水中有机污染物的数量，但对水中毒性物质没有明显的去除能力。

（3）臭氧预处理（图3-57）。臭氧预处理对水中移码突变物有部分去除效果，但对碱基置换突变物没有明显的处理能力，而且部分臭氧化产物不易被常规处理去除，使组合工艺处理后水中移码突变物前体物的碱基置换突变物前体物有较大量的增加，出水氯化后的致突变活性与原水相比有较高的上升。

2. 生物氧化预处理技术

（1）生物处理的对象和目的。给水生物处理的主要对象是水中有机物、氮（包括氨氮、亚硝酸盐氮和硝酸盐氮）、铁和锰等。生物预处理的目的就是去除那些常规处理方法不能有效去除的污染物，如可生物降解的有机物，人工合成有机物和氨氮、亚硝酸盐氮、铁和铝等。

（2）生物氧化预处理技术。有机物和氨的生物氧化，可以降低配水系统中使微生物繁殖的有效基质，减少嗅味，降低形成氯化有机物的前体物，另外还可以延长后续过滤和活性炭吸附等物化处理的使用周期和容量。生物处理最好是作为预处理设置在

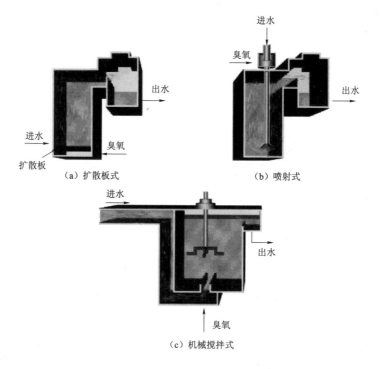

图 3-57　臭氧预处理

常规处理工艺的前面，这样既可以充分发挥微生物对有机物的去除作用，也可以增加生物处理带来的饮用水可靠性，如生物处理后的微生物、颗粒物和生物的代谢产物等都可以通过后续处理加以控制。

生物预处理大多采用生物膜法，其形式主要是淹没式生物滤池。

二、吸附预处理技术

1. 粉末活性炭吸附

粉末活性炭投加量的多少与水的浊度大小和产生嗅味物质的浓度有关，投加量应根据水质特点试验确定。目前有合肥巢湖水源水厂季节性地在沉淀池后投加粉末活性炭成功去除臭味的运行实例。

2. 黏土吸附

黏土特别是一些改性黏土，往往也是较好的吸附材料。通过投加黏土可改善和提高后续混凝沉淀效果。但是，大量黏土投入混凝池中，会增加沉淀池的排泥量。

【任务准备】

准备含有机物水样、混凝剂和平流沉淀池实训装置等。

【任务实施】

在平流式沉淀池实训装置中通过强化混凝去除水中有机物，并使出水浊度小于 10NTU。

【检查评议】

评分标准见表 3-26。

表 3-26　　　　　　　　　　评　分　标　准

编号	项目内容	评　分　标　准	分值	扣分	得分
1	学习态度	不认真操作扣 10 分	10		
2	动手能力	动手能力不强扣 20 分	20		
3	团队协作精神	没有团队协作精神扣 10 分	10		
4	专业能力	通过水质、水温、pH 值计算混凝剂用量，正确使用平流沉淀池教仪	50		
5	安全文明操作	不爱护设备扣 10 分	10		
6	合　　计		100		

【考证要点】

熟悉氧化预处理和吸附预处理技术。

【思考与练习】

(1) 氧化预处理技术有哪些？

(2) 常见的吸附预处理技术有哪些？

知识点二　给水强化处理技术运行管理

【任务描述】

了解给水强化处理技术方法及技术措施。

【任务分析】

通过各种强化措施可以提高常规水处理工艺对有机物等污染物的去除效果，进一步提高常规工艺的处理效能，保证出厂水水质满足《生活饮用水卫生标准》（GB 5749—2022）的要求。

一、强化混凝

所谓的"强化混凝"是指向水中投加过量的混凝剂并控制一定的 pH 值，从而提高常规处理中天然有机物（NOM）的去除效果，最大限度地去除消毒副产物的前体物（DBPFP），保证饮用水消毒副产物符合饮用水质标准的方法。决定混凝效果及其应用的关键因素是混凝剂和水体自身的特性，如混凝剂的剂量、类型；而水体特性包括 pH 值、碱度等。强化混凝的主要方法有：

(1) 加大混凝剂的投加量，使有机物的水化壳压缩，水解的阳离子与有机物阴离子电中和，消除由于有机物对无机胶体的影响，从而使无机胶体脱稳。不同的水质对混凝剂用量的要求不同，混凝剂对水中大分子有机物和增水性有机物有较好效果。

（2）调整 pH 值。水的 pH 值对有机物去除影响明显。当原水中 pH 值较高时，可通过加酸来降低 pH 值，一般有机物较多时，pH 值调整到 5～6 效果较好。加酸一般加在混凝剂投加前，以促使混凝剂水解形成高价正电荷。

（3）投加絮凝剂，增加吸附、架桥作用，使有机物易被絮体黏附而下沉。

（4）完善混合、絮凝等设施，从水力条件上加以改进，使混凝剂能充分发挥作用，也是强化混凝的一个措施。

二、强化过滤

所谓的"强化过滤"是指通过选择合适的滤料，采取一定的措施和技术，使得滤料在去除浊度的同时，降低有机物、氨氮和亚硝酸盐氮的含量。

为了保证滤后水浊度，一方面要加强滤前处理工艺；另一方面，合理选择滤层和保证滤料的清洁则是过滤的关键。

去除氨氮及其盐类主要通过生物作用，但多数快滤池采用了预加氯，抑制了滤料中生物的生长，因此滤料层没有发挥其生物降解作用，滤后水的氨氮将有所降低；另外，慢滤工艺在此处则更能突显出它的生物作用。强化过滤即要求在滤料中形成生物膜，既要有亚硝化杆菌，又要有硝化杆菌，使氨氮、亚硝酸盐氮得到一定去除。

通常强化过滤可采用的技术措施有：

（1）选择合适的滤料。滤料的表面要有利于细菌的生长，并具有足够的比表面积，滤料的粒径和厚度必须保证滤后水浊度的要求。国外已有这方面的专用滤料，国内也正在开发研究。

（2）滤料的反冲洗既能有效地冲去积泥，又能保存滤料表面一定的生物膜，其冲洗方法（单水或气、水反冲）和冲洗强度应结合选用滤料通过试验确定。

（3）要求进滤池水有足够的溶解氧。氨氮的硝化过程需要消耗溶解养，如果原水中溶解氧不足，将影响硝化过程的进行，因此，当原水溶解氧较低时，可通过曝气措施增加溶解氧。

（4）由于余氯的存在会抑制细菌生长，因此不能在滤前进行加氯，滤池的反冲洗水也不应含余氯。由于取消了预加氯，为了保证出厂水细菌指标的合格，必须注意滤后水的消毒工艺。

【任务准备】

准备含有机物水样、平流沉淀池教仪、混凝剂等。

【任务实施】

在平流沉淀池教仪中通过强化混凝去除水中有机物，使出水浊度小于 10NTU。

【检查评议】

评分标准见表 3-26。

【考证要点】

熟悉强化混凝处理技术。

【思考与练习】

（1）强化混凝的主要方法有哪些？

（2）强化过滤可采用的技术措施有哪些？

知识点三 给水深度处理技术

【任务描述】

了解给水深度处理方法及其工艺流程。

【任务分析】

当饮用水的水源受到一定程度的污染，又无适当的替代水源时，为了达到生活饮用水的水质标准，在常规处理的基础上，需要增设深度处理工艺。

一、活性炭吸附

活性炭吸附是在常规处理的基础上去除水中有机污染物最有效最成熟的深度水处理技术。

活性炭是一种具有较大吸附能力的多孔性物质，对水中多种污染物有广泛的去除作用。它是一种非极性吸附剂，对水中非极性、弱极性有机物质有很好的吸附能力，对水中离子和多种重金属离子也有很好的去除作用。美国环保局（USEPA）推荐活性炭吸附技术作为提高地表水水源水厂处理水质的最佳实用技术。我国从20世纪70年代末80年代初开始，也有少数水厂采用了粒状活性炭吸附深度处理技术。

活性炭依其外观形式，分为粒状炭（GAC）和粉状炭（PAC）两种。粒状炭多用于水的深度处理，其处理方式一般为粒状活性炭滤床过滤，经过一段时间吸附饱和后的活性炭被再生后重复使用。具体工艺流程如下：①水源水→常规处理→粉状炭吸附→消毒→出厂水；②水源水→常规处理→臭氧氧化→粉状炭吸附→消毒→出厂水；③水源水→常规处理→臭氧氧化→生物活性炭→消毒→出厂水。

活性炭吸附也有一定的局限性。对于三卤甲烷类物质，活性炭的吸附容量较低；此外，饮用水水源水中分子量较小的物质多含有较多的羧基、羟基等，分子的极性较强，但活性炭属于非极性吸附剂，对极性分子的吸附作用较差。

二、臭氧氧化

臭氧是一种强氧化剂，它可以通过氧化作用分解有机污染物。目前臭氧用于水处理的主要目的是去除水中的有机污染物。

臭氧可以分解多种有机物，除色、除臭。但是因为水处理中臭氧的投加量有限，不能把有机物完全分解成二氧化碳和水，其中间产物仍在水中。经过臭氧氧化处理，水中有机物上增加了羧基、羟基等，其生物降解性得到大大提高，如不加以进一步处理，容易引起微生物的繁殖。另外，臭氧处理出水再进行加氯消毒时，某些臭氧化中间产物更易于与氯反应，往往产生更多的三卤甲烷类物质，使水的致突变活性增加。因此，在饮用水处理中，臭氧氧化一般并不单独使用，或者是用预臭氧替代原有的预氯化，或者是在活性炭床前设置臭氧氧化与活性炭联合使用。

三、臭氧生物活性炭

臭氧生物活性炭深度处理工艺以预臭氧代替了原来的预氯化，臭氧氧化出水中有机物的可生物降解性大为提高，水中剩余臭氧可以被活性炭迅速分解，加之臭氧氧化出水中的溶解氧浓度较高（因臭氧化气体的曝气作用），使臭氧后设置的活性炭床中生长了大量细菌，生物分解水中可生物降解的有机物，由原有单纯进行吸附的活性炭床演变成为同时具有明显生物活性的活性炭床，因此这种活性炭技术被称为生物活性炭。

【任务准备】

准备水样、浊度仪、微滤、纳滤膜装置等。

【任务实施】

根据说明书正确设置膜装置参数，使水样通过膜装置并测定通过前后的浊度。

【检查评议】

评分标准见表 3 - 27。

表 3 - 27　　　　　　　　　　　评 分 标 准

编号	项目内容	评 分 标 准	分值	扣分	得分
1	学习态度	不认真操作扣 10 分	10		
2	动手能力	动手能力不强扣 20 分	20		
3	团队协作精神	没有团队协作精神扣 10 分	10		
4	专业能力	正确使用膜分离装置处理水样	50		
5	安全文明操作	不爱护设备扣 10 分	10		
6		合　　计	100		

【考证要点】

了解膜分离技术处理水样的原理，熟悉膜分离装置的操作技术。

【思考与练习】

(1) 活性炭吸附深度处理给水的工艺流程有哪些？

(2) 膜分离技术中滤膜主要有哪几种？膜装置主要有哪几种类型？

污水处理工艺运行与管理

【思政导入】

　　牢固树立和践行绿水青山就是金山银山的理念，深入推进水环境污染防治。提升污水处理厂等环境基础设施建设水平，加强生物处理等典型工艺的运行与管理，坚持精准治污、科学治污、依法治污，打造碧水蓝天的优美环境。

【知识目标】

　　了解污水处理厂（站）工艺调试与验收，污水处理厂的各类运行工艺和典型工业废水处理工艺运行与管理；掌握污水处理厂的生物处理工艺方法；熟练掌握污水处理厂的生物处理工艺运行管理与维护的方法。

【技能目标】

　　通过本项目的学习，能够进行污水处理厂的调度、验收、运行与管理；会进行污水处理厂预处理工艺的选择，生物处理工艺的比选、运行与维护；掌握污水处理厂的物理处理法、化学处理法和生物处理法等相关操作技能运行维护与管理。

【重点难点】

　　本项目重点在于掌握污水处理厂运行与管理的方法和相关技能；难点在于生物处理工艺的运行与管理。

任务一　污水处理厂（站）工艺调试与验收

知识点一　污水处理厂（站）的验收

4-1-1
污水处理
厂（站）
的验收

【任务描述】

　　了解污水处理厂验收的基本条件、验收资料和文件。掌握预处理单元、污水处理系统、污泥处理系统、供配电系统、仪表和自动化控制、鼓风曝气系统和化验室的验收工作。

【任务分析】

　　污水处理系统在工程完工之后和投产之前，需要进行验收工作，在验收工作中，应用清水进行试运行，通过工程调试验证设计的正确性和可行性，对发现的问题做最后的修正，保证系统的正常运行。

【知识链接】

一、污水处理厂验收前期工作

调试运行前应对各建筑物、构筑物及以及所安装的设备、工艺管道、各种阀门仪器仪表、自控等进行验收。验收分为初步验收和最终验收两个阶段。一般土建工程初步验收以后，施工单位保修一年，才能最终验收。设备和其他安装工程在其初步验收后也要经过一年的试运转，保修一年后才能最终验收。这样做的目的是让建筑物、构筑物、设备都要经过冷、热、潮湿等环境条件检验，充分暴露一些问题。在初步验收阶段要对建筑物、构筑物、设备等单项（体）进行试车验收，也称单机（体）试车。

（一）初步验收条件

1. 土建工程初步验收条件

对土建工程的初步验收是分阶段的，单体工程的验收应与施工同时进行。特别是隐蔽工程的验收，必须在下一道工序前组织验收。在建筑物、构筑物建好后组织初步验收时，尽可能查看可以看到的隐蔽工程，主要还是查阅施工各阶段中的隐蔽工程验收资料。如果资料不全或当时没有组织单项（体）隐蔽工程验收，应视为验收不合格。

2. 设备安装工程初步验收条件

对设备安装工程的初步验收是为了检查设备安装的质量和设备自身的质量是否符合设计的有关标准。安装工程也存在隐蔽工程的验收，如埋入地下的管道和在构筑物、建筑物体内的管道安装工程、防腐工程等。同样，隐蔽工程也应与施工同时进行。初步验收时如无相关隐蔽工程验收记录或当时没有验收，也视为验收不合格。

3. 其他条件

具备初步验收条件的构筑物、建筑物和设备还应符合下列条件：

（1）各建筑物、构筑物的全部施工结束。

（2）各建筑物、构筑物的内部及外围应认真、彻底地清除全部建筑垃圾，卫生条件符合验收标准。

（3）安全防护设施、仪器，如灭火器、防 H_2S 毒气设备、防酸碱器具等，应按设计配齐安装完毕，以备试车时使用。

应能供电，通上水及下水，有供暖、自控等系统，以检查各类电气的性能及上、下水管道、阀门、锅炉等设备的性能。

（4）被初验的设备应完成全部安装工作。

（5）设备外表应油漆一新，无碰痕、擦痕。设备内部该加油或油脂的按要求加满，有刻度的加油标志一定按要求加油，不能超过也不能低于刻度。对于购买的润滑油脂或油膏应按设计要求的标准购买，以免出现设备事故。

（6）土建工程和设备安装工程应由施工单位和质检单位准备好验收的表格，供验收时使用。有关图纸和验收标准应提前准备好并置于现场供验收时随时填表和查阅。

（7）试车前应对试车人员进行培训，掌握操作技能和取得各种必需的上岗证件后才能参加试车。参加试车前，有关人员应认真阅读有关资料，熟悉设备的机械、电气性能。做好单项（体）试车的技术准备。

（8）设备单体试车初步验收时应通知厂家或供货商到现场，引进国外设备的单体试车应在国外技术人员到场指导下进行。

（二）初步验收的资料

初步验收前应接收三大类资料：①工程综合类资料；②工程技术类资料；③竣工图类资料。

（1）工程综合资料主要包括：①项目建议书和批准文件；②项目的可行性研究报告和批准文件；③初步设计书；④施工图设计书；⑤环境影响评价书及批准文件；⑥劳动安全评价书及批准文件；⑦卫生防疫评价书及批准文件；⑧消防评价书及批准文件；⑨土地征用申报、批准文件与设计红线；⑩拆迁补偿协议书；⑪招标与投标文件；⑫承包发包合同；⑬施工执照；⑭工程现场声像资料。

（2）工程技术类资料主要包括：①工程地质、水文、气象、地震资料；②地形、地貌，水准点、建（构）筑物，重要设备安装测量定位，观测记录；③设计文件及审查批文、图纸会审和设计交底记录；④工程项目开工、竣工报告；⑤设计交付通知单、变更核实单；⑥工程质量事故的调查和处理资料；⑦材料、设备、构件的质量合格证明资料，或相关试验、检验报告，隐蔽工程验收记录及施工日志。

（3）竣工图主要包括：①土建建（构）筑物竣工图；②厂区工艺、进出水管线、检查井、压力井、阀门井等竣工图；③上水、下水、再生水、供热等管道图；④供电、通信竣工图；⑤自控、仪表竣工图；⑥道路、绿化竣工图；⑦各种设施设备的说明书；⑧单体详细图纸；⑨化验设备设施、各种排气通风设备设施竣工图等。

二、污水处理厂的验收

（一）预处理系统的初步验收

（1）预处理系统土建可分为进水闸门井、溢流井、粗格栅土建、曝气沉砂池、进水泵房、细格栅土建、沉淀池等。一些强化工艺还有加药、搅拌池及斜板（斜管）沉淀池。其验收方法应对照竣工图进行外观尺寸实测实量，核验其是否与图纸一致，设备安装位置是否符合设计要求，最后通水试压、试漏。如无问题，做好记录方可投入使用；如有问题，应返工重来。

（2）预处理系统设备安装工程验收及单体试车主要检查的设备有：进水闸门、溢流闸门、粗格栅、皮带运输机、栅渣压实机、砂水分离机、沉砂池吸砂泵、桥或刮浮渣机、沉砂机、污水泵、细格栅、加药絮凝机、搅拌机等。验收的方法应由电气人员检查设备的供电线路是否正常，供电开关是否正常，有无漏电现象。机械人员检查设备底座安装是否牢固，按设备说明准确地向润滑部分加油或油脂；对于电机带动的设备应点动试车，观察转向是否与标识一致。当确认准备工作完毕后可通电试车，并观察电压、电流是否符合要求；如有异常现象，应及时检查维修。还应观察设备的振动、噪声是否符合标准，如有异常，也应立即检查维修，正常后再试车并做好记录。

（二）污水处理系统的初步验收

污水处理系统因工艺的不同，其建（构）筑物及设备有所不同。

（1）污水处理系统土建工程的初步验收包括生物曝气池、沉淀池、回流污泥泵房、回流污泥渠道、配水阀门井、放空井、管道沟、廊道等。其验收方法应对照竣工图进行外观尺寸实测实量，核验其是否与图纸一致；其隐蔽工程应检查对照隐蔽工程资料进行；然后通水试压、试漏。

（2）污水处理系统安装及单体试车主要检查验收以下设备：①进水调节堰门、闸门；②回流污泥调节闸门、曝气头空气管道阀门、剩余污泥泵及逆止阀阀门、吸污泥桥和回流泵、进出水齿形堰、浮渣刮板、浮渣阀门、浮渣泵、浮渣脱水机、压实机；③出水闸门；④加药设备、絮凝搅拌设备、絮凝沉淀池、消毒机、接触池、滤池、清水池、加压泵；⑤鼓风机及配套附属物。

（三）污泥处理系统的初步验收

污泥处理系统因设计不同，有的设置厌氧消化处理、污泥脱水处理工艺，有的只设置污泥脱水处理工艺。

（1）污泥处理系统土建工程的初步验收主要有污泥浓缩池、进泥泵房、污泥消化池、污泥后浓缩池、污泥脱水机房、沼气脱硫房、沼气柜、沼气阀门井等。

（2）污水处理厂污泥处理设备的初步验收和单体试车主要内容包括：

1）污泥消化池的进泥泵、循环泵、沼气提升泵。

2）污泥消化池上的各种气阀、水阀、室内外管廊。

3）热交换器及进水、进泥阀、出水阀、出泥阀、水和泥的压力表。

4）湿式脱硫设备、干式脱硫设备。

5）脱水机（带式或离心式）及配套设备（如空气压缩机、冲洗水高压泵、配絮凝剂搅拌机械、冲洗水的排水系统、臭味排除系统）。

6）预、后浓缩池上的刮泥桥。

（四）供配电系统的初步验收

供配电系统一般分为高压供配电系统和低压配电系统。

1. 高压供配电系统

高压供配电系统包括：

（1）外线工程从电业局高压供电线路至厂内的高压变配电室进线端。

（2）厂内高压电缆地下敷设工程从高压变配电室进线端至厂内各供配电室的高压电缆敷设及进出线等。

（3）厂内高压供配电室的变压器、高压配电柜、高压计量柜、高压开关柜、高压保护柜等。

2. 高压供配电系统的初步验收和单体试车的内容

（1）按上面所列的各子项分段验收。

（2）高压变配电系统由电力安装公司负责安装，由供电局统一组织进行单体试车、电检、验收；外线工程以供电局验收为主。

（3）厂内验收应以设备的操作是否灵活，设备的机械性能是否良好，通风、避小动物设施是否完好等为主。

3. 低压配电系统

低压配电系统包括：

（1）从变压器低压侧开始至低压配电柜的母线安装。

（2）各 MCC 低压配电柜安装。

（3）低压配电柜的出线、进线。

（4）电缆沟托架和电缆桥架的安装及电缆敷设。

（5）各类电缆套管。

（6）各类就地开关箱、控制箱的安装。

（7）与各类用电设备的电机、开关箱、控制箱的接线。

（8）各类临时配电盘的接线。

（9）变配电室接地网、避雷设施的安装。

4. 低压变配电系统的初步验收内容和注意事项

（1）按工艺及变配电所管辖的电气设备分类。

（2）有些初步验收可在不通电情况下进行，并提前组织验收。

（3）对于需要通电的必要试验，可通过接通临时电源或正式供电后进行调试。

（4）低压供电系统最好提前试验，配合机械设备、自控设备等电气设施，直至全厂试运验收任务全部完成。

（5）国内制造商或外方提供的设备通电进行测试和调试时，必须提供相关的技术资料，供货商的专家或技术人员应在现场指导。

（6）根据供配电专业的规定，提前制订详细的调试、验收计划和必要的安全保证措施，对整个低压变配电进行初步验收。

（五）仪表和自控系统的初步验收

1. 仪表单体试验和初步验收的主要内容

（1）各机械仪表的机械调零和校正。

（2）各电子显示仪表和校正。

（3）各监测控制仪表一次表的通电试验、校正和二次表的通电试验、校正。

2. 自控系统的初步验收单体试车内容

（1）各 PLC 系统的调试。

（2）检查各 PLC 系统与相应的 MCC 之间的连线是否正确。

（3）各 PLC 的接地是否可靠。

（4）各电机、阀门的状态和信号在 PLC 上反映是否对应和正确。

（5）检查各控制仪表及分析仪表信号输入情况是否正确。在中央控制室内的显示屏上的信号、曲线、开、停、故障信号等能否被记录和打印。

（6）对软件的检查、PLC 系统对软件执行情况的检查。

（7）中央控制室能否对全系统及其执行情况进行监视、控制、记录。

（六）鼓风曝气系统的初步验收

生物处理厂一般采用鼓风曝气或表面曝气。表面曝气主要由曝气转刷实现，为氧化沟工艺配套设备。而其他工艺多采用鼓风曝气，鼓风曝气主要由空气鼓风机实现。

鼓风曝气系统初步验收的内容包括：①空气过滤装置，并设有前后压力差表；②鼓风机就地开关柜（自控系统）；③鼓风机冷却系统、润滑系统；④高压供电的绝缘测试；⑤鼓风机的高压供电保护系统；⑥供气管道系统（考虑热胀冷缩的影响）及闸门、逆止阀、放水阀；⑦沼气发动机（带动鼓风机）水冷、油冷系统，可燃、有毒气体报警系统和通风系统。

（七）化验室的初步验收

化验室的初步验收内容包括：①化验仪器仪表；②化验室内上、下水管道，阀门；③供电配电盘、插座、照明；④操作台、通风橱；⑤安全保护设施；⑥附属设施等。

【任务准备】

设定某个建成的污水处理厂场景及其相关资料，包括建筑物、构筑物，以及所安装的设备、工艺管道、各种阀门仪器仪表、自控等。

【任务实施】

根据给定的场景，选出验收的主要资料、文件。对给定的系统进行初步验收。

【检查评议】

评分标准见表 4-1。

表 4-1　　　　　　　　　　　　评　分　标　准

编号	项目内容	评　分　标　准	分值	扣分	得分
1	学习态度	不认真操作扣 10 分	10		
2	动手能力	动手能力不强扣 20 分	20		
3	团队协作精神	团队协作精神不强扣 10 分	10		
4	专业能力	操作错误，每错一个步骤扣 10 分；文件选择错误，每选错一次扣 5 分，扣完为止	50		
5	安全文明操作	不爱护设备扣 5 分；不注意安全扣 5 分	10		
6	合　计		100		

【考证要点】

了解污水处理厂验收的主要内容，了解污水处理厂的主要设备和构筑物；掌握验收的基本要点和注意事项。

【思考与练习】

（1）污水处理厂验收的主要内容有哪些？

（2）初步验收和最终验收的时间间隔一般为多久？

知识点二　污水处理厂（站）工艺调试

【任务描述】

了解污水处理厂调试的目的与内容，水质与水量监测项目，以及活性污泥的培养要点。

4-1-2
污水处理
厂（站）
工艺调试

【任务分析】

污水处理厂在初步验收达到合格的基础上，可转入通水和试运行。进行通水和试运行后，才能进一步考核设备的机械性能和安装质量，检查设备电气、仪表、自动控制等在具体条件下的工作状况，检查土建建（构）筑物的通水和试运行能否达到工艺设计要求等。

【知识链接】

一、污水处理厂的调试内容及目的

污水处理厂的调试也称为试运行，包括单机试运行与联动试车两个环节，也是正式运行前必须进行的一项工作。通过试运行可以及时修改和处理工程设计和施工带来的缺陷与错误，确保污水处理厂达到设计功能。在调试处理工艺系统过程中，需要机电、自控仪表、化验分析等相关专业的配合，因此系统调试实际是设备、自控、处理工艺联动试车的过程。

1. 试运行的内容

（1）单机试运行包括各种设备安装后的单机运转和处理单元构筑物的试水。在未进水和已进水两种情况下对污水处理设备进行试运行，同时检查水工构筑物的水位和高程是否满足设计和使用要求。

（2）联动试车是对整个工艺系统进行设计水量的清水联动试车，考核设备在清水流动的条件下，检验部分、自控仪表和连接各工艺单元的管道、阀门等是否满足设计和使用要求。

（3）对各处理单元分别进入污水，检查各处理单元的运行效果，为正式运行做好准备工作。

（4）整个工艺流程全部打通后，开始进行活性污泥的培养与驯化，直至出水水质达标，在此阶段进一步检验设备运转的稳定性，同时实现自控系统的连续稳定运行。

2. 试运行的目的

污水处理厂的试运行包括复杂的生物化学反应过程的启动和调试。过程缓慢，受环境条件和水质水量的影响很大。污水处理厂试运行的目的如下：

（1）进一步检验土建、设备和安装工程质量，建立相关的档案材料，对机械、设备、仪表的设计合理性及运行操作注意事项提出建议。

（2）通过污水处理设备的带负荷运行，测试其能力是否达到铭牌或设计值。

（3）检验各处理单元构筑物是否达到设计值，尤其二级处理构筑物采用生化法处理污水时，一定要根据进水水质选择合适的方法培养和驯化活性污泥。

（4）在单项处理设施带负荷试运行的基础上，连续进水打通整个工艺流程，在参照同类污水处理厂运行经验的基础上，经调整各工艺单元工艺参数，使污水处理尽早达标，并摸索整个系统及各处理单元构筑物转入正常运行后的最佳工艺参数。

二、污水处理厂水质与水量监测

（一）进水水质、水量监测

进入污水处理厂的水量与水质总是随时间不断变化的。水量和水质的变化，必然导致污水处理系统的水量负荷、无机污染负荷、有机污染负荷的变化，污泥处理系统泥量负荷和有机质负荷的变化。因此，应对污水处理厂进水的水量水质以及各处理单元的水量水质进行监测，以便各处理单元能够采取措施适应水量水质的变化，保证污水处理厂的正常运行。

（二）污水处理厂运行监测项目

1. 感官指标

在使用活性污泥法的污水处理厂运行过程中，操作管理人员通过对处理过程中的现象观测可以直接判断进水是否正常，各构筑物运转是否正常，处理效果是否稳定。这些感官指标主要包括：

（1）颜色。以生活污水为主的污水处理厂，进水颜色通常为粪黄色，这种污水比较新鲜。如果进水呈黑色且臭味特别严重，则污水比较陈腐，可能在管道内存积太久。如果进水中混有明显可辨的其他颜色，如红、绿、黄等，则说明有工业废水进入。对一个已建成的污水处理厂来说，只要它的服务范围与服务对象不发生大的变化，则进厂的污水颜色一般变化不大。活性污泥正常的颜色应为黄褐色，正常气味应为土腥味，运行人员在现场巡视中应有意识地观察与嗅闻。如果颜色变黑或闻到腐败性气味，则说明供氧不足，或污泥已发生腐败。

（2）气味。污水处理厂的进水除了正常的粪臭外，有时在集水井附近有臭鸡蛋味，这是管道内因污水腐化而产生的少量硫化氢气体所致。活性污泥混合液也有一定的气味，当操作工人在曝气池旁闻到一股霉味或土腥味时，就能断定曝气池运转良好，处理效果达到标准。

（3）泡沫与气泡。曝气池内往往出现少量的泡沫，类似肥皂泡，较轻，一吹即散，一般这时曝气池供气充足，溶解氧足够，污水处理效果好。但如果曝气池内有大量白色泡沫翻滚，且有黏性不易自然破碎，常常飘到池子走道上，这种情况则表示曝气池内活性污泥异常。

对曝气池表面应经常观察气泡的均匀性及气泡尺寸的变化，如果局部气泡变少，则说明曝气不均匀，如果气泡变大或结群，则说明扩散器堵塞。应及时采取相应的对策。

当污泥在二沉池泥斗中停留过久，产生厌氧分解而析出气体时，二沉池也会有气泡产生。此时有黑色污泥颗粒随之上升。另外，当活性污泥在二沉池泥斗中反硝化析出氮气时，氮气泡也带着灰黄色污泥小颗粒上升到水面。

（4）水温。水温对曝气池工作影响很大。一个污水处理厂的水温是随季节逐渐缓慢变化的，一天内几乎无变化。如果发现一天内变化很大，则要检查是否有工业冷却水进入。曝气池在水温 8℃ 以下运行时，处理效率有所下降，BOD_5 去除率常低于 80%。

（5）水流状态。在曝气池内有个别流水段翻动缓慢时，则要检查曝气器是否堵塞。如果曝气池入流污水和回流污泥以明渠方式流入曝气池，则要观察交汇处的水流状态，观察污水回流是否被顶托。

在表面曝气池中如果近池壁处水流翻动不剧烈，近叶轮处溅花高度及范围很小，则说明叶轮浸没深度不够，应予以调整。如果在沉砂池或沉淀池周角处有成团污泥或浮渣上浮时，应检查排泥或渣是否及时、通畅，排泥量是否合适。

（6）出水观测。正常污水处理厂处理后出水透明度很高，悬浮颗粒很少，颜色略带黄色，无气味。在夏季，二沉池内往往有大量的水蚤，此时水质甚好。有经验的操作管理者往往能用肉眼粗略地判断出水 BOD 的数值，如果出水透明度突然变差，出水中又有较多的悬浮固体时，则应马上检查排泥是否及时，排泥管是否被堵塞或者是否由于高峰流量对二沉池的冲击太大。

（7）排泥观测。首先要观测二沉池污泥出流井中的活性污泥是否连续不断地流出，且有一定的浓度。如果在排泥时发现有污水流出，则要通过闸阀的开启程度和排泥时间的控制来调节。对污泥浓缩池要经常观测撇水中是否有大量污泥带出。

（8）各类流量的观测。充分利用计量设备或水位与流量的关系，牢牢掌握观测时段中的进水量、回流量、排泥量以及空气压力的大小与变化。

（9）泵、风机等设备的直观观测。泵、风机等设备的听、嗅、看、摸的直观观测。

2. 理化分析指标

理化分析指标多少及分析频率取决于处理厂规模大小及化验人员和仪器设备的配备情况。主要的监测项目如下：

（1）反映效果的项目进出水总的和溶解性的 BOD、COD，进出水总的和挥发性的 SS，进出水的有毒物质（对应工业废水所占比例很大时）。

（2）反映污泥情况的项目。如污泥沉降比（SV%）、MLSS、MLVSS、SVI、微生物相观察等。

（3）反映污泥营养和环境条件的项目。如氮、磷、pH 值、溶解氧、水温等。

三、污水处理设施的试运转

1. 处理构筑物或设备的试通水

污水与污泥处理工程竣工后，应对处理构筑物（或设备）、机械设备等进行试运转，检验其工艺性能是否满足设计要求。钢筋混凝土水池或钢结构设备在竣工验收（满水试验）后，其结构性能已达到设计要求，但还应对全部污水或污泥处理流程进行试通水试验，检验在重力流条件下污水或污泥流程的顺畅性，比较实际水位变化与设计水位；检验各处理单元间及全厂连通管渠水流的通畅性，附属设施是否能正常操作；检验各处理单元进出口水流流量与水位控制装置是否有效。

2. 处理机械设备的试运转

污水处理厂污水、污泥处理专用机械设备在安装工程验收后，查阅安装质量记录，当各技术指标符合安装质量要求，其机械与电气性能已得到初步检验后，为检验机械设备的工艺性能，在处理构筑物或设备已通水后可进行机械设备的带负荷试验，在额定负荷或超负荷 10% 的情况下，机械设备的机械、电气、工艺性能应满足设备技术文件或相关标准的要求，具体如下：

（1）机械设备各部件之间的联接处螺栓不松动、牢固可靠，无渗漏；密封处松紧适当，升温不应过高；转动部件或机构应可用手盘动或人工转动。

（2）启动运转要平稳，运转中无振动和异常声响，启动时注意依照有标箭头方向旋转。

（3）各运转啮合与差动机构运转要依照规定同步运行，并且没有阻塞碰撞现象。

（4）在运转中保持动态所应有的间隙，无抖动晃摆现象。

（5）各传动件运行灵活（包括链条与钢丝绳等柔质机件不碰不卡、不缠、不跳槽），并保持良好的张紧状态。

（6）滚动轮与导向槽轨各自啮合运转，无卡齿、发热现象。

（7）各限位开关或制动器在运转中动作及时、安全可靠。

（8）在试运转之前或之后，手动或自动操作，全程动作各 5 次以上，动作准确无误，不卡、不碰、不抖。

（9）电动机运转中温升在允许范围内。

（10）各部轴承注加规定润滑油，应不漏、不发热，升温小于规定要求（如滑动轴承小于 60℃，滚动轴承小于 70℃）。

（11）试运转时一般空车运转 2h（且不少于 2 个运行循环周期），带 75％负荷、100％负荷与 115％负荷分别运转 4h，各部分应运转正常、性能符合要求。

（12）带负荷运转中要测定转速、电压电流、功率、工艺性能（如流量、泥饼含水率、充氧量、提升高度等），并应符合设备技术要求或设计规定，填写记录表格，建档备查。

四、好氧活性污泥的培养与驯化

（一）好氧活性污泥的培养与驯化

所谓活性污泥的培养，就是为活性污泥的微生物提供一定的生长繁殖条件，包括营养物质、溶解氧、适宜的温度和酸碱度等，在这种情况下，经过一段时间，就会有活性污泥形成，并在数量上逐渐增长，并最后达到处理废水所需的污泥浓度。活性污泥的培养方法有接种培养法和自然培养法。

1. 接种培养

将曝气池注满污水，然后大量投入接种污泥，再根据投入接种污泥的量，按正常运行负荷或略低进行连续培养。接种污泥一般为城市污水处理厂的干污泥，也可以用化粪池底泥或河道底泥。这种方法污泥培养时间较短，但受接种污泥来源的限制，一般只适合于小型污泥处理厂或在污水处理厂扩建时采用。对于大型污水处理厂，在冬季由于微生物代谢速率降低，当不受污泥培养时间限制时，可选择污水处理厂的小型处理构筑物（如曝气沉砂池、污泥浓缩池）进行接种培养，然后将培养好的活性污泥转移至曝气池中。

2. 自然培养

自然培养是指不投入接种污泥，利用污水现有的少量微生物逐渐繁殖的过程。这种方法适合于污水浓度较高、有机物浓度较高、气候比较温和的条件下采用。必要时，可在培养初期投入少量的河道或化粪池底泥。自然培养有以下几种具体方法：

（1）间歇培养。将曝气池注满水，然后停止进水，开始曝气。只曝气不进水的过程，称为"闷曝"。闷曝 2～3d 后，停止曝气，静沉 1h，然后排出部分污水并进入部分新鲜污水，这部分污水约占池容的 1/5。以后循环进行闷曝、静沉和进水三个过程，但每次进水量比上次有所增加，每次闷曝时间应比上次缩短，即进水次数增加。在污水的温度为 15～20℃时，采用这种方法，经过 15d 左右即可使曝气池中的 MLSS 超过 1000mg/L。此时可停止闷曝，连续进水连续曝气，并开始污泥回流。最初的回流比不要太大，可取 25％，随着 MLSS 的升高，逐渐将回流比增至设计值。

（2）连续培养。将曝气池注满污水，停止进水，闷曝 1d，然后连续进水连续曝气，当曝气池中形成污泥絮体，二沉池中有污泥沉淀时，可以开始回流污泥，逐渐培养直至 MLSS 达到设计值。在连续培养时，由于初期形成的污泥量少污泥代谢性能不强，应该控制污泥负荷低于设计值，并随着时间的推移逐渐提高负荷。培养过程中污泥回流比在初期较低（一般为 25％左右），然后随 MLSS 浓度提高逐渐增加污泥回流比，直至设计值。

对于工业废水或以工业废水为主的城市污水，由于其中缺乏专性菌种和足够的营养，因此在投产时除用一般菌种和所需要营养培养足量的活性污泥外，还应对所培养的活性污泥进行驯化，使活性污泥微生物群体逐渐形成具有代谢特定工业废水的酶系统，具有某种专性。实际上活性污泥的培养和驯化可以同步进行，也可以不同步进行。活性污泥的培养和驯化可归纳为异步培养法、同步培养法和接种培养法三种。异步培养法即先培养后驯化；同步培养法则是培养和驯化同时进行或交替进行；接种法是利用其他污水处理厂的剩余污泥，进行适当培养和驯化。

（二）好氧活性污泥培养与驯化成功的标志

活性污泥培养驯化成功的标志如下：

（1）培养出的污泥及 MLSS 达到设计标准。

（2）稳定运行的出水水质达到设计要求。

（3）生物处理系统的各项指标达到设计要求。

（4）曝气池微生物镜检生物相要丰富，有原生动物出现。

（三）好氧活性污泥培养时应注意的问题

1. 温度

春秋季节污水温度一般为 15～20℃，适合进行好氧活性污泥的培养。冬季污水温度较低，不适合微生物生长，因此，污水处理厂一般应避免在冬季培养污泥。若一定要在冬季进行培养，应采用接种培养法，并控制较低的运行负荷。一般而言，冬季培养污泥时，培养时间会增加 30％～50％。

2. 污水水质

城市污水的营养成分基本都能满足微生物生长所需，但我国城市污水有机质浓度大多较低，培养速度较慢。因此，当污水有机质浓度低时，为缩短培养时间，可在进水中增加有机质营养，如小型污水处理厂可投入一定量的粪便，大型污水厂可让污水超越初沉池，直接进入曝气池。

3. 曝气量

污泥培养初期，曝气量一定不能太大，一般控制在设计正常值的 1/2 左右。否则，絮状污泥不易形成。因为在培养初期污泥尚未大量形成，产生的污泥絮凝性能不太好，还处于离散状态，加之污泥浓度较低，微生物易处于内源呼吸状态，因此，曝气量不能太大。

4. 观测

污泥培养过程中，不仅要测量曝气池混合液的 SV 与 MLSS，还应随时观察污泥的生物相，了解菌胶团及指示微生物的生长情况，以便根据情况对培养过程进行必要的调整。

五、厌氧消化的污泥培养

厌氧消化系统试运行的一个主要任务是培养厌氧活性污泥，即消化污泥。厌氧活性污泥培养的主要目标是厌氧消化三个阶段所需的细菌，即甲烷细菌、产酸菌、水解酸化菌等。厌氧消化系统的启动，就是完成厌氧活性污泥的培养。当厌氧消化池经过满水试验和气密性试验后，便可开始甲烷菌的培养。厌氧活性污泥的培养有接种培养法和逐步培养法。

（一）培养方法

1. 接种培养法

接种培养法是向厌氧消化装置中投入容积为总容积 10％～30％的厌氧菌种污泥，接种污泥一般为含固率 3％～5％的湿污泥。

接种污泥一般取自正在运行的厌氧处理装置，尤其是城市污水处理厂的消化污泥。当液态消化污泥运输不便时，可用污水处理厂经机械脱水后的干污泥。在厌氧消化污泥来源缺乏的地方，可从废坑塘中取腐化的有机底泥，或以人粪、牛粪、猪粪、酒糟或初沉池污泥代替。大型污水处理厂若同时启动所需接种量太大，可分组分别启动。

2. 逐步培养法

逐步培养法就是向厌氧消化池内逐步投入生泥，使生污泥自行逐渐转化为厌氧活性污泥。该方法要使活性污泥经历一个由好氧向厌氧转变的过程，加之厌氧微生物的生长速率比好氧微生物低很多，因此培养过程很慢，一般需历时 6～10 个月左右，才能完成甲烷菌的培养。

（二）注意事项

（1）产甲烷细菌对温度很敏感，厌氧消化系统的启动要注意温度的控制。

（2）初期生污泥投加量与接种污泥的数量及培养时间有关，早期可按设计污泥量的 30％～50％投加，培养经历了 60d 左右后，可逐渐增加投泥量。若监测结果发现消化不正常时，应减少投泥量。

（3）厌氧消化系统的活性污泥中碳、氮、磷等营养成分能够适应厌氧微生物生长繁殖的需要。因此，厌氧消化污泥培养不需要投加营养物质。

（4）为防止发生沼气爆炸事故，投泥前，应使用不活泼的气体（氮气）将输气管路系统中的空气置换出去以后再投泥，产生沼气后，再逐渐把氮气置换出去。

【任务准备】

设定某个建成的污水处理厂处理调试运行阶段的场景，分步骤要求学生对各个处理单元进行单独调试运行。

【任务实施】

根据给定的场景，对各个水处理单元进行单独调试。

【检查评议】

评分标准见表 4-2。

表 4-2 评 分 标 准

编号	项目内容	评 分 标 准	分值	扣分	得分
1	学习态度	不认真操作扣 10 分	10		
2	动手能力	动手能力不强扣 20 分	20		
3	团队协作精神	团队协作精神不强扣 10 分	10		
4	专业能力	操作错误，每错一个步骤扣 10 分，扣完为止	50		
5	安全文明操作	不爱护设备扣 5 分；不注意安全扣 5 分	10		
6		合　　　计	100		

【考证要点】

了解污水处理厂调试运行的主要内容；掌握活性污泥培养、驯化的方法。

【思考与练习】

（1）污水处理厂调试运行的主要内容有哪些？

（2）活性污泥培养时应注意哪些问题？

任务二　预处理工艺运行与管理

4-2-1
格栅的运
行与管理

知识点一　格 栅 的 运 行 与 管 理

【任务描述】

了解格栅设置的目的、作用及类型，掌握格栅的运行管理和维护保养。

【任务分析】

对某处理量一定的污水处理厂，应会对格栅进行运行与维护。

【知识链接】

一、格栅的作用及类型

格栅由一组（或多组）相平行的金属栅条与框架组成，倾斜安装在进水的渠道里或进水泵站集水井的进口处，以拦截污水中粗大的悬浮物及杂质（图 4-1）。

格栅的作用是去除可能堵塞水泵机组及管道阀门的较粗大悬浮物及杂质，并保证后续处理设施能正常运行。根据格栅上截留物的清除方法不同，可将格栅分为人工清理格栅和机械格栅。人工清理格栅只适用于处理水量不大或所截留的污染物量较少的场合。机械格栅适用于大型污水处理厂需要经常清除大量截留物的场合。

（a）阶梯式细格栅

（b）齿耗式格栅除污机

（c）回转式固液分离机

图 4-1　格栅

二、格栅的运行与管理

格栅安装在污水渠道、泵房集水井的进口处或污水处理厂的端部，用以截流较大的悬浮物或漂浮物，以减轻后续处理构筑物的处理负荷，并使之正常运行。被截流的物质称为栅渣。格栅有很多种类，按栅条的形式分为直棒式栅条格栅、弧形格栅、辐射式格栅、转筒式格栅和活动栅条格栅。栅条间距随被拦截的漂浮物尺寸的不同，分为细、中、粗三种。细格栅的栅条间距为 3～10mm，中格栅和粗格栅分别为 10～25mm 和 40～100mm。可以单设一中格栅，也可设一粗一中或一中一细格栅。

极易从格栅流走的是一些破布条、塑料袋等杂物，这些杂物进入浓缩池后会在浓缩机栅条上缠绕，增加阻力，并影响浓缩效果；在上清液出流堰板上缠绕，会影响出流均匀，还会堵塞排泥管路或排泥泵；这些杂物进入消化池，极易堵塞热交换器，而堵塞以后清理是非常困难的；另外，还可能堵塞排泥管路和排泥泵，如进入离心脱水机，会使转鼓失去平衡，从而产生振动或严重的噪声。一些破布片、毛发有时会塞满转鼓与涡壳之间的空间，使设备过载。由此可知，格栅能否正常运行对后续工艺的影响很大。

1. 过栅流速的控制

合理控制过栅流速，能够使格栅最大限度地发挥拦截作用，保持最高的拦污效率。直观地看，污水过栅越缓慢，拦污效果越好，但因过栅缓慢导致在栅前渠道及栅下沉积时，过水断面会缩小，反而使流速变大。污水在栅前渠道流速一般应控制在 0.4～0.8m/s，过栅流速应控制在 0.6～1.0m/s。具体控制应视处理厂来水中污物的组成、含砂量及格栅间距等具体情况而定。有的处理厂污水中含大粒径砂粒较多，即使控制在 0.4m/s，仍有砂在栅前渠道内沉积；而有的污水含砂粒径主要分布在 0.1mm 左右，即使栅前渠道内流速控制在 0.3m/s，也不会产生积砂现象。一些处理厂来水中绝大部分污物的尺寸比格栅栅距大很多，此时过栅流速达到 1.2m/s 也能保证较好的拦污效果。运行人员应在运转实践中摸索出本厂的过栅流速控制范围。

栅前流速和过栅流速可按下式估算：

栅前流速
$$v_1 = \frac{Q}{BH_1} \tag{4-1}$$

过栅流速
$$v = \frac{Q}{\delta(n+1) \cdot H_2} \tag{4-2}$$

式中　v_1——栅前流速，m/s；

v——过栅流速，m/s；

B——栅前渠道的宽度，m；

δ——格栅的栅距，mm；

n——格栅栅条数量；

Q——入流污水流量，m^3/s；

H_1——栅前渠道的水深，m；

H_2——格栅的工作水深，m。

污水流量可由厂内的流量测量设施得出，水深可由液位计测得，也可在渠道内设一竖直标尺读取。处理厂格栅台数一般按最大处理流量设置，因此可首先利用投入工作的格栅台数控制过栅流速。当发现过栅流速超过本厂所要求的最高值时，应增加投入工作的格栅台数，使过栅流速降至所要求的范围内；反之，当发现过栅流速低于本厂所要求的最低值时，应减少投入工作的格栅台数，使过栅流速升至所要求的范围内。

过栅流速太高或太低，有时是由于进入各个渠道的流量分配不均匀引起的。流量大的渠道，对应的过栅流速必然高；反之，流量小的渠道，过栅流速则较低。应经常检查并调节栅前的流量调节阀门或闸门，保证过栅流量的均匀分配。

2. 栅渣的清除

及时清除栅渣，也是保证过栅流速在合理范围内的重要措施。清污次数太少，栅渣将在格栅上长时间附着，使过栅断面减少，造成过栅流速增大，拦污效率下降。如果清污不及时，由于阻力增大，会造成流量在每台格栅上分配不均匀，同样降低拦污效率。因此，应将每一台格栅上的栅渣都及时清除。栅渣发生量虽取决于很多因素，但也有一定的变化规律，如一天内什么时候最多，随着季节有什么变化，值班人员应注意摸索总结这些规律，以帮助提高工作效率。

3. 定期检查渠道的沉砂情况

格栅前后渠道内积砂除与流速有关外，还与渠道底部流水面的坡度和粗糙度等因素有关，应定期检查渠道内的积砂情况，及时清砂并排除积砂原因。

4. 卫生与安全

污水在长途输送过程中腐化，产生的硫化氢和甲硫醇等恶臭有毒气体将在格栅间大量释放出来。半敞开的格栅间内，恶臭强度一般在 70～90 个臭气单位（单位为 mg/m^3），最高可达 130 多个臭气单位。因此，建在室内的格栅间应采取强制通风措施或曝气措施，夏季应保证每小时换气 10 次以上。有些处理厂在上游主干线内采取一些简易的通风，也能大大降低格栅间的恶臭强度。以上控制恶臭的措施，既有益于值班人员的身体健康，又能减轻硫化氢对除污设备的腐蚀。另外，操作人员应戴口罩、手套进行工作，清除的栅渣应及时运走处置掉，防止腐败产生恶臭。栅渣堆放处应经常清洗，很少的一点栅渣腐败后，也能在较大空间内产生强烈的恶臭。栅渣压榨机排出的压榨浓液中恶臭物质含量也非常高，应及时用管道导入污水渠道中，严禁明槽流入或地面浸流。

5．分析测量与记录

应记录每天发生的栅渣量，用容量或重量均可。根据栅渣量的变化，可以间接判断格栅的拦污效率。当栅渣比历史记录减少时，应分析格栅是否运行不正常。

判断拦污效率的另一个间接途径，是经常观察初沉池和浓缩池的浮渣尺寸。这些浮渣中尺寸大于格栅间距的污物太多时，说明格栅拦污效率不高，应分析过栅流速控制是否合理，是否应及时清污。采用焚烧方法处置栅渣的处理厂，还应定期分析栅渣的含水率和有机物含量这两个指标。

三、安全操作

一般来讲，格栅除污机没有必要昼夜不停地运转，长时间运转会加速设备的磨损并浪费电能。因此，积累一定数量的栅渣后间歇开机较为经济。控制格栅除污机间歇运行的方式有以下几种。

1．人工控制

人工控制有定时控制与视渣情控制两种。定时控制是制订一个开机时间表，由操作人员按规定的时间去开机与停机，也可以由操作人员每天定时观察拦截的栅渣状况，按需要开机。

2．自动定时控制

自动定时机构按预先定好的时间开机与停机。人工与自动定时控制，都需有人时刻监视渣情，如发现有大量垃圾突然涌入，应及时手动开机。

3．液位差控制

液位差控制是一种较为先进、合理的控制方式。拦截的栅渣增多时，水头损失增大，即栅前与栅后的水位差增大。利用传感器测量水位差，当液位差达到一定的数值时，说明积累的栅渣已较多，除污机应立即开动清渣。单纯从清污来看，利用栅前液位差，即过栅水头损失来自动控制清污是最好的方式。因为只要格栅上有栅渣累积，水头损失必然增大。但在一些处理厂的冬季运行中，由于热蒸汽冷凝使液位计探头测量不准确，导致控制失误。自动定时开停的除污方式比较稳定，但当栅渣量增多时，也造成清污不及时。人工手动开停方式操作量较大，但只要精心操作，也能够保证及时清污。不管采用哪种清污方式，值班人员都应经常到现场巡检，观察格栅上栅渣的累积情况，并估计栅前后液位差是否超过最大值，做到及时清污，超负荷运转的格栅间尤应加强巡检。

四、维护保养

格栅除污机是污水处理厂内预处理工艺最易发生故障的设备之一，巡检时应注意有无异常声音，栅条是否变形，应定期加油保养，主要进行以下工作：①应保持减速机内有效油位，传动链条及水上轴承应定期（每月一次）加注润滑脂；②应保持链条的适当张紧度，经过一段时间，对链条进行调紧；③水中轴承一般为水润滑的尼龙轴承，发现磨损，及时更换。以旋转式固液分离机为例，旋转式固液分离机是给排水预处理除污设备，主要由耙齿链、槽轮、胶板刷、链轮、减速器、电机组成，以固液分离为目的，可以连续自动清除各种形状的杂物。

其工作原理是：由特殊耙齿按一定排列次序装配在耙齿轴上形成封闭式耙齿链，其下部安装在进水渠水体中。当传动系统带动槽轮作为匀速定向旋转时，整个耙齿链便自下而上运动，并携带固体杂物从液体中分离出来，液体则通过耙齿的栅隙流过去，整个工作状态连续进行。由于耙齿的特殊结构形状，使耙齿链携带杂物到达上端反向运动时，前后排耙齿之间产生相对自清理运动，促使杂物依靠重力脱落，同时设备后面设置一对胶板刷以保证每排耙齿运动到该位置时都能得到彻底清刷。

日常维护保养主要进行以下工作：①检查减速器的润滑油是否到油面线，不足时加润滑油至油面线，并定期检查油量，定期更换润滑油；②滚动轴承，一般每隔三个月用黄油枪往油嘴中注入一次钙基润滑油，其填充量为轴承与轴承座空间的1/2，充分润滑轴承；③耙齿轴变形应校正，耙齿损耗应更换；④轴承磨损应更换，铁轮松紧不适应调整。

【任务准备】

给定某一形式的格栅。

【任务实施】

根据给定的场景，对格栅进行清渣，并对格栅进行运行管理。

【检查评议】

评分标准见表 4-1。

【考证要点】

了解污水处理厂格栅的类型及其作用，格栅如何清渣，如何运行管理。

【思考与练习】

（1）格栅的类型、作用有哪些？
（2）如何对格栅进行清渣和运行管理？

4-2-2
沉砂池的
运行与管理

知识点二　沉砂池的运行与管理

【任务描述】

了解设置沉砂池的目的，沉砂池的作用及类型，沉砂池的运行与管理。

【任务分析】

分析污水处理厂沉砂池的设置位置及运行与管理要点。

【知识链接】

一、沉砂池的作用

沉砂池主要是在城市污水处理中去除砂粒等粒径较大的重质颗粒物，它一般设在泵站或初沉池之前。其作用如下：

（1）防止砂粒对污泥刮板造成磨损，缩短使用寿命。

（2）防止管道中砂粒的沉积导致管道堵塞，并防止砂粒进入泵后加剧叶轮磨损。

（3）对于氧化沟等进水负荷较低的工艺，防止大量砂粒直接进入生化池沉积（形成"死区"），导致生化池有效容积减少，同时对曝气装置产生不利影响。

（4）防止污泥中的砂粒进入带式脱水机而加剧滤布的磨损，缩短更换周期，同时影响絮凝效果，降低污泥成饼率。

因此，沉砂池在整个污水处理工艺中具有十分重要的预处理作用。

二、沉砂池的类型

常用的沉砂池有平流沉砂池、曝气沉砂池和旋流沉砂池等（图4-2）。平流沉砂池只在个别小厂或老厂中使用，而旋流沉砂池是目前使用最多的一种设备。

三、沉砂池的运行与管理

1. 平流沉砂池

平流沉砂池是一个狭长的矩形池子，污水经消能或整流后进入池子，沿水平方向流至末端后，经堰板流出沉砂池。平流沉砂池宽度一般不小于0.6m，有效水深一般不大于1.2m。平流沉砂池的工艺参数主要是污水在池内的水平流速和停留时间。水平流速决定沉砂池所能去除的砂粒粒径大小。细小的砂粒需较低的水平流速才能去除，而大的砂粒在水平流速较大时也能沉淀下来。水平流速不能太低，否则本应在沉

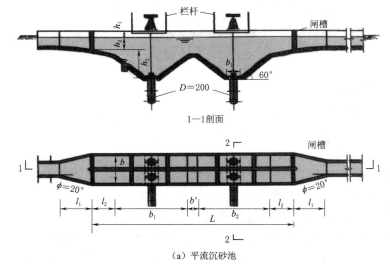

1—1剖面

（a）平流沉砂池

图4-2（一）　沉砂池的类型

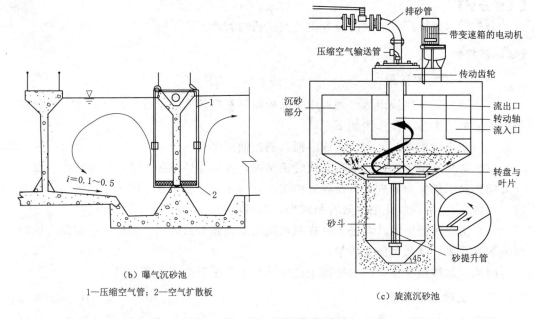

（b）曝气沉砂池
1—压缩空气管；2—空气扩散板

（c）旋流沉砂池

图 4-2（二）　沉砂池的类型

淀池去除的一些有机污泥也将在沉砂池沉淀下来，使沉砂池排出物极易腐败，难以处置。污水在池内的停留时间决定砂粒去除效率。

　　平流沉砂池主要应控制污水在池内的水平流速，并核算停留时间。水平流速一般控制在 0.14～0.30m/s，具体取决于沉砂粒径的大小。如果沉砂的组成以大砂粒为主，水平流速应大些，以便使有机物的沉淀最少；反之，如果沉砂主要以细砂粒为主，则必须放慢水平流速，才能使砂粒沉淀下来。同时，大量的有机物可能随砂粒一起沉淀，这也正是平流沉砂池的不足之处。运行人员应在运转实践中摸索出本厂的最佳流速范围，在该范围内运转，既能有效去除沉砂，又不致使有机物大量下沉。水平流速可用下式估算：

$$v = \frac{Q}{BHn} \qquad (4-3)$$

式中　Q——污水流量，m^3/s；

　　　B——沉砂池的宽度，m；

　　　H——沉砂池的有效水深，m；

　　　n——投入运转的池数。

　　水平流速的一种控制方法是改变投入运转的池数，即 n；另一种方法是通过调节出水溢流可调堰来改变沉砂池的有效水深，即 H 值。运行中当流量变化时，应首先调节水深，如不满足要求，再考虑改变池数。

　　水力停留时间决定能沉淀下来的砂粒的沉淀效率。如果停留时间太短，在某一水平流速下本应沉淀下来的一部分沉砂也会随水流走。停留时间一般应控制在 30s 以上，可用下式估算：

$$T = \frac{BHLn}{Q} = \frac{L}{v} \qquad (4-4)$$

式中　L——沉砂池池长，m；

　　　Q——污水流量，m^3/s；

　　　B——沉砂池的宽度，m；

　　　H——沉砂池的有效水深，m；

　　　n——投入运转的池数。

2. 曝气沉砂池

在沉砂池口墙上设置一排空气扩散器，使污水产生横向流动，便形成螺旋形的旋转流态。曝气沉砂池这一特殊的流态可使有机悬浮物保持悬浮状态，不随砂粒下沉。同时，由于砂粒密度比污水大，通过离心力作用砂粒将旋至旋流的外围，从而与污水产生旋转摩擦，砂粒表面附着的黏性有机物被冲洗到污水中。由于上述原理，曝气沉砂池排出的沉砂有机物含量较低。另外，由于曝气的气浮作用，污水中的油脂类物质会升至水面形成浮渣而被去除。

直接决定砂粒沉降的工艺参数是污水在沉砂池内的旋流速度和旋转圈数。这两个参数在正常运行中虽不易测量，但了解其与砂粒沉降的关系对于指导运行管理是很有意义的。粒径越小的砂粒，要沉淀下来一般需要较大的旋流速度，直径 0.2mm、密度 $2.65t/m^3$ 的砂粒要沉淀下来，需要维持 0.3m/s 左右的旋流速度。旋流速度也不能太大，否则沉下的砂粒将重新泛起。旋流速度与沉砂池的几何尺寸、扩散器的安装位置和曝气强度等因素有关。在运行管理中，通过调节曝气强度，可改变污水在池内的旋流速度，从而使大于某一粒径的砂粒得以沉淀下来。污水在池内应旋转的圈数决定大于某一粒径的砂粒的去除效率，例如，将 0.2mm 以上的砂粒的 95% 有效去除，污水在池内应至少旋转 3 圈。旋转圈数与曝气强度及污水在池内的水平流速有关，曝气强度越大，旋转圈数越多，沉砂效率越高。水平流速越大，旋转圈数越少，沉砂效率越低。当进入沉砂池的污水量增大时，水平流速也将增大，此时应增大曝气强度，保证足够的旋转圈数，不使沉砂效率降低。综上所述，通过调整曝气强度，可以使曝气沉砂池适应入流污水量的变化及来水中砂粒径的变化，保证稳定的沉砂效果，这是曝气沉砂池的一个主要优点。

另外，在运行管理中，宜采用单位池容的曝气量作为曝气强度指标，这个指标较直观。以往在运行管理中常采用单位污水量的曝气量，即气水比作为曝气强度控制指标，这个指标在设计上是很有用的，但在运行管理中使用不太方便，因为在运行操作中，直接调节的是空气量，而不是气水比。在入流污水量较小、曝气沉砂池处于低负荷运行时，为保持有机物质处于悬浮状态，曝气量不能随污水量的减少而降低，而应维持恒定，此时气水比这个指标的变化就更失去了意义。在入流污水量增大时，曝气量也不是按气水比成比例增大。

曝气沉砂池内的水平流速可用下式估算：

$$v = \frac{Q}{BHn} \qquad (4-5)$$

式中　Q——污水流量，m^3/s；

　　　B——沉砂池的宽度，m；

　　　H——沉砂池的有效水深，m；

　　　n——投入运转的池数。

3. 旋流沉砂池

旋流沉砂池为圆形，池中心设有一台可调速的旋转桨板。进水渠道在圆池的切向位置，出水渠道对应圆池中心。中心旋转桨板下部设有积砂斗。在进水渠道与池体相接处设有挡板，污水切向进入沉砂池后，受挡板作用流向池底，继而在向心力和螺旋桨作用下，形成复杂的涡螺流态。砂粒借重力沉向池底并向中心移动，由于越靠中心，水力断面越小，流速越大，砂粒被冲入中心的积砂斗内。从径向看涡螺流态，污水在池壁处向下流，至池中逐渐改为向上流，有机物由于密度较小，则在池中心随污水的上流而排出池外。旋流沉砂池进水渠道平直段长度至少应为渠宽的 7 倍，且不小于 4.5m，出水渠道应为进水渠道宽度的 2 倍，进水渠道与出水渠道的夹角应大于 270°。

四、安全操作及维护保养

1. 配水与气量分配

每条沉砂池一般都有入流调节闸门或阀门，应经常调节这些闸门，使进入每一条沉砂池的水量均匀。配水不均匀，经常会出现有的池处于低负荷运行，而其他池则处于超负荷状态。对于曝气沉砂池来说，配水均匀，使每条池处于同一工作液位，才有可能实现配气均匀。因为几条池子往往共用一根空气干管，分至其他的支管也比较短，阻力很小，各池之间的液位稍有不同，就有可能导致各池的气量分配严重不均，致使有的池曝气过量，有的则曝气不足，使总的除砂效率降低。

2. 排砂操作

排砂操作重点要根据沉砂量的多少及变化规律，合理安排排砂次数，保证及时排砂。用阀门控制的重力排砂方式，如排砂间隙过长经常会堵塞排砂管，此时可用气泵反冲洗，疏通排砂管；反之，如排砂间隙太短会使排砂含水率增大，增加处置的难度。砂泵排砂方式也存在同样的问题，如排砂间隙过长会堵塞砂泵，排砂间隙太短会使排砂量增大，链条式刮砂机经常会出现刮板被卡住的问题，其原因可能有二：一是刮板行走速度太快，二是刮砂次数太少，间隙太长。首先应检查池内是否积砂，如果有砂累积则应增加刮砂次数，此时如还出现刮板被卡住的现象，则应降低刮板行走速度，一般应控制在 3m/min 以内。

在沉砂池除砂效率稳定的前提下，砂量及粒径大小主要取决于上游排水系统的情况，如排水系统是合流制还是分流制、路面冬季风化程度、污水管被侵蚀的程度（由于冲刷和硫化氢腐蚀）、排水系统是否有明渠直接汇入（沿渠砂土会直接进入）、排水范围内是否有太多的施工工地、排水系统内工业废水的比例、服务面积内居民的生活习惯（如北方洗菜泥砂多，南方洗菜泥砂少）等。运转人员应考虑这些因素，认真摸索总结本厂砂量的变化规律。对合流制排水系统，下雨时的砂量要比平时大得多，一方面是由于雨水带入较多砂量，另一面平时沉积在管道内的砂将由于流速的增大而一并冲入污水处理厂。因此，下雨时应增加排砂次数，或采用连续排砂。无论是行车带动砂泵排砂还是链条式刮砂机，由于故障或其他原因停止排砂一段时间后，都不能直接启动。应认真检查池底积砂槽内砂量的多少，如积砂太多，应人工清砂排空沉砂池，以免由于过载而损坏设备。

3. 清除浮渣

沉砂池上的浮渣应定期清除，否则既不美观，又产生臭味。行车式的除砂设备一般带有浮渣刮板，链条式刮砂机的刮板在回程通过液面时也会将浮渣刮走。由于曝气沉砂池液面处于涡旋状态，它除渣效果不如平流沉砂池好。但沉砂池尺寸相对来说较小，运转人员完全有可能将机械无法去除的部分浮渣人工清除掉。当发现曝气沉砂池局部液面涡动减弱时，极有可能是因为震动式扩散器被浮渣（如破布条、塑料袋）缠绕或堵塞，此时应排空检查并清理。清理完毕重新投运时，应先通气，后进污水，以防砂粒进入扩散器内。

4. 分析测量与记录

应连续测量并记录每天的除砂量，可以用重量法或容量法，但以重量法较好。应定期测量初沉池排泥中的含砂量，以干污泥中砂的百分含量表示，这是衡量沉砂池除砂效果的一个重要因素。

对沉砂池排砂及初沉池排泥应定期进行筛分分析，筛分至少应分为 0.10mm、0.15mm 和 0.20mm 三级。应定期测定沉砂池和洗砂设备排砂的有机物含量。

对曝气沉砂池，应准确记录每天的曝气量。应根据以上测量数据，经常对沉砂池的除砂效果和洗砂设备的洗砂效果做出评价，并及时反馈到运行调度中去。

5. 卫生与安全

沉砂池也是处理厂内恶臭污染较严重的一个单元，曝气沉砂池上的恶臭强度会超过 100 个臭气单位。曝气会使污水中的硫化氢和硫醇类恶臭物质加速通入空气中。在池上操作或停留一般不应时间太长，否则恶臭类物质会麻痹神经，使身体失去平衡，严重时人会溺入水中。寒冷地区有时将沉砂池建在室内，应注意通风，每小时换气应大于 10 次。

洗砂间的沉砂应随时处置掉，不能停留时间太长，否则仍然会产生恶臭。堆砂处应定期用双氧水或次氯酸钠溶液清洗。

【任务准备】

根据污水仿真系统中给出的某污水处理厂的沉砂池场景，要求学生能独立对沉砂池进行排砂。

【任务实施】

根据给定的场景，对沉砂池进行排砂，并对沉砂池进行运行管理。

【检查评议】

评分标准见表 4－1。

【考证要点】

了解污水处理厂沉砂池的类型及其作用，沉砂池如何进行砂水分离，如何排砂。

【思考与练习】

（1）沉砂池的类型、作用有哪些？

（2）如何对沉砂池进行运行管理？

4-2-3
初沉池的
运行与管理

知识点三　初沉池的运行与管理

【任务描述】

了解设置初沉池的目的，初沉池的作用及类型，初沉池的运行与管理。

【任务分析】

会根据污水处理厂水量的大小，选择适合的初沉池，并会对其进行运行管理。

【知识链接】

一、初沉池的类型

沉淀池是分离水中悬浮颗粒的一种主要处理构筑物，一般分为流入区、流出区、沉降区、污泥区四个部分，主要去除的是悬浮液中粒径在 $10\mu m$ 以上的可沉固体。

按照沉淀池内水流方向的不同，沉淀池可分为平流式、竖流式、辐流式和斜板（管）式四种，见表 4-3。

二、初沉池的运行与管理

1. 工艺控制

工艺控制的目标是将工艺参数控制在要求的范围内。运行管理人员在运转实践中摸索出本厂各种季节的污水特征以及达到要求的 SS 去除率，水力负荷要控制在最佳范围。因为水力负荷太高，SS 的去除率将会下降，水力负荷过低，不但造成浪费，还会因污水停留时间过长使污水腐败，运行过程中应控制好水力停留时间、堰板水力负荷和水平流速在合理的范围内，水力停留时间不应大于 1.5h，堰板溢流负荷一般不应大于 $10m^3/(m \cdot h)$，水平流速不能大于冲刷流速 50mm/s，如发现上述任何一个参数超出范围，应对工艺进行调整。

2. 刮泥操作

污泥在排出初沉池之前首先被收集到污泥斗中。刮泥有两种操作方式：连续刮泥和间歇刮泥，采用哪种操作方式，取决于初沉池的结构形式，平流沉淀池采用行车刮泥机只能间歇刮泥，辐流式初沉池应采用连续刮泥方式，运行中应特别注意周边刮泥机的线速度，不能太高，一定不能超过 3m/min，否则会使周边污泥泛起，直接从堰板溢流走。

3. 排泥操作

排泥是初沉池运行中最重要也是最难控制的一项操作，有连续和间歇排泥两种操作方式。平流沉淀池采用行车刮泥机只能间歇排泥，因为在一个刮泥周期内只有污泥刮至泥斗后才能排泥，否则排出的将是污水。此时刮泥周期与排泥必须一致，刮泥与排泥必须协同操作。每次排泥持续时间取决于污泥量、排泥泵的容量和浓缩池要求的进泥浓度。一般来说既要把污泥干净地排走，又要得到较高的含固量，操作起来非常

初沉池的类型

表 4-3

序号	形式	结　　构	特　点
1	平流式	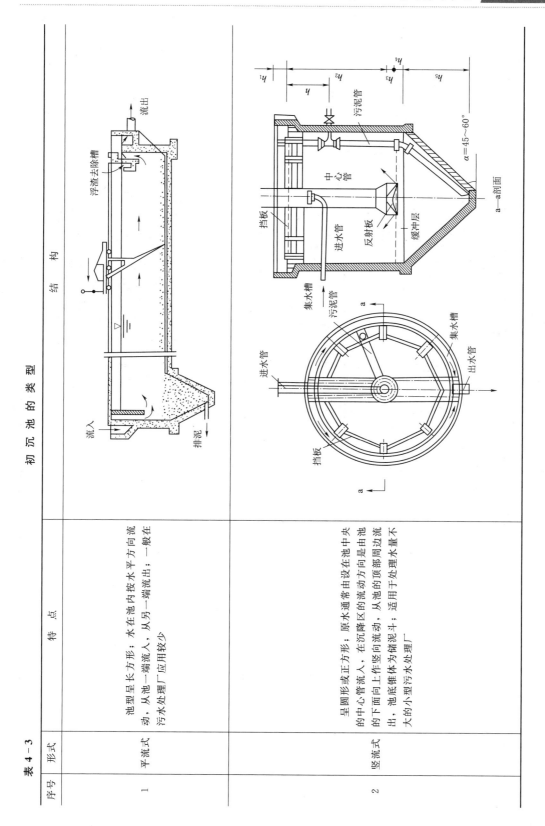	池型呈长方形；水在池内按水平方向流动，从池一端流入，从另一端流出；一般在污水处理厂应用较少
2	竖流式		呈圆形或正方形；原水通常由设在池中央的中心管流入，在沉降区的流动方向是由池的下面向上作竖向流动，从池的顶部周边流出，池底锥体为储泥斗；适用于处理水量不大的小型污水处理厂

续表

序号	形式	特 点	结 构
3	辐流式	呈圆形、直径较大而有效水深相应较浅的池子；污水为由池中心管进入，在穿孔挡板（称为整流板）的作用下使污水在池内沿辐射方向流向池的四周；适用于处理大水量的场合	
4	斜板（管）式	在沉淀池的沉淀区加斜板或斜管构成；适用于选矿水尾水、矿浆的浓缩，炼油厂的含油废水的隔油，印染废水处理和城市污水处理	

困难，如果浓缩池有足够的面积，不一定追求较高的排泥浓度。

对于一定的排泥浓度可以估算排泥量，然后根据排泥泵的容量确定排泥时间。当排泥开始时，从排泥管取样口连续取样分析其含固量的变化，从排泥开始到含固量降至基本为零即为排泥时间。排泥的控制方式有很多种，小型污水处理厂可以人工控制排泥泵的开停，大型污水处理厂一般采用自动控制，最常用的控制方式是时间程序控制，即定时排泥、定时停泵，这种排泥方式要达到准确排泥，需要经常对污泥浓度进行测定，同时调整泥泵的运行时间。

4. 初沉池运行与管理的注意事项

（1）根据初沉池的形式和刮泥机的形式，确定刮泥方式、刮泥周期的长短，避免沉积污泥停留时间过长造成浮泥，或刮泥过于频繁、刮泥过快扰动已沉下的污泥。

（2）初沉池一般采用间歇排泥，最好实现自动控制；无法实现自控时，要总结经验，人工掌握好排泥次数和排泥时间；当初沉池采用连续排泥时，应注意观察排泥的流量和排泥的颜色，使排泥浓度符合工艺要求。

（3）巡检时注意观察各池出水量是否均匀，还要观察出水堰口的出水是否均匀，堰口是否被堵塞，并及时调整和清理。

（4）巡检时注意观察浮渣斗上的浮渣是否能顺利排除，浮渣刮板与浮渣斗是否配合得当，并应及时调整，如果刮板橡胶板变形应及时更换。

（5）巡检时注意辨听刮泥机、刮渣、排泥设备是否有异常声音，同时检查是否有部件松动等，并及时调整或检修。

（6）按规定对初沉池的常规检测项目进行化验分析，尤其是 SS 等重要项目要及时比较，确定 SS 的去除率是否正常，如果下降应采取整改措施。

5. 常见故障原因分析及对策

（1）污泥上浮有时在初沉池可出现浮渣异常增多的现象，这是由于本可下沉的污泥解体而浮至表面，因废水在进入初沉池前停留时间过长发生腐败时也会导致污泥上浮，这时应加强去除浮渣的撇渣器工作，使它及时和彻底地去除浮渣。在二沉池污泥回流至初沉池的处理系统中，有时二沉池污泥中硝酸盐含量较高，进入初沉池后缺氧时可使硝酸盐反硝化，还原成氮气附着于污泥中，使之上浮。这时可控制后面生化处理系统，使污泥的污泥龄减少。

（2）黑色或恶臭污泥。产生原因是污水水质腐败或进入初沉池的消化池污泥及其上清液浓度过高。解决办法：切断已发生腐败的污水管道；减少或暂时停止高浓度工业废水（牛奶加工、啤酒、制革、造纸等）的进入；对高浓度工业废水进行预曝气；改进污水管道系统的水力条件，以减少易腐败固体物的淤积；必要时可在污水管道中加氯，以减少或延迟废水的腐败，这种做法在污水管道不长或温度高时尤其有效。

（3）受纳过浓的消化池上清液。解决办法有：①改进消化池的运行，以提高效率；②减少受纳上清液的数量直至消化池运行改善；③将上清液导入氧化塘、曝气池或污泥干化床；④上清液预处理。

（4）浮渣溢流产生的原因为浮渣去除装置位置不当或不及时。改进措施如下：①加快除渣频率；②更改出渣口位置，浮渣收集离出水堰更远；③严格控制工业废水进入（特别是含油脂、含高浓度碳水化合物等的工业废水）。

（5）悬浮物去除率低。原因是水力负荷过高、短流、活性污泥或消化污泥回流量过大，存在工业废水。解决方法如下：①设调节堰均衡水量和水质负荷；②投加絮凝剂，改善沉淀条件，提高沉淀效果；③有多个初沉池的处理系统中，若仅三个池超负荷则说明因进水口堵塞或堰口不平导致污水流量分布不均匀；④防止短流产生（工业废水或雨水流量不一定能产生密度流，若出水堰板安装不均匀或进水时流速过高等都会造成短流），为证实短流的存在与否，可使用染料进行示踪实验；⑤正确控制二沉池污泥回流和消化污泥投加量；⑥减少高浓度的油脂和碳水化合物废水的进入量。

（6）排泥故障。排泥故障分沉淀池结构、管道状况以及操作不当等情况。

1）沉淀池结构。检查初沉池结构是否合理，如排泥斗倾角是否大于60°，泥斗表面是否平滑，排泥管是否伸到了泥斗底，刮泥板距离池底是否太高，池中是否存在刮泥设施触及不到的死角等。集渣斗、泥斗以及污泥聚集死角排不出浮渣、污泥时应采取水冲，或设置斜板引导污泥向泥斗汇集，必要时进行人工清除。

2）排泥管状况。排泥管堵塞是重力排泥场合下初沉池的常见故障之一。发生排泥管堵塞的原因有管道结构缺陷和造作失误两方面。结构缺陷如排泥管直径太大、管道太长、弯头太多、排泥水头不足等。

3）操作失误。如排泥间隔时间过长，沉淀池前面的细格栅管理不当，使得纱头、布屑等进入池中，造成堵塞。堵塞后的排泥管有多种清除方法，如将压缩空气管伸入排泥管中进行空气冲动，将沉淀池放空后采取水力反冲洗；堵塞特别严重时需要人工下池清掏。当斜板沉淀池中斜板上集泥太多时，可以降低水位使得斜板部分露出，然后使用高压水进行冲洗。

【任务准备】

给定某污水处理厂初沉池场景。

【任务实施】

根据给定的场景，对初沉池进行排浮渣，并对初沉池出现的问题现场进行解决。

【检查评议】

评分标准见表4-1。

【考证要点】

了解污水处理厂初沉池的类型及其作用，初沉池如何排浮渣，初沉池运行过程中的管理要点。

【思考与练习】

（1）初沉池的类型、作用有哪些？

（2）如何对初沉池进行维护保养？

任务三　生物处理工艺运行与管理

知识点一　活性污泥法处理工艺运行与管理

【任务描述】

了解活性污泥的组成和特点；掌握活性污泥法工艺流程，活性污泥系统的组成，曝气池的运行与管理，二沉池的运行与管理，活性污泥常见问题和对策。

【任务分析】

活性污泥法是污水处理厂处理废水的主要工艺，分析污水处理厂常用活性污泥法处理废水的池型，辨识活性污泥常见问题和解决对策。

【知识链接】

一、活性污泥系统的组成

活性污泥是一种絮凝体，含有大量的活性微生物，包括细菌、真菌、原生动物、后生动物以及一些无机物，未被微生物分解的有机物和微生物自身代谢的残留物。活性污泥结构疏松，表面积很大，对有机污染物有着吸附凝聚、氧化分解和絮凝沉降的性能。活性污泥系统的基本工艺流程如图4-3所示。

活性污泥系统主要由曝气池、曝气系统、二次沉淀池、污泥回流系统和剩余污泥排放系统组成。

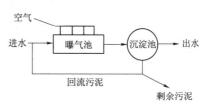

图4-3　活性污泥系统的基本流程

二、曝气池的运行与管理

（一）基本参数

1. 水力停留时间和固体停留时间

水力停留时间HRT是指污水在处理构筑物内的平均停留时间，从宏观上看，可以用处理构筑物的有效容积与进水量的比值来表示，HRT的单位一般用小时表示。

固体停留时间SRT是活性污泥在生化系统的平均停留时间，即污泥龄。从宏观上看，可以用生化系统内的污泥总量与剩余污泥的排放量表示，SRT一般用天来表示。就生物处理系统而言，SRT实质是为保证微生物完成生理代谢降解有机物所应提供的时间，也就是为保证微生物能在生物处理系统内增殖并保持优势地位，即保持系统内有足够的生物量所提供的时间。确保系统内有足够的生物量和特定微生物的增殖，在生物处理工艺中SRT要比HRT要长许多。

2. 污泥负荷和容积负荷

污泥负荷是生化系统内单位重量的污泥在单位时间内承受的有机物的数量，单位是$kgBOD_5/(kgMLSS \cdot d)$，常用N_s表示。容积负荷是生化系统内单位有效曝气体积在单位时间内所承受的有机物的数量，单位是 $kgBOD_5/(m^3 \cdot d)$，一般记为 F/V，常用 N_v 表示。如果污泥负荷和容积负荷过低，虽然可以降低水中的有机物的含量，但同时也会使活性污泥处于过氧化状态，使污泥的沉降性能变差，出水 SS 增高。反之，污泥负荷和容积负荷过高，又会造成污水中有机物氧化不彻底从而使出水水质变差。

3. 有机负荷率

单位重量的活性污泥在单位时间内所承受的有机物的数量，或生化池单位有效体积在单位时间内去除的有机物的数量。单位是 $kgBOD_5/(kgMLVSS \cdot d)$，一般记为 F/M。

4. 冲击负荷

冲击负荷是指在短时间内污水处理设施的进水超出设计值或超出正常值。可以是水力冲击负荷，也可以是有机冲击负荷。冲击负荷过大，超过生物处理系统的承受能力就会影响处理效果，出水水质变差，严重时造成系统运行的崩溃。

5. 水温

不管是好氧反应还是厌氧反应，要求水温在一定范围内。超出范围，温度过高或过低都会影响系统的正常运行，降低处理效率。一般好氧工艺温度应在 $10 \sim 30 ℃$ 之间，厌氧工艺如厌氧消化工艺温度控制在 $33 \sim 37 ℃$ 之间，除磷脱氮工艺温度在 $15 ℃$ 以上为好，水温高有利于脱氮。

6. 溶解氧

溶解氧（DO）是污水处理系统最关键的指标，好氧生物处理系统要求 DO 在 $2mg/L$ 以上，过高或过低都会导致出水水质变差，DO 过高容易引起污泥的过氧化，过低使微生物得不到充足的 DO，有机物分解得不彻底，除磷脱氮系统好氧段 DO 一定要大于 $2mg/L$，有利于氨化、硝化反应的进行以及磷的吸收；缺氧段要求 DO 在 $0.5mg/L$ 以下，确保反硝化反应的进行，有利于脱氮；厌氧段要求 DO 在 $0.2mg/L$ 以下，确保磷的有效释放。

（二）曝气池供氧与控制

1. 活性污泥系统中的 DO 水平

就好氧生物而言，环境 DO 大约是 $0.3mg/L$ 时，对其正常代谢活动已经足够，而活性污泥以絮体形式存在曝气池中。经测定直径介于 $0.1 \sim 0.5mm$ 的活性污泥絮粒，当周围的混合液 DO 为 $2.0mg/L$ 时，絮粒中心的 DO 降至 $0.1mg/L$，已处于微氧和缺氧状态。DO 过低必然会影响生化池进水端或絮粒内部细菌的代谢速率，因此一般 DO 应控制 $2 \sim 3mg/L$。DO 过低，抑制了菌胶团细菌胞外多聚物的产生，从而导致污泥解体；同时，DO 低会使吞噬游离细菌的微生物数量减少。DO 过大，除了增加能耗外，强烈的空气搅拌会使絮粒打碎，易使污泥老化。传统活性污泥法曝气池出口 DO 控制在 $2mg/L$ 左右为宜。

2. 生物处理系统中 DO 的调节

在鼓风系统中，可通过控制进气量的大小来调节 DO 的高低。在生化池 DO 长期偏低时，可能有两方面原因：一是活性污泥负荷过高，若检测活性污泥的好氧速率，

往往大于 $20mgO_2/(gMLSS \cdot h)$，这时须增加曝气池中活性污泥的浓度；二是供氧设施功率过小，应设法改善，可采用氧转移效率高的微孔曝气器，有时还可以增加机械搅拌打碎气泡，提高氧转移效率。

3. 除磷脱氮工艺 DO 的控制

在污水生物除磷脱氮工艺中，DO 的多少将影响整个工艺的除磷和脱氮效率。

在硝化阶段，由于硝化反应必须在好氧条件下进行，因此 DO 应维持在 $2\sim3mg/L$ 为宜，当低于 $0.5\sim0.7mg/L$ 时，氨转化为亚硝酸盐和硝酸盐的硝化反应将受到抑制。较低的 DO 将影响硝化菌的生物代谢；而 DO 对反硝化的过程有很大的影响。当反硝化过程中的 DO 上升时，将会使反硝化菌的竞争受到抑制作用，也就是说，反硝化菌首先利用水中的 DO，而不是利用硝氮中的化合态的氧，不利于脱氮。在反硝化过程中，DO 的控制应在 $0.5mg/L$ 以下，对于采用序批式活性污泥法 ICEAS 脱氮工艺，按时序运行时，缺氧段时间应要真正保证在 $0.5h$ 以上。如果 DO 大于 $1.0mg/L$，反硝化几乎不能进行，缺氧时间小于 $0.5h$ 反硝化都将进行得不彻底。

4. 曝气系统的运行维护

（1）微孔扩散器的堵塞问题及判断。扩散器的堵塞是指一些颗粒物质干扰气体穿过扩散器而造成的氧转移性能的下降。按照堵塞原因，堵塞可分为内堵和外堵两类。内堵也称为气相堵塞，堵塞物主要来源于过滤空气中遗留的砂尘、鼓风机泄漏的油污、空气干管的锈蚀物、池内空气支管破裂后进入的固体物质。外堵也称为液相堵塞，堵塞物主要来源于污水中悬浮固体在扩散器上的沉积，微生物附着在扩散器表面生长，形成生物垢，以及微生物生长过程中包含的一些无机物质。

大多数堵塞是日积月累形成的，因此应经常观察。观察与判断堵塞的方法如下：

1）定期核算能耗并测量混合液的 DO 值。若设有 DO 控制系统，在 DO 恒定的条件下，能耗升高，则说明扩散器已堵塞。若没有 DO 控制系统，在曝气量不变的条件下，DO 降低，说明扩散器已堵塞。

2）定期观测曝气池表面逸出的气泡的大小。如果发现逸出气泡尺寸增大或气泡结群，说明扩散器已经堵塞。

3）在曝气池最易发生扩散器堵塞的位置设置可移动式扩散器，使其工况与正常扩散器完全一致，定期取出检查测试是否堵塞。

4）在现场最易堵塞的扩散器上设压力计，在线测试扩散器本身的压力损失，也称为湿式压力（DWP）。DWP 增大，说明扩散器已经堵塞。

（2）微孔扩散器的清洗方法。扩散器堵塞以后，应及时安排清洗计划，根据堵塞程度确定清洗方法。清洗方法有三类：

1）在清洗车间进行清洗。包括回炉火化、磷硅酸盐冲洗、酸洗、洗涤剂冲洗、高压水冲洗等方法。

2）停止运行，在池内清洗。包括酸洗、碱洗、水冲、气冲、氯冲、汽油冲、超声波清洗等方法。这类方法是最常用的方法。

3）不拆扩散器，也不停止运行，在工作状态下清洗。包括向供气管道内注入酸气或酸液、增压冲吹等方法。

（3）空气管道的维护。压缩空气管道的常见故障有以下两类。

1）管道系统漏气。产生漏气的原因往往是选用材料质量或安装质量不好，或管路破裂等。

2）管道堵塞。管道堵塞表现在送气压力、风量不足，压降太大，原因一般是管道内的杂质或填料脱落，阀门损坏，管内有水冻结。

排除办法：修补或更换损坏管段及管件，清除管内杂质，检修阀门，排除管道内积水。在运行中应特别注意及时排水。空气管路系统内的积水主要是鼓风机送出的热空气遇冷形成的凝水，因此不同季节形成的冷凝水量是不同的。冬季的水量较多，应增加排放次数。排除的冷凝水应是清洁的，如发现有油花，应立即检查鼓风机是否漏油；如发现有污浊，应立即检查池内管线是否破裂导致混合液进入管路系统。

（三）生物相镜检

为了随时了解活性污泥中微生物种类的变化和数量的消长，曝气池运行过程中要经常检测活性污泥中的生物相。生物相的镜检只能作为水质总体状况的估测，是一种定性的检测，其主要目的是判断活性污泥的生长情况，为工艺运行提供参考。

时间生物相镜检可采用低倍或高倍两种方法进行。低倍镜是为了观察生物相的全貌，要观察污泥颗粒大小、松散程度，菌胶团和丝状菌的比例和生长状况。用高倍镜观察，可以进一步看清微生物的结构特征，观察时要注意微生物的外形、内部结构和纤毛摆动情况。观察菌胶团时，应注意胶质的厚薄和色泽以及新生胶团的比例。观察丝状菌时，要注意其体内是否有类脂物质出现，同时注意丝的排列、形态和运动特征。

生物相镜检的注意事项如下：

（1）微生物种类的变化。微生物的种类会随水质的变化而变化，随运行阶段而变化。

（2）微生物活动状态的变化。当水质发生变化时，微生物的活动状态也发生变化，甚至微生物的形体也会随污水水质的变化而变化。

（3）微生物数量的变化。活性污泥中微生物种类很多，但某些微生物的数量的变化也能反映出水水质的变化。

因此，在日常观察时要注意总结微生物的种类、数量以及活动状态的变化与水质的关系，要真正使镜检起到辅助作用。

（四）曝气池运行与管理应注意的问题

（1）经常检查与调整曝气池配水系统和回流污泥的分配系统，确保进入各系列或各池之间的污水和污泥均匀。

（2）经常观测曝气池混合液的静沉速度、SV 及 SVI，若活性污泥发生污泥膨胀，判断是否存在下列原因：入流污水有机质太少，曝气池内 F/M 负荷太低，入流污水氮磷营养不足，pH 值偏低不利于菌胶团细菌生长，混合液 DO 偏低，污水水温偏高等，并及时采取针对性措施控制污泥膨胀。

（3）经常观测曝气池的泡沫发生状况，判断泡沫异常增多的原因，并及时采取处理措施。

（4）及时清除曝气池边角处漂浮的部分浮渣。

（5）定期检查空气扩散器的充氧效率，判断空气扩散器是否堵塞，并及时清洗。

（6）注意观察曝气池液面翻腾状况，检查是否有空气扩散器堵塞或脱落情况，并及时更换。

（7）每班测定曝气池混合液的 DO，并及时调节曝气系统的充氧量，或设置空气供应量自动调节系统。

（8）注意曝气池护栏的损坏情况并及时更换或修复。

（9）做好分析测量与记录每班应测试项目：曝气混合液的 SV 及 DO（有条件时每小时测试一次或在线检测 DO）。

每日应测定项目：进出污水流量 Q，曝气量或曝气机运行台数与状况，回流污泥量，排放污泥量。进出水水质指标：COD_{Cr}、BOD_5、SS、pH 值，污水水温，活性污泥的 MLSS、MLVSS，混合液 SVI，回流污泥的 MLSS、MLVSS，活性污泥生物相。

每日或每周应计算确定的指标：污泥负荷 F/M，污泥回流比 R，水力停留时间和污泥停留时间。

三、二沉池的运行与管理

（一）二沉池运行与管理的注意事项

（1）经常检查并调整二沉池的配水设备，确保进入各池的混合液流量均匀。

（2）检查集渣斗的积渣情况并及时排除，还要经常用水冲洗浮渣斗，注意浮渣刮板与浮渣斗挡板配合是否得当，并及时调整和修复。

（3）经常检查并调整出水堰口的平整度，防止出水不均匀和短流现象的发生，及时清除挂在堰板上的浮渣和挂出水堰口的生物膜和藻类。

（4）巡检时仔细观察出水的感官指标，如污泥界面的高低变化、悬浮污泥的多少、是否有污泥上浮现象，发现异常现象应采取相应措施解决，以免影响出水水质。

（5）巡检时注意辨听刮泥、刮渣、排泥设备是否有异常声音，同时检查是否有部件松动，并及时调整或检修。

（6）由于二沉池埋深较大，当地下水位较高而需要将二沉池放空时，为防止出现漂池现象，要事先确认地下水位，必要时可先降低地下水位再排空。

（7）按规定对二沉池常规检测项目进行及时的分析化验。

（二）二沉池常规检测项目

（1）pH 值。pH 值与污水水质有关，一般略低于进水值，正常值为 6～9。如果偏离此值，可以通过进水的 pH 值的变化和曝气池充氧效果找原因。

（2）悬浮物（SS）。塑活性污泥系统运转正常时，其出水 SS 应当在 30mg/L 以下，最大不应超过 50mg/L。

（3）溶解氧（DO）。因为活性污泥中的微生物在二沉池继续消耗 DO，出水的 DO 略低于生化池。

（4）COD 和 BOD。这两项指标应达到国家标准，不允许超标准运行，数值过低会增加处理成本，应综合两者因素，用较低的处理成本，达到最好的处理效果。

（5）氨氮和硝酸盐。这两项指标应达到国家有关排放标准，如果长期超标，而且是进水的氮和磷含量过高引起的，就应当加强除磷脱氮措施的管理。

（6）泥面。泥面的高低可以反映活性污泥在二沉池的沉降性能，是控制剩余污泥排放的关键参数。正常运行时二沉池的上清液的厚度应不少于 0.5～0.7m，如果泥面上升，在生物系统运行正常时，二沉池出水中的悬浮物都应该见到可沉降的片状，此时无论悬浮物或多或少，二沉池出水的外观应该是透明的，否则出水呈乳灰色或黄色，其中夹带大量非沉淀的悬浮物。

（三）二沉池污泥回流的控制

好氧活性污泥法的基本原理是利用活性污泥中的微生物在曝气池内对污水中的有机物进行氧化分解，由于连续流活性污泥法的进水是连续进行的，微生物在曝气池内的增长速度远远跟不上随混合液从曝气池中的流出速度，生物处理过程就难以维持。污泥回流就是将从曝气池中流失的、在二沉池进行泥水分离的污泥的大部分重新引回曝气池的进水端与进水充分混合，发挥回流污泥中微生物的作用，继续对进水中的有机物进行氧化分解。污泥回流的作用就是补充曝气池混合液带走的活性污泥，保持曝气池内的 MLSS 相对稳定。

污泥回流比是污泥回流量与曝气池进水量的比值，当曝气池进水量的进水水质、进水量发生变化时，最好能调整回流比。但回流比进行调整后其效果不能马上显现出来，需要一段时间，因此，通过调节回流比，很难适应污水水质的变化，一般情况下应保持回流比的稳定。但在污水处理厂的运行管理中，调整回流比可作为应付突发情况的一种有效手段。

1. 污泥回流比的调整方法

（1）根据二沉池的泥位调整。这种方法可避免出现因二沉池泥位过高而造成污泥流失的现象，出水较稳定，缺点是使回流污泥浓度不稳定。

（2）根据污泥沉降比确定回流比。计算公式为

$$R = \frac{SV}{100 - SV} \tag{4-6}$$

式中　R——回流比，%；

　　SV——污泥沉降比，%。

沉降比的测定比较简单、迅速，具有较强的操作性，缺点是当活性污泥沉降性较差时，即污泥沉降比较高时，需要提高回流量，造成回流污泥浓度下降。

（3）根据回流污泥浓度和混合液污泥浓度确定回流比。计算公式为

$$R = \frac{MLSS}{RSS - MLSS} \tag{4-7}$$

式中　$MLSS$——悬浮固体浓度，mg/L；

　　RSS——回流污泥浓度，mg/L。

分析回流污泥和曝气池混合液的污泥浓度使用烘干法，需要较长的时间，一般只做回流比的校核。但该法能够比较准确地反映真实的回流比。

（4）根据污泥沉降曲线，确定最佳的沉降比。通过测定混合液最佳沉降比 SV_m，调整回流量使污泥在二沉池时间恰好等于淤泥通过沉降达到最大浓度的时间，可获得较大的污泥浓度，而回流量最小，使污泥在二沉池的停留时间最小。此法特别适合除磷和脱氮工艺，计算公式为

$$R = \frac{MLSS}{RSS - MLSS} \qquad (4-8)$$

2. 控制污泥回流的方式

（1）保持回流量恒定。该方式适用于进水量恒定或进水波动不大的情况，否则会造成污泥在二沉池和曝气池的重新分配。

（2）保持剩余污泥排放量的恒定。在回流量不变的条件下，保持剩余污泥排放量的相对稳定，即可保持相对稳定的处理效果。此方式的缺点是当进水水量、进水有机物降低时，曝气池的污泥增长量有可能少于剩余污泥的排放量，导致系统污泥量的下降影响处理效果。

（3）回流比和剩余污泥排放量随时调整。根据进水量和进水的有机负荷的变化，随时调整剩余污泥的排放量和回流污泥量，尽可能地保持回流污泥浓度和曝气池混合液浓度的稳定。这种方式效果最好，但操作频繁、工作量较大。

四、活性污泥法运行中的异常现象与对策

（一）污泥膨胀的表现

污泥膨胀时 SVI 值异常升高，二沉池出水的 SS 值将大幅度增加，甚至超过排放标准，也导致出水的 COD 和 BOD_5 超标。严重时造成污泥大量流失，生化池微生物数量锐减，导致生化系统性能下降甚至系统崩溃。

（二）污泥膨胀的原因

（1）活性污泥所处的环境条件发生了不利的变化，丝状菌过度繁殖。正常的活性污泥中都含有一定丝状菌，它是形成活性污泥絮体的骨架材料。活性污泥中丝状菌数量太少或没有，则不能形成大的絮体，沉降性能不好；丝状菌过度繁殖，则形成丝状菌污泥膨胀。在正常情况下，菌胶团的生长速率大于丝状菌的生长速率，不会出现丝状菌的过度繁殖；但在恶劣的环境中，丝状菌由于其表面积较大，抵抗恶劣环境的能力比菌胶团细菌强，其数量会超过菌胶团细菌，从而过度繁殖导致丝状菌污泥膨胀。恶劣环境是指水质、环境因素及运转条件的指标偏高偏低。

（2）菌胶团生理活动异常，导致活性污泥沉降性能的恶化。进水中含有大量的溶解性有机物，使污泥负荷太高，缺乏 N、P 或 DO 不足，细菌会向体外分泌出过量的多聚糖类物质，这些物质含有很多氢氧基从而具有亲水性，使活性污泥结合水高达 400%，呈黏性的凝胶状，使活性污泥在沉淀阶段不能有效进行泥水分离。这种膨胀也称黏性膨胀。

（3）还有一种是非丝状菌膨胀。进水中含有毒性物质，导致活性污泥中毒，使细菌分泌出足够的黏性物质，不能形成絮体，使活性污泥在沉淀阶段不能有效进行泥水分离。

（三）污泥膨胀控制措施

1. 临时措施

（1）加入絮凝剂，增强活性污泥的凝聚性能，加速泥水分离，但投加量不能太多，否则可能破坏微生物的生物活性，降低处理效果。

（2）向生化池投加杀菌剂，投加剂量应由小到大，并随时观察生物相和测定 SVI 值，当发现 SVI 值低于最大允许值或观察丝状菌已溶解时，应当立即停止投加。

2. 调节工艺运行控制措施

（1）在生化池的进口投加黏泥、消石灰、消化泥，提高活性污泥的沉降性能和密实性。

（2）使进入生化池的污水处于新鲜状态，采取预曝气措施，同时起到吹脱硫化氢等有害气体的作用，提高进水的 pH 值。

（3）加大曝气强度，提高混合液 DO 浓度，防止混合液局部缺氧或厌氧。

（4）补充 N、P 等营养，保持系统的 C、N、P 等营养的平衡。

（5）提高污泥回流比，减少污泥在二沉池的停留时间，避免污泥在二沉池出现厌氧状态。

（6）利用占线仪表等自控手段，强化和提高化验分析的实效性，力争早发现早解决。

3. 永久性控制措施

永久性控制措施是指对现有的生化池进行改造，在生化池前增设生物选择器。其作用是防止生化池内丝状菌过度繁殖，避免丝状菌在生化系统成为优势菌种，确保沉淀性能良好的菌胶团、非丝状菌占优势。

（四）生化池内活性污泥不增长或减少

（1）二沉池出水 SS 过高，污泥流失过多，可能是因为污泥膨胀所致或是二沉池水力负荷过大。

（2）进水有机负荷偏低。活性污泥繁殖增长所需的有机物相对不足，使活性污泥中的微生物处于维持状态，甚至微生物处于内源代谢阶段，造成活性污泥量减少。此时应减少曝气量或减少生化池运转个数，以减少水力停留时间。

（3）曝气量过大，使活性污泥过氧化，污泥总量不增加。对策是合理调整曝气量，减少供风量。

（4）营养物质不平衡，造成活性污泥微生物的凝聚性变差。对策是应补充足量的 N、P 等营养。

（5）剩余污泥量过大，使活性污泥的增长量小于剩余污泥的排放量。对策是应减少剩余污泥的排放量。

（五）活性污泥解体

SV 和 SVI 值特别高，出水非常浑浊，处理效果急剧下降，往往是活性污泥解体的征兆。其原因如下：

（1）污泥中毒，进水中含有毒物质或有机物含量突然升高造成活性污泥代谢功能丧失，活性污泥失去净化活性和絮凝活性。

（2）有机负荷长时间偏低，进水浓度、水量长时间偏低，而曝气量却维持正常，出现过度曝气，污泥过度氧化造成菌胶团絮凝性下降，最终导致污泥解体，出水水质恶化。对策是减少鼓风量或减少生化池运行个数。

（六）二沉池出水 SS 含量增大

（1）活性污泥膨胀使污泥沉降性能变差，泥水界面接近水面，造成出水大量带泥。解决办法是找出污泥膨胀的原因并加以解决。

（2）进水负荷突然增加，增加了二沉池水力负荷，流速增大，影响污泥颗粒的沉降，造成出水带泥。解决办法是均衡水量，合理调度。

（3）生化系统活性污泥浓度偏高，泥水界面接近水面，造成出水带泥。解决办法是加强剩余污泥的排放。

（4）活性污泥解体造成污泥絮凝性下降，造成出水带泥。解决办法是查找污泥解体的原因，逐一排除和解决。

（5）刮（吸）泥机工作状况不好，造成二沉池污泥和水流出现短流，污泥不能及时回流，污泥缺氧腐化解体后随水流出。解决办法是及时检修刮（吸）泥机，使其恢复正常状态。

（6）活性污泥在二沉池停留时间太长，污泥因缺氧而解体。解决办法是增大回流比，缩短在二沉池的停留时间。

（7）水中硝酸盐浓度较高，水温在 $15℃$ 以上时，二沉池局部出现污泥反硝化现象，氮类气体裹挟泥块随水溢出。解决办法是加大污泥回流量，减少污泥停留时间。

（七）二沉池 DO 偏低或偏高

（1）活性污泥在二沉池停留时间太长，造成 DO 下降，污泥中好氧微生物继续好氧。对策是加大污泥回流量，减少污泥停留时间。

（2）刮（吸）泥机工作状况不好，污泥停留时间过长，污泥中好氧微生物继续好氧，造成 DO 下降。对策是及时检修刮（吸）泥机，使其恢复正常状态。

（3）生化池进水有机负荷偏低或曝气量过大。可提高进水水力负荷或减少鼓风量，以便节能运行。

（4）二沉池出水水质浑浊，DO 却升高，可能是活性污泥中毒所致。对策是查明有毒物质的来源并予以排除。

（八）二沉池出水 BOD 和 COD 突然升高

（1）进入生化池的污水量突然增大，有机负荷突然升高或有毒、有害物质浓度突然升高，造成活性污泥活性降低。解决办法是及时检修刮（吸）泥机，使其恢复正常状态。加强进厂水质检测，合理调动使进水水均衡。

（2）生化池管理不善，活性污泥净化功能降低。解决办法是加强生化池运行管理，及时调整工艺参数。

（3）二沉池管理不善也会使二沉池功能降低。对策是加强二沉池的管理，定期巡检，发现问题及时整改。

（九）活性污泥法的泡沫现象

1. 生物泡沫的危害

（1）泡沫的黏滞性在曝气池表面阻碍氧气进入曝气池。

（2）混有泡沫的混合液进入二沉池后，泡沫会裹挟污泥增加出水的 SS 浓度，并在二沉池表面形成浮渣层。

（3）泡沫蔓延走道板，会产生一系列卫生问题。

（4）回流污泥含有泡沫会引起类似浮选的现象，损坏污泥的性能，生物泡沫随排泥进入泥区，干扰污泥浓缩和污泥消化。

2. 生物泡沫的控制对策

（1）水力消泡是最简单的物理方法，但丝状菌依然存在，不能从根本解决问题。

（2）投加杀生剂或消泡剂。消泡剂仅仅能降低泡沫的增长，却不能消除泡沫形成的内在原因，而杀生剂普遍存在副作用，投加过量或投加位置不当，会降低生化池中絮凝体的数量及生物总量。

（3）降低污泥龄，减少污泥在生化池的停留时间，抑制生长周期较长的放线菌的生长。

（4）回流厌氧消化池上的上清液。厌氧消化池上的上清液能抑制丝状菌的生长，但有可能影响出水水质，应慎重采用。

（5）向生化池投加填料，使容易产生污泥膨胀和泡沫的微生物固着在载体上生长，提高生化池的生物量和处理效果，又能减少或控制泡沫的产生。

（6）投加絮凝剂，使混合液表面失稳，进而使丝状菌分散重新进入活性污泥絮体中。

【任务准备】

给定某污水处理厂活性污泥系统的场景。

【任务实施】

根据给定的某污水处理厂场景，对活性污泥系统进行开车运行和停车。解决对活性污泥系统运行过程中产生的异常问题。

【检查评议】

评分标准见表 4-1。

【考证要点】

了解污水处理厂活性污泥系统的组成，活性污泥系统运行过程中常见的异常现象。

【思考与练习】

（1）简述活性污泥系统的组成及运行与管理。

（2）活性污泥系统运行过程中常见的异常现象及解决对策有哪些？

知识点二 生物膜法处理工艺运行与管理

4-3-2
生物膜法
处理工艺
运行与管理

【任务描述】

掌握典型生物膜法工艺，生物滤池、生物转盘以及生物接触氧化池的运行与管理。

【任务分析】

污水处理厂利用生物膜法处理废水的主要工艺，生物滤池、生物转盘以及生物接触氧化池的运行与管理。

【知识链接】

一、生物膜法基本流程及组成

生物过滤的基本流程与活性污泥法相似，由初次沉淀、生物滤池和二次沉淀三部分组成。

污水经沉淀池去除悬浮物后进入生物膜反应池，去除有机物。生物膜反应池出水进入二沉池（部分生物膜反应池后无需接二沉池），去除脱落的生物体，澄清液排放，污泥浓缩后运走或进一步处理。生物膜法的基本流程如图4-4所示。

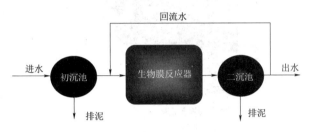

图4-4 生物膜法的基本流程

（1）在生物过滤中，为了防止滤层堵塞，需设置初次沉淀池，预先去除废水中的悬浮物。

（2）二沉池用以分离脱落的生物膜。

（3）由于生物膜的含水率比活性污泥小，因此，污泥沉淀速度较大，二沉池容积较小。

（4）由于生物固着生长，不需要回流接种，因此，在一般生物过滤中无二沉池污泥回流。但是，为了稀释原废水和保证对滤料层的冲刷，一般生物滤池（尤其是高负荷滤池及塔式生物滤池）常采用出水回流。

二、典型生物膜法工艺

按生物膜与水接触的方式不同，生物膜可分为充填式和浸没式两类。充填式生物膜法的填料（载体）不被污水淹没，自然通风或强制通风供氧，污水流过填料表面或盘片旋转浸过污水，如生物滤池和生物转盘等。浸没式生物膜法的填料完全浸没于水中，一般采用鼓风曝气供氧，如接触氧化和生物流化床等。典型生物膜法工艺如图4-5所示。

三、生物滤池的运行与管理

（1）定期检查布水系统的喷嘴，清除喷口的污物，防止堵塞。冬天停水时，不可使水积存在布水管中以防管道冻裂。旋转式布水器的轴承需定期加油。

（2）定期检查排水系统，防止堵塞，堵塞处应冲洗。当滤料石块随水流冲下时，要将其冲净，不要排入二沉池，否则会引起管道堵塞或减少池子有效容积。

（3）滤池蝇防治方法：①连续地向滤池投配水；②按照与减少积水相类似的方法减少过量的生物膜；③每周或每两周用废水淹没滤池24h；④冲洗滤池内部暴露的池墙表面，如可延长布水横管，使废水能洒布于壁上，若池壁保持潮湿，则滤池蝇不能生存；⑤在进水中加氯，维持0.5～1.0mg/L的余氯量，加药周期为1～2周，以避

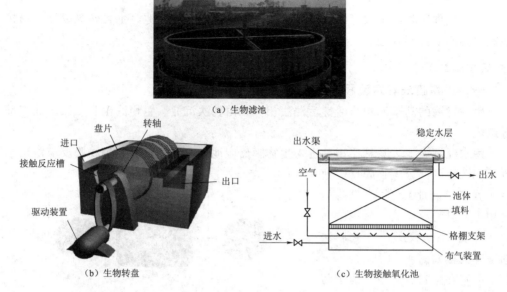

（a）生物滤池

（b）生物转盘

（c）生物接触氧化池

图4-5　典型生物膜法工艺

免滤池蝇完成生命周期，隔4～6周投加一次杀虫剂，以杀死欲进入滤池的成蝇。

（4）臭味问题。滤池是好氧的，一般不会有严重臭味，若有臭皮蛋味表明有厌氧条件存在。预防和解决办法：①维持所有的设备（包括沉淀池和废水废气系统）都保持在好氧状态；②降低污泥和生物膜的累积量；③在滤池进水且流量小时短期加氯；④采用滤池出水回流；⑤保持整个污水处理厂的清洁；⑥清洗出现堵塞的排水系统；⑦清洗所有通气口；⑧在排水系统中鼓风，以增加流通性；⑨降低特别大的有机负荷，以免引起污泥的积累；⑩在滤池上加盖并对排放气体除臭。

（5）由于某些原因，有时会在滤池表面形成一个个由污泥堆积成的坑，里面积水。泥坑的产生会影响布水的均匀程度，并因此而影响处理效果。预防和解决办法：①耙松滤池表面的石质滤料；②用高压水流冲洗滤料表面；③停止在积水面积上布水器的运行，让连续的废水将滤料上的生物膜冲走；④在进水中投配游离氯（5mg/L），历时数小时，隔几周投配，最好在晚间流量小时投配以减少用氯量，1mg/L的氯即能抑制真菌的生长；⑤使滤池停止运行1天至数天，以便让积水滤干；⑥对于有水封墙和可以封住排水渠道的滤池用废水至少淹没24h以上；⑦若以上措施仍然无效时，就要考虑更换滤料了，这样做可能比清洗旧滤料更经济些。

（6）滤池表面结冻，不仅处理效率低，有时还可使滤池完全失效。预防和解决办法：①减少出水回流次数，可以停止回流直到气候温和为止；②在滤池的上风向处设挡风装置；③调节喷嘴和反射板使滤池布水均匀；④及时清除滤池表面出现的冰块。

（7）布水管及喷嘴的堵塞使废水在滤料上分配不均匀，水与滤料的接触面积减少，降低了效率，严重时大部分喷嘴堵塞，会使布水器内压力增高而爆裂。预防和解决办法：①清洗所有喷嘴及布水器孔口；②提高初沉池对油脂和悬浮物的去除效果；③维持适当的水力负荷；④按规定定期对布水器进行加油。

（8）防止滋生蜗牛、苔藓和蟑螂的办法：①在进水中加氯 10mg/L，使滤池出水中的余氯量为 0.5～1.0mg/L，并维持数小时；②用最大的回流量来冲洗滤池。

（9）保持进水的连续运行，避免出现生物膜的异常脱落。

四、曝气生物滤池系统的运行与管理

由于曝气生物滤池系统采用生物处理与过滤技术，加强预处理单元的管理显得格外重要，为了延长曝气生物滤池的运行周期，需投加药剂才能达到要求，药剂的使用降低了进水的碱度，进而影响反硝化，因此在药剂上，应避免选择不对工艺运行产生不良影响的品种；曝气生物滤池系统与其他污水处理系统的最大的区别是曝气生物滤池要定期进行反冲洗。反冲洗不仅影响到处理效果，而且关系到系统运行的成败。反冲洗周期的确定是反冲洗最重要的工艺参数；若反冲洗过频，不仅使单元设施停止运行，而且消耗大量的出水，增加处理负荷，使微生物大量流失，处理效果下降。反冲洗周期与进水的 SS、容积负荷和水力负荷密切相关，反冲洗周期随容积负荷的增加而减少，当容积负荷趋于最大时，反冲洗周期趋于最小，滤池需要频繁的反冲洗；而水力负荷对反冲洗周期的影响则相反。当进水的 SS 较高时，滤池容易发生堵塞，反冲洗周期就要缩短。所以在实际运行过程中要密切关注相关要素的变化，及时对运行参数做出必要的调整。

五、生物转盘的运行与管理

（1）按设计要求控制转盘的转速。在一般情况下，处理城市污水的转盘，圆周速度约为 18m/min。

（2）通过日常监测，要严格控制污水的 pH 值、温度、营养成分等指标，尽量不要发生剧烈变化。

（3）反应槽中混合液的 DO 值在不同级上有所变化，用来去除 BOD 的转盘，第一级 DO 为 0.5～1.0mg/L，后几级可增高至 1.0～3.0mg/L，常为 2.0～3.0mg/L，最后一级达 4.0～8.0mg/L。此外，混合液 DO 值随水质浓度和水力负荷而发生相应变化。

（4）注意生物相的观察。生物转盘与生物滤池都属于生物膜法处理系统，因此，盘片上生物膜的特点，与生物滤池上的生物膜完全相同，生物呈分级分布现象。第一级生物膜往往以菌胶团细菌为主，膜最厚；随着有机物浓度的下降，以下的数级分别出现丝状菌、原生动物及后生动物，生物的种类不断增多，但生物量即膜的厚度减少。依废水水质的不同，每级都有其特征的生物类群。当水质浓度或转盘负荷有所变化时，特征型生物层次随之前移或后移。正常的生物膜较薄，厚度约为 1.5mm，外观粗糙、有黏性，呈现灰褐色。盘片上过剩的生物膜不时脱落，这是正常的更替，随后就被新膜覆盖。用于硝化的转盘，其生物膜薄得多，外观较光滑，呈金黄色。

（5）二沉池中污泥不回流，应定期排除二沉池中的污泥，通常每隔 4h 排一次，使之不发生腐化。排泥频率过多，泥太稀，会加重后处置工艺的压力。

（6）为了保证生物转盘正常运行，应对所有设备定期进行检查维修，如转轴的轴承、电动机是否发热，有无不正常的杂音，传动带或链条的松紧程度，减速器、轴承、链的润滑情况，盘片的变形情况等，应及时更换损坏的零部件。在生物转盘运行过程中，经常遇到检修或停电等原因需停止运行 1d 以上时，为防止因转盘上半部和下半部的生物膜干湿程度不同而破坏转盘的重量平衡，要把反应槽中的污水全部放空或用人工营养液循环，保持膜的活性。

（7）反应槽内 pH 值必须保持在 6.5～8.5 范围内，进水 pH 值一般要求调整在 6～9 范围内，经长期驯化后范围可略扩大，超过这一范围处理效率将明显下降。硝化转盘对 pH 值和碱度的要求比较严格，硝化时 pH 值应尽可能控制在 8.4 左右，进水碱度至少应为进水 NH_3-N 浓度的 7.1 倍，以使反应完全进行而不影响微生物的活性。

（8）沉砂池或初沉池中固体物质去除不佳，会使悬浮固体在反应槽内积累并堵塞进水通道，产生腐败，发出臭气，影响系统的运行，应用泵抽出并检验固体物的类型，针对产生的原因加以解决。

六、生物接触氧化法运行与管理

（1）定时进行生物膜的镜检，观察接触氧化池内尤其是生物膜中特征微生物的种类和数量，一旦发现异常要及时调整运行参数。

（2）尽量减少进水中的悬浮杂物，以防尺寸较大的杂物堵塞填料过水通道。避免进水负荷长期超过设计值造成生物膜异常生长，进而堵塞填料的过水通道。一旦发生堵塞现象，可采取提高曝气强度来增强接触氧化池内水流紊动性的方法，或采用出水回流，以提高氧化池内水流速度的方法，加强对生物膜的冲刷作用，恢复填料的原有效果。

（3）防止生物膜过厚、结球。在生物接触氧化法工艺处理系统中，进入正常运行阶段后的初期效果往往逐渐下降，究其原因是挂膜结束后的初期生物膜较薄，生物代谢旺盛，活性强。随着运行生物膜不断生长加厚，由于周围悬浮液中溶解氧被生物膜吸收后需从膜表面向内渗透转移，途中不断被生物膜上的好氧微生物所吸收利用，膜内层微生物活性低下，进而影响到处理效果。

当生物膜增长过多过厚、生物膜发黑发臭，引起填料堵塞，使处理效果不断下降时，应采取"脱膜"措施，采取瞬时大流量、大气量的冲刷，使过厚的生物膜从填料上脱落下来。此外，还可停止一段时间曝气，使内层厌氧生物膜发酵，产生的 CO_2、CH_4 等气体使生物膜与填料间的"黏性"降低，此时再以大气量冲刷脱膜效果较好。某些工业废水中含有较多的黏性污染物，导致填料严重结球，大大降低了生物接触氧化法的处理效率，因此在设计中应选择空隙率较高的漂浮填料或弹性立体填料等，对已结球的填料应使用气或水进行高强度瞬时冲洗，必要时应立即更换填料。

（4）及时排出过多的积泥。在接触氧化池中悬浮生长的"活性污泥"主要来源于脱落的老化生物膜，相对密度较小的游离细菌可随水流出，而相对密度较大的大块絮体，难以随水流出而沉积在池底，若不能及时排出，会逐渐自身氧化，同时释放出的代谢产物会提高处理系统的负荷，使出水 COD 升高，而影响处理效果。另外，池底积泥过多使曝气器微孔堵塞。为了避免这种情况的发生，应定期检查氧化池底部是否积泥，一旦发现池底积有黑臭的污泥或悬浮物浓度过高时，应及时使用排泥系统，采取一面曝气一面排泥，这样会使出水恢复到原先的良好状态。

（5）在二沉池中沉积下来的污泥可定时排入污泥处理系统中进一步处理，也可以有一部分重新回流进入接触氧化池，视具体情况而定。例如在培菌挂膜充氧、生物膜较薄、生物膜活性较好时，将二沉池中沉积的污泥全部回流。在处理有毒有害的工业废水或污泥增长较慢的生物接触氧化法系统中，也可视生物膜及悬浮状污泥的数量多少，使二沉池中污泥全部或部分回流，以增加氧化池中污泥的数量，提高系统的耐冲击负荷能力。

二沉池排泥要间隔一定时间进行，间隔几小时甚至几十小时排一次泥，应视二沉池中的悬浮污泥数量多少而定。一般二沉池底部污泥数量越少，排泥时间间隔就越长，但不能无限制地延长排泥间隔时间，而以二沉池底部浓缩污泥不产生厌氧腐化或反硝化为度。

【任务准备】

给定某污水处理厂生物膜处理系统场景。

【任务实施】

根据给定的某污水处理厂场景，对生物膜进行开车运行和停车。解决对生物膜处理系统运行过程中产生的异常问题。

【检查评议】

评分标准见表4-1。

【考证要点】

了解污水处理厂生物膜处理系统的组成及运行与管理要点。

【思考与练习】

（1）简述生物膜处理系统的组成及运行与管理。

（2）生物膜处理系统运行与管理过程中常见的问题及解决对策有哪些？

知识点三　厌氧生物处理工艺运行与管理

4-3-3
厌氧生物
处理工艺
运行与管理

【任务描述】

掌握厌氧生物处理工艺的原理、主要方法和运行与管理。

【任务分析】

掌握厌氧生物处理的原理与特点、影响因素、分类以及异常现象及对策。

【知识链接】

一、厌氧生物处理原理与特点

厌氧生物处理是指在无分子态氧条件下，厌氧微生物进行厌氧呼吸，将水中复杂的有机物转化为甲烷与二氧化碳，并释放出能量的过程。厌氧生物处理一般包括三个阶段，即水解酸化阶段、产氢产乙酸阶段和产甲烷阶段。厌氧生物处理适用于处理高浓度的有机废水、污水处理厂的污泥，也可以用于处理中、低浓度的有机废水。广泛应用于工业废水污水处理、污泥消化等领域。常用的有厌氧滤器（AF）、上流式厌氧污泥床（UASB）和复合厌氧反应器（UBF）等。

厌氧生物处理的特点如下：

（1）适用范围比较广，适用于高、低浓度的有机废水。

（2）能耗低、负荷高，不需要曝气，容积有机负荷可以达到 $2\sim10kgBOD/(m^3 \cdot d)$。

（3）剩余污泥少，氮磷营养需要少，碳氮磷比为 200：5：1。

（4）杀菌效果好，通常厌氧反应有一定的杀菌能力，能杀死寄生虫卵与病毒等。

二、厌氧处理主要影响因素

（1）温度。温度是影响厌氧生物处理的主要因素。消化过程可以在三种不同的温度范围内进行，即低温消化 5～15℃，中温消化 30～35℃，高温消化 50～55℃。通常采用的厌氧处理一般选择在中温。

（2）pH 值。甲烷细菌适宜的 pH 值范围为 6.8～7.2，若 pH 值低于 6 或高于 8，正常的消化系统就会遭到破坏。在实际运行中，如 pH 值低，可投加石灰或碳酸钠调节 pH 值。

（3）营养与 C/N。厌氧生物中的 COD、N、P 之比控制在（200～300）：5：1 为宜。在碳、氮、磷比例中，碳氮比对厌氧消化的影响更为重要，一般 C/N 达到（10～20）：1 为宜。

（4）负荷。负荷是影响厌氧消化效率的一个重要因素，直接影响产气量和处理效率。在通常情况下，上流式厌氧污泥床反应器、厌氧滤池、厌氧流化床等新型厌氧工艺的有机负荷在中温下为 $5\sim15kgCOD/(m^3 \cdot d)$。

三、厌氧生物处理的类型

厌氧生物处理的类型见表 4-4。

表 4-4　　　　　　　　　　　厌氧生物处理的类型

序号	类型	特点	结构
1	厌氧接触法	有机容积负荷高，去除率为 70%～80%，适合于处理悬浮物和有机物浓度均很高的废水	 1—混合接触池（消化池）；2—沉淀池；3—真空脱气器
2	厌氧滤池	处理能力高，出水 SS 较低	

续表

序号	类型	特 点	结 构
3	升流式厌氧污泥床反应器（UASB）	一般的高浓度有机废水，其负荷可达 10～20kgCOD/(m³·d)；传质效果好	
4	厌氧膨化床	载体面积比较大，处于流化状态，传质效果好，有机物降解速率快	

四、厌氧生物处理异常现象及对策

1. UASB 反应器运行的三个重要前提

（1）反应器内形成性能良好的颗粒污泥或絮状污泥；

（2）由产气和进水均匀分布所形成的良好的自然搅拌作用；

（3）设计合理的三相分离器，这使沉淀性能良好的污泥能保留在反应器内。

2. UASB 的启动

第一阶段：启动初始阶段。此阶段污染容积负荷应该低于 $2kgCOD/(m^3 \cdot d)$。此阶段应将污泥的驯化与颗粒化作为主要工作目标。

第二阶段：反应器容积有机负荷上升至 $2\sim5kgCOD/(m^3 \cdot d)$。厌氧污泥的驯化过程在这个阶段完成。

第三阶段：容积负荷增加到 $5kgCOD/(m^3 \cdot d)$。絮状污泥迅速减少，颗粒状污泥的含量进一步增高。

当反应器中污泥颗粒化完成之后，反应器的启动也就完成。

3. UASB 运行异常问题与对策

现象一：VFA（挥发性有机酸）/ALK（碱度）升高，此时说明系统已出现异常，应立即分析原因。如果 VFA/ALK>0.3，则应立即采取控制措施。

其原因及控制对策如下：

（1）水力超负荷。此时减少进水量，降低反应床内水流速度。

（2）有机物投配超负荷。控制措施是减少进水，加强上游污染源管理。

（3）搅拌效果不好。均匀进水，改善搅拌。

（4）存在毒物。解决毒物问题的根本措施是加强污染源的管理。

现象二：废水的 pH 值开始下降。

其原因及控制对策如下：当 pH 值开始下降时，VFA/ALK 往往大于 0.8。该现象出现时，首先应立即向废水内投入碱源，补充碱度，控制住 pH 值的下降并使之回升；否则如果 pH 值降至 6.0 以下，甲烷菌将全部失去活性，则须放空反应器重新培养消化污泥。其次，应尽快分析产生该现象的原因并采取相应的控制对策，待异常排除之后，可停止加碱。

【任务准备】

给定某厌氧生物处理系统场景。

【任务实施】

根据给定的某厌氧生物处理系统的场景，会判定采取何种工艺，如何进行运行与管理。

【检查评议】

评分标准见表 4-1。

【考证要点】

了解厌氧生物处理系统的主要方式。

【思考与练习】

（1）厌氧生物处理系统可分为哪些类型？

（2）厌氧生物处理异常现象及对策有哪些？

任务四 污水处理厂优化运行与管理

4-4-1
生物脱氮
除磷工艺
的运行与
管理

知识点一 生物脱氮除磷工艺的运行与管理

【任务描述】

熟悉生物脱氮除磷的原理、生物脱氮除磷系统和影响脱氮除磷效果的主要因素。

【任务分析】

会控制生物脱氮除磷工艺系统运行。

【知识链接】

一、生物脱氮除磷技术

在江、河、湖、海中，氮、磷能够使植物大量繁殖，导致水体富营养化。而水体中大部分氮、磷来自污水，因此，从污水中去除氮、磷的要求日益迫切。生物脱氮除磷工艺能够全部或部分解决这个问题，有时需要与化学处理工艺相结合。

（一）生物脱氮

污水中的总氮通过以下三个途径被脱出。

（1）氨化反应。有机氮化合物在氨化菌的作用下，分解、转化为氨态氮。例如氨基酸（RCHNH$_2$COOH）的分解。

$$RCHNH_2COOH + O_2 \xrightarrow{\text{氨化菌}} RCOOH + CO_2 + NH_3$$

（2）硝化作用。在硝化菌的作用下，氨态氮进一步分解氧化。首先，在亚硝酸菌的作用下，氨（NH$_4$）转化为亚硝酸氮：

$$NH_4^+ + 3O_2 \xrightarrow{\text{亚硝化菌}} 2NO_2^- + 2H_2O + 4H^+$$

在这之后，亚硝酸氮在硝化菌的作用下进一步转化为硝酸氮：

$$2NO_2^- + O_2 \xrightarrow{\text{硝化菌}} 2NO_3$$

（3）反硝化作用。反硝化反应是指硝酸氮（NO$_3^-$ – N）和亚硝酸盐氮（NO$_2^-$ – N）在反硝化菌的作用下，被还原成气态氮（N$_2$）的过程。

反硝化菌是属于异养型兼性厌氧菌，在缺氧条件下，以硝酸氮为电子受体，以有机底物（碳源）为电子供体。因此其反应可分为同化反硝化和异化反硝化。

$$NO_3 \begin{cases} NO_2^- \rightarrow NH_2OH \rightarrow \text{有机体（同化反硝化）} \\ NO_2^- \rightarrow NO_2 \rightarrow N_2 \text{（异化反硝化）} \end{cases}$$

（二）生物除磷

生物除磷是指利用聚磷菌一类生物，能够过量地在数量上超过其生理需要地从外部环境（污水中）摄取磷，并将磷从聚合的形态储藏在菌体内，形成富含磷的污泥再排出污水处理系统之外，达到从废水中除磷的作用。生物除磷机理简述如下：

1. 厌氧区

（1）发酵作用：在没有溶解氧和硝态氮存在的厌氧状态下，兼性菌将溶解性有机物（BOD）转化成低分子发酵产物（VFA）。

（2）聚磷菌释放磷：聚磷菌吸收厌氧区产生的 VFA 或来自污水的 VFA，并将其运送到细胞内，同化为细胞内碳能源存储物（PHB/PHV），所需的能量来源于聚磷的水解以及细胞内糖的酵解，并导致磷酸盐的释放。

2. 好氧区

（1）磷的吸收：细菌以聚磷的形式存储超出生长需要的磷量，通过 PHB/PHV 的氧化分解产生能量，用于磷的吸收和聚磷合成。

（2）合成新的聚磷菌细胞，产生富磷污泥。

3. 除磷系统

通过排放剩余污泥，将磷排出系统之外去除磷。

二、工艺控制

（一）无硝化反硝化的生物除磷系统

此时，不要求去除氨氮也不要求去除总氮，工艺基本上是采用中高负荷。泥龄在 3～7d，水在用于释放磷的池子中停留时间一般为 8～12h，以保证在好氧处理段不发生硝化反应，最终使回流污泥中不含硝酸盐，从而提高整个处理系统的除磷效果。

（二）有硝化/反硝化工艺的生物除磷系统

此时，工艺一般都包含厌氧、缺氧和好氧三种基本状态的交替，这些工艺间的主要差异是这三种状态的组合方式和数量分布的时间和空间变化。

如果仅要求硝化或部分反硝化（出水 TN 为 6～12mg/L），可采用污泥龄为 5～15d。

如果脱氮要求很高（出水 TN 为 3mg/L），宜采用长泥龄，泥龄为 15～25d。

在释磷池，尽量建成推流式构造，也可以是一系列完全混合池相串联的反应池，这样，也可以保证释磷池中没有硝酸盐，从而提高整个系统的除磷效率。

（三）影响脱氮效果的主要因素

1. 对硝化细菌的影响因素

（1）溶解氧（DO）。溶解氧是硝化反应过程中的电子受体，反应器内溶解氧高低，必将影响硝化反应的进程，在进行硝化反应的曝气池中，据试验结果证实，溶解氧的含量不能低于 1mg/L。当 F/M 低时，DO 较低，硝化良好；F/M 中等时，DO 必须保持在较高条件下，方能保证硝化良好。

（2）温度。硝化反应适宜的温度是 20～30℃，15℃以下时，硝化反应速度下降，低于 4℃时完全停止。

（3）pH 值。硝化菌对 pH 值的变化非常敏感，最佳 pH 值是 7.0～8.0。在最佳值条件下，硝化菌硝化速率基本不受影响。

（4）生物固体平均停留时间（污泥龄）。为了使硝化菌群能够在连续流反应器中存活，微生物在反应器内的停留时间必须大于自养型硝化菌的最小世代时间，否则硝化菌的流失率将大于净增殖率，使硝化菌从系统中流失殆尽。一般对于泥龄的取值，至少应为硝化菌最小世代时间的 2 倍以上。

（5）重金属及有害物质。除重金属外，对硝化反应产生抑制作用的物质还有高浓度的 $NH_4^+ - N$、高浓度的 $NH_x^+ - N$ 等。

2. 对反硝化作用的影响因素

（1）碳源。能为反硝化菌所利用的碳源是多种多样的，但从污水生物脱氮工艺来考虑，可分为污水中所含的碳源和外加碳源两类。

（2）pH 值。pH 值是反硝化反应的重要影响因素，对反硝化菌最适宜的 pH 值是 7.0～7.5，在这个 pH 值条件下，反硝化速率最高，当 pH 值高于 8 或低于 6 时，反硝化速率将大为下降。

（3）溶解氧（DO）。反硝化菌只有在无分子氧而同时存在硝酸和亚硝酸离子的条件下，才能够利用这些离子中的氧进行呼吸，使硝酸盐还原。如反应器内溶解氧较高，将使反硝化菌利用氧进行呼吸，抑制反硝化菌体内硝酸盐还原酶的合成，阻碍硝酸盐氮的还原。但是，另一方面在反硝化菌体内某些酶系统组分只是在有氧条件才能合成，这样，反硝化菌以在厌氧、好氧交替的环境中生活为宜。溶解氧浓度应控制在 0.5mg/L 以下。

（4）温度。反硝化反应的适宜温度是 20～40℃，低于 15℃时，反硝化菌的增殖速度降低，代谢速度也降低，从而降低了反硝化速率。

（四）影响除磷效果的主要因素

1. 出水 SS

根据对一些主要的生物处理工艺的 MLSS 分析显示，MLSS 的含磷量为 2.3％～7.0％。因此，二级处理出水的 SS 浓度以及它们的含磷量对生物除磷工艺的运行效果有相当大的影响。

当出水 BOD、SS 及氮磷的排放要求很严格时，大多数污水生物除磷脱氮处理厂的二沉池的沉淀性能要求很高，或者设置专门的过滤设施。若出水 TP 排放要求定为 1mg/L，如果出水溶解性磷浓度为 0.5mg/L，MLSS 的含磷量为 5％，则出水的 SS 必须小于 10mg/L，才能达到出水中 TP 为 1.0mg/L 的要求。

2. 用于除磷的有效有机物

在大多数污水除磷脱氮工艺中，处理后的出水中均存在 0.1～0.2mg/L 的溶解性磷的浓度。但并不是所有处理厂和所有的运行条件都能达到这样的结果，这是因为出水磷浓度的高低主要取决于系统中除磷细菌所需的发酵基质 VFA 的可获得能量与必须去除的磷的比值。而进入厌氧区的硝态氮量和系统的泥龄都会影响上述比值。BOD/TP 的比值高于 20～25 时出水溶解性磷浓度可低于 1.0mg/L。

3. 泥龄

在进水 BOD/TP 相同的条件下，泥龄的长短对生物除磷的能力的大小有一定的影响，泥龄越长除磷能力相应降低。

4. 厌氧区的硝态氮

进入生物除磷系统厌氧区的硝态氮会降低除磷能力。厌氧区内的硝酸盐被还原过程消耗了可供储磷菌利用的基质。因此，硝酸盐会降低进水的有效 BOD/TP 比值。污泥回流比的大小，直接关系到进入厌氧区的硝态氮多少。

5. 污水温度

无论水温的高低，生物除磷工艺都能得到较好的运行。但是较低的水温可能会降低除磷效率，但可以通过延长在厌氧区的停留时间来解决。研究表明，在 6～18℃ 的温度范围内，生物除磷效率均可达到 90％，脱氮效率有所下降。

6. 磷吸收区的 DO 浓度

DO 浓度会影响好氧区的磷的吸收效率，但只要有足够的好氧时间就不会影响磷的去除量。在好氧条件下，聚磷菌通过分解和氧化储存的含碳物质产生能量，用于吸收溶解磷并在细胞内合成聚磷。

生物脱氮和生物除磷相结合的系统对除磷不利，除非好氧区的 DO 浓度保持在 1.5～3.0mg/L。如果 DO 太低，除磷率会降低，硝化反应也会受到限制，污泥沉降性能差；如果 DO 太高，则由于回流至缺氧区的 DO 增加，反硝化性能会受到限制。$NH_3^- - N$ 浓度高可影响厌氧区磷的有效释放。

【任务准备】

给定的某脱氮除磷处理系统的场景。

【任务实施】

根据给定的某脱氮除磷处理系统的场景，会调节各类影响因素进行工艺控制。

【检查评议】

评分标准见表 4-1。

【考证要点】

了解脱氮除磷工艺的影响因素。

【思考与练习】

脱氮除磷工艺的影响因素有哪些？

知识点二 污水深度处理常见工艺

【任务描述】

熟悉污水深度处理技术：混凝、过滤、活性炭吸附、臭氧氧化、氯氧化、紫外线照射、膜分离法、离子交换。

【任务分析】

掌握一些污水深度处理工艺流程。

【知识链接】

一、污水深度处理技术

1. 混凝

混凝又称化学混凝，指向水中投加化学药剂后，混合、凝聚、絮凝这几种作用先后综合进行的整个过程的总称。

污水中一些污染物是一种胶粒且都带有相同的电荷。如泥沙胶粒带负电，工业废水中的胶粒有的带正电。由于静电作用，使它们处于均匀的分散状态，不能互相结合为粗粒聚集体或絮状体而沉降。当加入化学药剂（混凝剂）后，由于降低或消除了胶粒上的静电斥力，使其脱稳，胶粒间的排斥作用减弱，碰撞机会增加或使胶粒间黏结架桥而形成较大的聚集体（凝聚）或絮状体（絮凝）从水中分离出来。

在一级处理中，可提高污染物的去除率，其中 BOD 去除率为 50%～65%，悬浮物为 75%～95%，油脂为 95%～99%。

在二级处理中，可使活性污泥变成大的絮团，从而提高澄清效果，减轻污泥处理负荷。

在三级处理中，可除去残留的悬浮物、重金属盐和磷等。

2. 过滤

过滤是滤除溶液中悬浮状不溶性物质的方法，在污水处理中是分离固体悬浮颗粒的物理法之一。过滤在水处理中起到下列作用：

（1）去除化学澄清和生物过程未能去除的微细颗粒和胶体物质。

（2）提高悬浮固体、浊度、磷、BOD、COD、重金属、细菌、病毒等的去除率。

（3）由于提高了悬浮物和其他干扰物质的去除率，因而可降低消毒剂的用量。

（4）使后续离子交换、吸附、膜过程等处理装置免于经常堵塞。

在污水深度处理中，过滤常置于二沉池之后，作为高级处理之前的处理或回用前的处理。图 4-6 所示为常用滤池的类型。

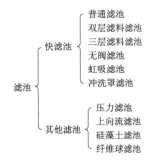

图 4-6 常用滤池的类型

3. 活性炭吸附

活性炭具有多孔结构和强大的吸附力，而且表面积很大，其比表面积为 $500\sim1700m^2/g$。活性炭在水处理方面主要用于吸附、脱色、除臭。主要利用了活性炭的物理吸附、化学吸附、氧化、催化和还原等性能。

在水处理过程中使用活性炭有粉末炭和粒状炭两类，粉末炭采用混悬接触吸附方式，粒状炭则采用过滤吸附方式。活性炭吸附法广泛用于给水处理和污水二级处理出水的深度处理，其主要优点是处理程度高、效果稳定，缺点是处理费用高。

4. 臭氧氧化

臭氧氧化是利用臭氧气体作为强氧化剂，通入水层（或与水接触）中进行氧化反应去除水中污染物质的水处理过程。臭氧氧化法水处理设备中主要包括空气预处理、臭氧发生器、水-臭氧化气接触反应及臭氧尾气处理部分。

臭氧氧化法广泛用于去除水中的 COD、BOD_5、酚、氰、铁、锰，以及水的除臭、脱色、杀菌消毒等水处理领域。其特点为反应快、用量少、易就地制取、操作方便、无二次污染等。臭氧投配到水中时，应将它分成微小气泡，保持气泡与水的对流，使气水充分混合接触。

5. 氯氧化

氯气与水接触后，发生歧化反应（$Cl_2+H_2O \Longrightarrow HCl+HOCl$），生成次氯酸和盐酸，而次氯酸为弱酸，能在水中发生离解。

$$HOCl \longleftrightarrow H^+ + OCl^-$$

经研究，HOCl 比 OCl^- 氧化能力强，且 HOCl 是中性分子，易接触细菌而实施氧化。

因此氯通常用作杀菌处理。氯气杀菌一般经以下途径进行：消毒剂通过细胞壁渗入细胞体，灭活细胞体内的酶蛋白；直接氧化细胞质；破坏细胞壁，改变细胞渗透作用。

由于 HOCl 氧化性强，因此在酸性溶液中其氧化作用较为显著。

6. 紫外线照射

紫外线照射是利用紫外线照射水体，对水体进行消毒处理的方法。波长为 $200\sim295nm$ 的紫外线有明显杀菌作用，其中波长为 $260\sim265nm$ 的紫外线杀菌力最强。在水的消毒处理中要求水的色度低、悬浮物少、胶体物质少，同时，要求水不可过深，一般不超过 12cm，否则光线的穿透能力将受到影响，影响消毒效果。此方法管理简单、杀菌速度快，缺点是经过消毒的水无持续杀菌能力，成本高。

7. 膜分离法

在污水深度处理方面主要用到微滤、超滤、反渗透，其基本特性见表4-5。从把物质从溶液中分离出来的过程来看，反渗透和超滤、微滤基本上是一样的，因孔径大小不同，反渗透既能去除离子物质，又能去除许多有机物，而超滤、微滤只能去除较大粒径的分子和颗粒。

表 4-5　　　　　　　　　　　　膜分离法的基本特性

方法	分离目的	透过组分	截留组分	膜类型	分离机理	推动力
微滤（MF）	去除SS高分子	溶液	$0.02\sim10\mu m$ 粒子、SS	多孔膜	机械筛分	压力差0.1MPa
超滤（UF）	脱除大分子	小分子溶液	$10\sim200\mu m$ 大分子溶液	非对称膜	筛分及表面作用	压力差0.1～1MPa
反渗透（RO）	水脱盐溶质浓缩	水 $0.0004\sim0.06\mu m$	盐、溶质、SS	非对称膜或复合膜	水优先吸附主细管流动溶解—扩散	压力差1～10MPa

目前，科学工作者又发明了一种纳滤膜，是介于超滤与反渗透之间的分离膜，用这种膜对水进行深度处理的方法称为纳滤（NF）。纳滤膜能有效去除水中的致突变物质，使 Ames 试验阳性水变为阴性，TOC 去除率可高达 90%，AOC 去除率也可达 80%，还可以降低硬度和色度，对细菌也有很好的去除效果。

8. 离子交换

离子交换是溶液中的离子与某种离子交换剂进行离子交换的作用或现象。一般的离子交换剂为不溶于水的固体颗粒状物质，它能从电解质溶液中吸取某种阳离子或阴离子，而把本身所含的另外一种电荷符号相同的离子等当量地交换，放出到溶液中去。离子交换是一种可逆过程，进行到一定程度后，会达到离子交换平衡状态，离子交换作用不再明显。离子交换可用于硬水软化、去除各种盐类、海水淡化、纯水及超纯水制备，污水深度处理中主要用于去除各种金属离子。

二、污水深度处理工艺流程实例

1. 污水二级生物处理（出水＋混凝＋过滤）

1992年在深圳滨河水质净化厂建造的污水回用示范工程，采用污水二级处理出水加混凝剂后直接过滤的形式，工艺流程如图4-7所示。

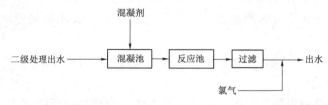

图 4-7　深圳滨河水质净化厂回用水工艺流程

混凝剂用聚合氯化铝，混凝时间为 1.7min，反应时间为 7.2min，滤料采用纤维球。在过滤前先加一次氯杀死二级出水中的微生物，以避免滤床挂膜出现堵塞，出水加氯杀菌防止微生物堵塞管道、风机等设备。

出水水质除 NH_4^+-N 略高外,其他指标均达到国家生活杂用水冲洗、扫除用水标准。经过 5 年的使用,未发现对设备管网构成严重腐蚀,也未发现堵塞现象。

该生产装置处理水量为 $1000m^3/d$,处理成本为 0.22 元/m^3(不含二级生化处理成本)。深圳市水价为 0.85 元/m^3,该装置生产的再生水每年可产生经济效益 23 万元。

2. 污水二级生物处理(出水+超滤)

日本多处酒店、商用楼采用污水二级生物处理出水+超滤处理后进行中水回用。

污水二级生物处理一般采用好氧生物膜法。因此,构成一套由好氧性的高浓度活性污泥法和超滤组件组合而成的水处理系统,其生物膜中 MLSS 为 $6000\sim10000mg/L$,BOD 容积负荷为 $0.79\sim1.42kg/(m^3\cdot d)$,停留时间为 $1.5\sim2.5h$。而用于超滤的超滤膜孔径为 $10\mu m$,切割相对分子质量为 20000 的聚丙烯腈平板膜组件。

该系统经济效益高,冲击负荷性能好,设备简单、紧凑。

3. 给水中的深度处理工艺

图 4-8 所示为三种近年国内外运用于给水深度处理的工艺流程,三种流程都是以常规的混凝-沉淀-过滤为骨架,不同之处在于导入臭氧和活性炭(一般为生物活性炭),两个处理单元的位置不同。

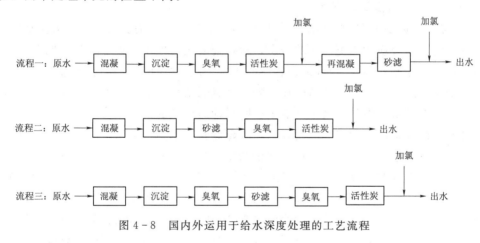

图 4-8 国内外运用于给水深度处理的工艺流程

以上各工艺都有很多成功实例,其优势主要表现在以下几个方面:

(1)能更有效地去除溶解性有机物。

(2)臭氧可以提高生物活性炭的吸附容量,延长活性炭使用寿命。

(3)氨氮以生物转化方式得以去除,取代了折点加氯去除氨氮,消除了大量有机氯化物的形成。

(4)处理后水质可全面提高,而且出水稳定,管理方便。

【任务准备】

给定某一场景的废水。

【任务实施】

根据给定的废水水样类型,选用适合的污水深度处理工艺进行处理。

【检查评议】

评分标准见表 4-1。

【考证要点】

了解污水深度处理工艺的主要类型、原理。

【思考与练习】

污水深度处理工艺的主要类型有哪些？

知识点三 污水处理厂故障分析与诊断

4-4-3
污水处理
厂故障分
析与诊断

【任务描述】

熟悉污水处理厂出现故障的影响性征兆与控制性参数。

【任务分析】

会对污水处理厂的故障进行分析诊断。

【知识链接】

一、故障与故障诊断技术

"故障"一词最先在 20 世纪 30 年代提出，不过，当时是从设备维修角度阐发的，后来和系统学结合演化成更一般的概念，指系统的运行处于不正常状态（低于系统正常运行的允许范围），并可导致系统相应的功能失调。"诊断"一词源于希腊文，意指鉴别、确定，最早的诊断一般指医疗诊断。两者的结合是随着人类文明的进步和科技发展及人们在越来越多的领域里开展了诊断活动而展开的。

几十年的理论研究和实际应用表明，故障诊断技术为提高系统的可靠性和安全性开辟了一条新的途径，并在技术进步和市场拓展的双重驱动下得到了迅速的发展，产生了巨大的经济效益和社会效益，已成为各国研究的一个热点。简要回顾故障诊断技术发展历程，大致可以将这一过程分为两个阶段：第一阶段是以传感器技术和动态测试技术为基础，以信号处理技术为手段的常规诊断技术发展阶段；第二阶段是以人工智能技术为核心的智能诊断技术发展阶段。在第二阶段，诊断技术研究内容与实现方法已发生了重大的转变，对诊断技术的研究不再离散地进行，而是从知识的角度出发，系统研究诊断技术与诊断过程的每一步，使诊断技术不仅为领域内少数专业人员所掌握，而成为一般人员也能使用的工具。

二、污水处理厂故障分析

在污水处理厂的运行过程中，需要定期巡视生物处理系统，考察曝气池、沉淀池等的运行情况；运用各种手段和方法了解活性污泥的性能；借助显微镜观察活性污泥的结构和生物种群的组成。此外，还可通过对水质的化学测定来了解废水生物处理系统的运行状况。在系统正常运行时应保持合适的运行参数和操作管理条件，使之长期达标运行；在发现异常现象时，应找出症结所在，及时加以调整，使之尽快恢复。

（一）影响性征兆

1．色、臭

正常运行的活性污泥一般呈黄褐色。在曝气池溶解氧不足时，厌氧微生物会相应孳生，含硫有机物在厌氧时分解释放出 H_2S，使污泥发黑、发臭。当曝气池溶解氧过高或进水过淡、负荷过低时，污泥中微生物可因缺乏营养而自身氧化，污泥色泽转淡。良好的新鲜活性污泥略带有泥土味。

2．二沉池观察与污泥性状

上清液清澈透明说明运行正常，污泥性状良好；上清液混浊说明负荷过高，污泥对有机物氧化、分解不彻底；泥面上升、SVI 高说明污泥膨胀，污泥沉降性差；污泥成层上浮说明污泥中毒；大块污泥上浮说明沉淀池局部厌氧，导致该处污泥腐败；细小污泥飘泥说明水温过高、C/N 不适、营养不足等原因导致污泥解絮。

3．曝气池观察与污泥性状

在巡视曝气池时，应注意观察曝气池液面翻腾情况：曝气池中间若见有成团气泡上升，即表示液面下曝气管道或气孔口堵塞，应予以清洁或更换；若液面翻腾不均匀，说明有死角，尤应注意四角有无积泥。

4．气泡

（1）气泡量的多少。在污泥负荷适当、运行正常时，泡沫量较少，泡沫外观呈新鲜的乳白色泡沫；污泥负荷过高、水质变化时，泡沫量往往增多；污泥泥龄过短或废水中含大量洗涤剂时即会出现大量泡沫。

（2）泡沫的色泽。泡沫呈白色，且泡沫量增多，说明水中洗涤剂量较多；泡沫呈茶色、灰色，表示污泥泥龄太长或污泥被打碎、吸附在气泡上所致，这时应增加排泥量；气泡出现其他颜色时，则往往是吸附了废水中染料等类发色物质的结果。

（3）气泡的黏性。用手沾一些气泡，检查是否容易破碎。在负荷过高、有机物分解不完全时气泡较黏，不易破碎。

5．污泥体积指数 SVI

一般认为 SVI 小于 $100\sim150\text{mL/gMLSS}$ 时，污泥沉降良好；SVI 大于 200mL/gMLSS 时，污泥膨胀，沉降性能差。活性污泥以絮状菌胶团形式存在是微生物在低营养条件下所表现的一种特性。实验表明，污泥负荷在 $0.2\sim0.4\text{kgBOD/(kgMLSS}\cdot\text{d)}$ 的范围内正符合这一营养条件，此时所有样品的 SVI 均较低。在污泥负荷过高时，沉降性能差。

相关资料实验数据表明，$F/M>0.5$ 时，在有的处理系统中，SVI 值迅速上升。在 F/M 过低时，微生物营养条件差，可能因两种情况出现 SVI 值上升：其一是丝状菌过多而造成污泥结构松散、沉降性能差；其二是产生微小污泥，但与前者不会同时存在。

在活性污泥法中，除了要求活性污泥具有很强的氧化分解有机物的能力外，还要求具有良好的沉降凝聚性能。该参数可用来判断污泥的这一性状。

6．MLSS和混合液挥发性悬浮物浓度 MLVSS

若 MLSS 或 MLVSS 不断增高，表明污泥增长过快，排泥量过少。在生产实践中，适当维持高的污泥浓度，可减少曝气时间，有利于提高净化效率，尤其在处理有毒、难以生物降解或负荷变化大的废水时，可使系统耐受高的毒物浓度或冲击负荷，保证系统正常而稳定地运行。但污泥浓度过高时，会改变混合液的黏滞度，由于扩散阻力的原因，氧的吸收率会下降。污泥浓度高还会增加二沉池的负担，如不能适应将会造成跑泥现象。对浓度低的废水，污泥浓度高会造成负荷过低，使微生物生长不良，处理效果反而受到影响。

7. 污泥灰分

如曝气池进水中悬浮杂质较多、盐度较高或污泥龄较长，污泥中灰分所占比例也较大。成形的无机颗粒折光性较强，借助显微镜很易找到它的踪迹。运行中发现污泥灰分在短期内显著上升时，须检查沉砂池及初沉池运行是否正常。污泥中灰分的存在有利于改善污泥的沉降性能，但它无活性作用，数量偏多不利于处理效果的提高，且增加了无效的提升、回流等能耗。

8. 污泥的可滤性

可滤性是指污泥混合液在滤纸上的过滤性能。凡结构紧密、沉降性能好的污泥滤速快。凡解絮的、老化的污泥滤速慢。

9. 污泥的耗氧速率（OUR）

OUR 的数值同污泥的泥龄及基质的生物氧化难易程度有关，活性污泥 OUR 值的测定在废水生物处理中可用于控制排放污泥的数量和防止污泥中毒。

10. 难分离的活性污泥

根据对量筒内活性污泥混合液的沉降状态和二沉池的水面及出水堰的观察，就可以了解到污泥的大致沉降特性，对包括膨胀污泥在内的、难于沉降的活性污泥可分为膨胀污泥、上升污泥、腐化污泥、过度曝气污泥、浮上污泥、分散污泥、解絮污泥、微细絮体、云雾状污泥。

（二）控制性参数

1. 进、出水的 BOD/COD

BOD/COD 比较高的污水（$BOD_5/COD \geqslant 0.3$）采用生物法处理；反之不宜采用生物法处理。在废水生物法处理中，COD 的去除率总是低于 BOD_5 的去除率，结果使出水的 BOD/COD 有较大幅度的下降，BOD_5/COD 往往小于 0.1。若进、出水的 BOD/COD 变化不大，出水的 BOD_5 值亦较高，表明该系统运行不正常；反之，出水的 BOD/COD 与进水 BOD/COD 相比下降较快，说明系统运行正常。

2. 出水的悬浮固体

出水的悬浮固体主要来源于活性污泥或生物膜中沉降性能较差、结构较松散、颗粒较小的这部分活性污泥，它们在流经二沉池时，未能随其他沉降凝聚性能较好的污泥一起下沉，而随出水上浮外漂。出水的悬浮固体的多少与污泥絮粒大小、丝状菌数量等有关，此外出水的悬浮固体偏高还同管理上的不善导致污泥性状恶化有关，如溶解氧不足、进水 pH 值及有毒物质超标、回流污泥过量等。当出水的悬浮固体大于 10mg/L 时，表明悬浮物流失过多。这时应寻找原因，采取对策，加以纠正。性能好的处理系统，出水的悬浮固体一般小于 30mg/L。

3. 进、出水氮的形态与处理深度

在处理深度较好、负荷较低、水力停留时间较长的好氧处理系统中，氨氮在污泥中的硝化菌的作用下，进一步氧化为亚硝氮和硝氮。而在厌氧处理系统中，大部分氨氮随出水外排。因此，可根据出水中氮的形态（有机氮、氨氮及硝态氮）及其所占的比例来判断污水处理的深度。目前开发的各种生物脱氮处理系统均设置不充氧的厌氧区段（或称缺氧段），可将硝态氮经反硝化作用还原成分子氮气而除去。对这类生物脱氮系统一定要通过测定进、出水的总氮浓度、总氮去除率及氮形态在各区段的转化状况来评价系统的运行状况，并借此对系统实行调控。

4. 进、出二沉池混合液和上清液的 BOD_5（或 COD）

当处理系统负荷过高，或废水在曝气池内停留时间过短，混合液内的有机物尚未完全降解（即未完全被稳定化）即被送入二沉池，这时污泥微生物可利用残留的溶解氧继续氧化分解残留的有机物，造成进、出二沉池上清液中 BOD_5（或 COD）有较大的下降，我们可借此来判断曝气池中的生化作用进行得是否完全和彻底。如发现进入二沉池的混合液尚不稳定，可通过减小进水流量、延长曝气时间、增加污泥浓度、减小污泥负荷等措施加以调整。

5. 进、出二沉池混合液中的溶解氧（DO）

进、出二沉池混合液的 DO 在正常情况不应有太大的变化，若 DO 有较大的下降，说明是由活性污泥混合液进入二沉池后的后继生物降解作用耗氧所致，是系统负荷过高，尚未达到稳定化的标志，可采取上述相同的方法予以调整。

6. 曝气池中溶解氧的变化

当翼轮转速或供气量不变，而曝气池 DO 有较大的波动时，除了及时调整 DO 水平外，尚需查明其原因。若发现进水 pH 值突变或毒物浓度突然增加时，可使污泥耗氧速率（OUR）急剧下降，从而使 DO 增高，这是污泥中毒的最早症状。若曝气池 DO 长期偏低，同时污泥的 OUR 偏高，则可能为泥龄过短或污泥负荷过高，应根据实际情况予以调整。

7. 曝气池中 pH 值的变化

根据运行资料的长期积累，可以分析研究出废水进行生物处理后变化的规律，用于指导实际管理运行。例如印染厂的废水中含有烧碱类物质，废水的 pH 值较高，而浆料（淀粉类物质）经微生物分解后可转化为有机酸等小分子有机物，最后彻底被氧化分解为 CO_2 和 H_2O，这些都可使 pH 值下降，因此 pH 值为 9～9.5 的印染废水经生化处理后，常会使出水 pH 值降至 7.0～6.7 后外排。当污泥微生物受废水中其他有毒物质作用后中毒或遇其他不利条件时，进水 pH 值为 9～9.5 的印染废水，出水时 pH 值仍会高达 8 或 8 以上。可以根据处理前后废水 pH 值的变化来判断生物处理系统的运行状况，并借此对系统进行调整。

三、污水处理厂故障诊断特征

由于城市污水处理是一个较为缓慢的以物理和生化变化为主的工艺控制过程，产生的故障绝大部分是参数性故障，而且城市污水处理工艺运行过程属于少品种大量连续生产类型，生产过程是连续的，物流和能量流持续不断进行，工序先后次序紧凑严格，工艺流程基本不变，缓冲余地小，生产均衡平稳，并伴随着一系列物理生化变化。同时，整个过程又存在着突变性和不确定性因素，故障停车损失大，往往故障的发生是以连锁的形式出现的。具体说来，城市污水处理厂的故障诊断具有以下特征：

（1）系统的诊断具有不确定性。具体表现在诊断对象的不确定性（污水的水质、各种污物的含量等）、诊断知识的不确定性与不完备性、诊断信息的不确定性与不完备性（并非所有的与工艺有关的输入参数和输出参数都可以准确确定）三个方面。

（2）故障诊断的滞后性。由于城市污水处理工艺过程的连续性和故障产生的延后性，当某些控制性参数发生变化时，通过影响性征兆（即状态参数，如 COD、NH_3-N 等）的变化并不是实时的，而是要滞后一定的时间。因此，当状态参数超标，即发生故障时，产生该故障的控制参数的变化已经发生了一段时间，有时甚至在状态参数的故障产生时，控制参数的状态已经恢复了正常。

（3）诊断信息的多样性。诊断信息一部分来自输入的控制性参数和征兆，另一部分还需人机交互方式输入现场实时数据。

【任务准备】

给定某一场景的废水处理系统。

【任务实施】

根据给定的废水处理系统，分析诊断污水处理厂的故障。

【检查评议】

评分标准见表 4-1。

【考证要点】

能根据污水处理厂的影响性征兆与控制性参数分析并诊断故障。

【思考与练习】

（1）用于分析和诊断污水处理厂故障的影响性征兆有哪些？

（2）用于分析和诊断污水处理厂故障的控制性参数有哪些？

任务五　典型工业废水处理工艺运行与管理

知识点一　造纸废水的处理工艺运行与管理

【任务描述】

了解造纸废水的特点、处理技术及运行与管理。

【任务分析】

造纸工业废水是指制浆造纸生产过程中所产生的废水。造纸工业废水的特点是废水排放量大，BOD 高，废水中纤维悬浮物多，含二价硫且带色，并有硫醇类恶臭气味。本知识点的主要任务是掌握造纸工业废水工艺的运行管理。

【知识链接】

一、造纸废水处理技术

造纸废水排放主要来源于筛选、浓缩及纸机白水等工序，造纸废水中主要污染指标有 COD、BOD_5、色度等。无化学脱墨的制浆工艺所产生的废水远比化学脱墨车间废水的污染负荷低，废纸脱墨车间排出的废水色度、悬浮物含量高，并含有重金属及印刷油墨中溶出的胶体性有毒物质。

1. 混凝法

目前，再生浆造纸废水处理一般采用常规的混凝-沉淀法，较常用的混凝剂为聚氯化铝（PAC），助凝剂为聚丙烯酰胺（PAM），该混凝剂组合处理后的出水一般均能达到国家排放标准。但 PAM 价格昂贵，增加了废水处理成本；且 PAM 单体有毒（致癌），以 PAM 作助凝剂可能会在排水或排泥中带入二次污染物。

2. 气浮法

絮凝上浮法使轻飘絮粒的上浮分离速率及净水效率大为提高，浮渣含水率低，为固体物料与水的回用创造了良好的条件，由于水基本上全部回用，所以实现了生产中的循环使用。再生造纸废水采用高效气浮工艺和设备进行处理，完全可以实现造纸废水的处理和水循环使用，出水水质可以达到国家污水综合排放标准。

3. 物化法

运用物化法处理技术，治理工程占地面积小、造价低、节省运行费用，净化水水质稳定。设施的特点是：无动力搅拌斜板沉淀器无需动力，是集投药、调 pH 值、混凝搅拌、沉淀分离为一体的废水处理先进新设备，节约用水 80%，并可回收纸浆用于造纸。

4. 物化加生化处理方法

A/O（缺氧-好氧）处理工艺，通过缺氧段的微生物选择作用，只是对有机物进行吸附，吸附在微生物体的有机物则在好氧段被氧化分解。因此 A 段停留时间短，在 40~60min。

由于 A 段微生物的筛选和对有机物的吸附作用，能有效地抑制 O 段丝状菌生长，控制污泥膨胀。当废水经过混凝沉淀或气浮处理后，A/O 工艺的有机负荷为 0.5kg COD/(kg MLSS·d) 时，其 COD 去除率可达 90% 左右。

生物接触氧化法具有挂膜快、无污泥回流系统、无污泥膨胀危害、日常运行管理容易等优点，在中小型有机废水处理中应用较多。

但是在相同条件下，接触氧化法处理效果不如活性污泥法，虽然无污泥膨胀，但在二沉池需要更低的表面负荷，而且填料的定期更换问题也应引起重视。

二、造纸废水工艺运行与管理

采用废纸生产纸品，再生打浆、洗浆和抄造等生产工艺中产生大量综合废水。从上述再生纸废水处理方法可以看出，只要严格掌握各工艺的技术关键，完全可以实现造纸废水的处理和循环。但在长期水循环使用中，也会出现一些问题，如多余水的排放、氯离子的积累、腐浆的产生而影响产品质量等。

解决上述问题的对策如下：

（1）废纸再生系统适度封闭，排出污泥及时处理，主要应消除因封闭循环而造成的有机物积累。

（2）所有从预除渣、筛选和除渣机排出的废渣需要浓缩以减少带走的水分，大多数固体废渣用于填坑，或将废渣压榨到较大的干度后烧掉。

（3）有些水处理中药剂成本费用较大，药剂品种和用量可进一步优化。

（4）利用絮凝沉淀和多级过滤，使造纸用水全部回用于生产，实现零排放。

【任务准备】

给定某一场景的造纸废水。

【任务实施】

根据给定的废水水样类型，选用适合的造纸废水处理的方法。

【检查评议】

评分标准见表 4-1。

【考证要点】

了解造纸废水的污染物类型和特点，造纸废水处理的主要方法。

【思考与练习】

（1）简述造纸废水污染的来源和特点。

（2）简述造纸废水的主要处理方法和运行与管理要求。

4-5-2
制药废水
的运行与
管理

知识点二　制药废水的运行与管理

【任务描述】

了解制药废水的特点、处理技术及运行与管理。

【任务分析】

制药工业废水主要包括抗生素生产废水、合成药物生产废水、中成药生产废水以及各类制剂生产过程的洗涤水和冲洗废水四大类。其废水的特点是成分复杂、有机物含量高、毒性大、色度深、含盐量高，特别是生化性很差，且间歇排放，属难处理的工业废水。本知识点主要任务是掌握制药工业废水中抗生素、维生素、氨基酸生产废水的处理工艺。

【知识链接】

一、抗生素生产工艺流程

抗生素提取方法包括离子交换、萃取、分离、结晶、沉淀等。精制提纯方法包括脱色、结晶、干燥等。

抗生素的生产要耗用大量粮食，每生产 1t 抗生素需消耗粮食 25～100t，抗生素的分离和提纯过程还要消耗大量有机溶剂。同时抗生素生产耗电约占总成本的 75％。

抗生素废水成分复杂，有中间代谢产物、表面活性剂（破乳剂、消沫剂等）、残留的高浓度酸碱、有机溶剂。废水不易生化处理，且废水中残留的抗生素含量很高，当废水中残留浓度大于 100mg/L 时，会抑制好氧污泥的活性，降低生化处理效果；硫酸盐浓度很高，会达到数千毫克每升，对厌氧生物处理也有抑制作用。

对抗生素生产废水的治理，目前采用预处理-水解（或厌氧）-好氧工艺处理较多，工艺流程如图4-9所示。其中厌氧生化处理装置形式上多采用厌氧污泥床反应器（UASB）、厌氧复合床反应器（UASB＋AF）、厌氧颗粒污泥膨胀床反应器（EGSB）等形式；好氧生化处理装置形式有活性污泥法和深井曝气法。近年来则以水解-好氧生物接触氧化法以及不同类型的序批式活性污泥法居多。

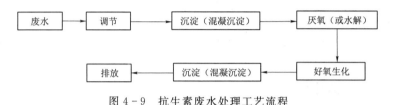

图4-9 抗生素废水处理工艺流程

二、维生素生产工艺流程

工业生产上目前已有微生物发酵方法制备的维生素有维生素 B_1、B_2、B_{12}、H 和原维生素 A_1，并用微生物转化反应完成维生素 C 合成中的关键步骤。

维生素 C 生产废水主要来自洗罐水、母液及釜残。废水污染物浓度高，废水中主要含有有机污染物，另外还含有氮、磷及硫酸盐等。与抗生素废水相比，这类废水可生化性相对要好。目前，国内几家生产维生素 C 的厂家主要采用厌氧-好氧生化处理工艺。

三、氨基酸生产工艺流程

氨基酸的生产一般采用直接发酵法生产赖氨酸，直接以葡萄糖为原料，以硫酸铵、液氨等作为氮源，采用特定菌株在发酵罐中发酵，发酵完成后再经酸化、分离、浓缩、干燥即可得到赖氨酸产品。

氨基酸主要排放的废水为发酵罐气体洗涤水、蒸发气洗涤水和树脂洗涤水，水中含有蛋白、糖等。某些具有副产品生产能力的氨基酸生产企业，还有部分废水来源于副产品车间蒸发结晶工序及制肥车间等，废水中主要含有氨氮等。国内一些厂家采用厌氧（EGSB）-好氧（CASS）结合的生物处理法进行污水处理。

【任务准备】

给定某一场景的制药废水。

【任务实施】

根据给定的废水水样类型，选用适合的制药废水处理的方法。

【检查评议】

评分标准见表4-1。

【考证要点】

了解制药废水的污染物类型和特点，制药废水处理的主要方法。

【思考与练习】

（1）简述制药废水污染的来源和特点。

（2）简述制药废水的主要处理方法和运行与管理要求。

4-5-3
炼油工业
废水的运
行与管理

知识点三　炼油工业废水的运行与管理

【任务描述】

了解炼油工业废水的特点、处理技术及运行与管理。

【任务分析】

本知识点主要任务是掌握炼油工业废水的特点和处理工艺。

【知识链接】

一、炼油废水的特点

炼油废水主要来自反应过程的注水和生成水，油气和油品的冷凝分离水，油气和油品的洗涤水，蒸馏过程的气提冷凝水，机泵填料函冷却水，化验室排水，油罐切水，油罐车洗涤水，炼油设备洗涤水，地面冲洗水等。其主要污染物分为烃类和可溶性的有机与无机组分。主要含油、酚、氰、硫、COD、碱及盐等。炼油废水需进行生产车间预处理后再集中处理。

二、炼油废水处理工艺

物化处理废水：物化法应用于炼油废水处理的工艺很多，具体有膜分离法、电解法、吸附法、混凝沉淀法、化学氧化法和催化氧化法等。

生物法处理：主要有常规的活性污泥法、生物膜法、生物接触氧化法、高效生物反应器处理法、厌氧处理法及氧化塘法等。

物化与生化法相结合：物化处理作为预处理或深度处理。生化普遍采用的 A-O 法，即先厌氧处理，再进行好氧处理（活性污泥或生物接触氧化），去除效果较好。

1. 混合废水集中处理

炼油厂废水处理工艺流程基本上是在隔油、气浮与生化处理老三套工艺基础上的改进。国内外对炼油混合废水多采用生物二级处理流程，即隔油-浮选-生物处理流程。采用该流程一般可以达到现行的排放标准。对于一些排放要求比较高的地区，可在二级处理工艺的基础上增加废水深度处理流程，使出水水质达到地面水或回用水标准。

2. 深度处理方法

炼油废水深度处理方法有活性炭吸附法、臭氧氧化法以及过滤法等。

（1）活性炭吸附法。采用粒状活性炭吸附处理经二级处理后的废水，以去除水中酚、油、BOD 等含量达到或接近地面水标准。活性炭吸附装置的床型有固定床、移动床和流化床等。生物-活性炭法处理作为废水的三级处理。如向活性污泥曝气池中投加粉状炭的方法，认为是一种比较经济有效的三级处理流程。

（2）臭氧氧化法。目前国外较少采用臭氧作为三级处理的流程，仅在加拿大和法国有几家炼油厂采用。我国一些炼油厂曾进行生产性试验，其出水可达到地面水标准，但投资及运行费用比活性炭还高。

（3）过滤法。一般炼油厂将过滤作为去除生物二级处理出水中的残留胶体和悬浮物的手段，放在生化处理之后，可看成深度处理技术，可作为活性炭或臭氧等深度处理技术的预处理。油和悬浮物的去除率可达 60%～70%。投加助滤剂后，去除率可提高到 90% 以上。

【任务准备】

给定某一场景的炼油工业废水。

【任务实施】

根据给定的废水水样类型，选用适合的炼油工业废水处理的方法。

【检查评议】

评分标准见表 4-1。

【考证要点】

了解炼油工业废水污染类型和特点，选用何种方法进行处理。

【思考与练习】

（1）简述炼油工业废水预处理的特点。

（2）简述炼油工业废水的处理方法和运行与管理要求。

知识点四　化工工业废水的处理工艺及运行与管理

4-5-4
化工工业
废水的处
理工艺及
运行与管理

【任务描述】

了解化工工业废水的特点、处理技术及运行与管理。

【任务分析】

化工工业包括石油化工、农业化工、化学医药、高分子、涂料、油脂等。本知识点主要掌握光催化氧化处理化工工业废水的运行与管理。

【知识链接】

一、光催化氧化的分类

在大多数情况下，光子的能量不一定刚好与分子的基态与激发态之间能量差值相匹配，在这种情况下，反应物分子不能直接受光激发，因此在某种程度上光催化氧化反应具有更大的利用价值。光催化氧化法可以分为均相光催化氧化法和多相光催化氧化法。

1. 均相光催化氧化法

均相光催化氧化法可以单独作为一种处理方法氧化有机废水，也可以与其他方法联用，如与混凝沉淀法、活性炭法或生化法联用。通过投加低剂量氧化剂来控制氧化程度，使废水中有机物发生部分氧化、偶合或聚合，形成分子量不太大的中间产物，从而改变它们的可生物降解性、溶解性及混凝沉淀性，然后通过联用技术去除。与深度氧化相比，可大大节约氧化剂的用量，从而降低废水总的水处理成本。

均相光催化氧化法的优点如下：

（1）光催化效率高，氧化能力强，可处理高浓度、难降解、有毒有害废水。

（2）与多相光催化相比，其降解有机物的速率是多相光催化的 3～5 倍。

（3）降低 Fe^{2+} 的用量，保持过氧化氢较高的利用率。

（4）紫外光和 Fe 对过氧化氢的催化分解存在协同效应，即过氧化氢的分解速率远大于 Fe^{2+} 或紫外光催化过氧化氢分解速率的简单加和。但是均相光催化氧化法成本高，Fe^{2+} 作为催化剂反应后会留在溶液中形成二次污染。

2. 多相光催化氧化法

多相光催化氧化降解主要是指在污染体系中投加一定量的光敏半导体材料，同时结合一定能量的光辐射，使光敏半导体在光的照射下激发产生电子-空穴对，吸附在半导体上的溶解氧、水分子等与电子-空穴对作用，产生羟基自由基，再通过与污染物之间的羟基加合、取代、电子转移等使污染物全部或接近矿化，最终生成 CO_2、H_2O 及其他离子，如 NO_3^-、PO_4^{3-}、SO_4^{2-}、Cl^- 等。光催化氧化已推广到金属离子及其他无机物和有机物的光降解。

（1）多相光催化氧化材料——半导体材料。半导体材料研究最多的是硫族化物，如 TiO_2、ZnO、CdS、WO_3、SnO_2，不同的光敏材料在水处理中表现为不同的光催化活性。TiO_2 光化学稳定性高、耐光腐蚀，并且具有较深的价带能级，可使一些吸热的化学反应在被光辐射的 TiO_2 表面得到实现和加速，且 TiO_2 价廉无毒。

（2）光催化剂 TiO_2。其优缺点见表 4-6。

表 4-6　　　　　　　　　　　　　　光催化剂 TiO_2 的优缺点

类型	概　念		优　点	缺　点
悬浮型	TiO_2 粉末直接与废水混合组成悬浮体系		结构简单，能充分利用催化剂	存在固液分离问题，无法连续使用；易流失；悬浮粒子阻挡光辐射深度，TiO_2 浓度为 $0.5mg/m^3$ 左右时，反应速度达到极限等
固定型	TiO_2 粉末喷涂在多孔玻璃、玻璃纤维或玻璃板上	非填充式固定床型：以烧结或沉积法直接将光催化剂沉积在反应器内壁，部分光催化表面积与液相接触	TiO_2 不易流失，可连续使用	催化剂固定后降低了活性
		填充式固定床型：烧结在载体上，然后填充到反应器里，与非填充式固定床型相比，增大了光催化剂与液相接触面积，克服了悬浮型固液分离问题		

类型	概　念	优　点	缺　点
流化床	负载了 TiO_2 颗粒的载体，在反应器中以悬浮状态存在	一方面可使催化剂颗粒多方位受到光照，并且在悬浮扰动下可防止催化剂钝化，提高催化剂的利用效率；另一方面也解决了悬浆体系固液分离难的问题	

二、光催化剂 TiO_2 存在的问题

（1）悬浮型：存在固液分离问题。

（2）负载型：①催化剂单位体积的表面积较低，阻碍了质量传递的进行；②催化剂易钝化；③由于载体介质对光的吸收和散射，导致光能量不足。

共同存在问题：光吸收波长范围窄，光量子效率低。

【任务准备】

给定某一场景的化工工业废水。

【任务实施】

根据给定的废水水样类型，选用适合的化工工业废水处理的方法。

【检查评议】

评分标准见表 4 - 1。

【考证要点】

了解化工工业废水污染类型和特点，会选用合适的方法进行处理。

【思考与练习】

（1）化工工业废水处理方法有哪些？

（2）光催化剂 TiO_2 的特点和要求是什么？

水处理厂（站）污泥处理与处置系统运行与管理

【思政导入】

在推进美丽中国建设的过程中，我们应该推进生态优先、节约集约、绿色低碳发展。通过污泥处理、资源化和污水回用，可以大大消减城市污泥，减少填埋占用的土地资源；同时，还能够充分利用污泥中的有效资源，推动资源节约集约利用，实现绿色低碳发展。

【知识目标】

了解污泥的性质及常用脱水方法及资源化利用方法、水的再利用方式；了解污泥的卫生填埋工艺及污泥的好氧堆肥、厌氧发酵工艺及污水回收利用处理方法；熟悉污泥脱水工艺、填埋工艺的运行与管理，以及好氧堆肥工艺、污泥厌氧发酵工艺、污水回收利用工艺的运行与管理；掌握污泥脱水工艺运行管理。

【技能目标】

通过本项目的学习，能够看懂污泥脱水工艺及填埋、好氧堆肥、污水回用处理工艺；能够进行污泥脱水工艺运行与管理。

【重点难点】

本项目重点在于掌握污泥脱水工艺运行与管理的方法和相关技能；难点在于污泥脱水工艺管理。

任务一　给水污泥处理与处置系统运行与管理

知识点一　给水污泥脱水工艺运行与管理

5-1-1
给水污泥
脱水工艺
运行与管理

【任务描述】

了解给水污泥的性质及给水污泥的处理工艺及设备、工艺运行与管理等。

【任务分析】

在给水厂中污泥的处理主要是脱水，因此要求了解常用的脱水工艺及设备，熟悉脱水工艺运行中的主要参数的控制及设备的日常运行管理。

【知识链接】

一、污泥脱水工艺与设备

给水厂污泥处理，在改善水环境同时，还可回收利用占水厂2%～4%的水量，可一定程度上缓解水资源紧缺的矛盾。

1. 污泥脱水工艺

排泥水处理系统通常包括调节、浓缩、调理、脱水以及处置等工序，其系统图如图5-1所示。

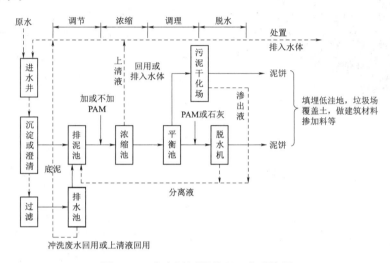

图5-1 净水厂污泥处理工艺系统图

净水厂污泥处理是把生产排水和生产排泥中大量悬浮物质经过多道工序的处理，使最终产物上清液的水质符合水厂回用或国家排放标准，同时，使泥饼外运填埋或循环利用。

2. 脱水设备

目前，国内自来水厂污泥脱水最常见的方式有带式压滤机、板框式压滤机、离心脱水机和卧式沉降螺旋卸料离心机。

（1）带式压滤机。一般带式压滤脱水机由滤带、辊压筒、滤带张紧系统、滤带调偏系统、滤带冲洗系统和滤带驱动系统构成，如图5-2所示。

（2）板框式压滤机。板框式压滤机主要由凹入式滤板、框架、自动-气动闭合系统测板悬挂系统、滤板震动系统、空气压缩装置、滤布高压冲洗装置及机身一侧光电保护装置等构成，如图5-3所示。

图5-2 带式压滤机

图5-3 板框式压滤机

（3）离心脱水机。离心脱水机的主要优点是自动化程度高、工艺密闭性强、可连续运行、管理方便、运行方式灵活，而且出泥量大、占地面积小、出泥含固率较高、污泥回收率高等优点，近年来应用广泛。

（4）卧式沉降螺旋卸料离心机。卧式沉降螺旋卸料离心机是依靠固液两相的密度差，在离心力场的作用下，加快固相颗粒的沉降速度来实现固液分离。基本通用型离心机结构如图5-4所示。

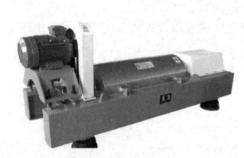

图5-4 污泥离心脱水机

二、污泥脱水运行与管理

给水厂污泥脱水处理方式根据浓缩方式和脱水方式，其流程也有所差别，如图5-5、图5-6所示。无论采用哪种工艺，运行管理中以下几个方面是主要控制对象。

（1）排泥量均匀控制。水厂生产废水一般都是周期性排放，而污泥浓缩大都属连续

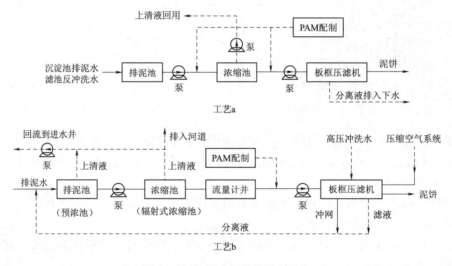

图5-5 板框式压滤机脱水系统

图5-6 离心机脱水系统

工作，这就要求在污泥浓缩池前设一废水水量调节池进行水量调节，保证后续的浓缩、脱水能够连续稳定进泥和排泥。

（2）调节池的作用及运行要求。调节池的作用主要是将澄清池和双阀滤池的排泥

水均质均量，保证向浓缩池提供浓度较为均匀、流量较为恒定的污泥。因此，调节池内设潜水搅拌机以使池内污泥处于悬浮状态及保持浓度均匀；同时，在池内设潜水泵以恒定流量向浓缩池投放污泥。

（3）浓缩池的作用及运行要求。主要降低进泥含水率，减少污泥体积，为后续处理创造条件。浓缩池的功能是对调节后的泥水进一步浓缩，以提高机械脱水效率，缩小脱水机容量。给水污泥亲水性很强，污泥必须具备一定的浓度才能得到较好的脱水效果，浓缩池是污泥处理过程中的核心部分，其底流浓度将直接影响污泥脱水的效果。浓缩池在高浊度和脱水机停止转动时，还应起到储留污泥的作用。

（4）储泥池。储泥池的作用是收集浓缩污泥，保证脱水机械的连续运行。污泥平衡池主要考虑液位，浓度信号的输出以及搅拌设备和出水阀门的状态控制。

（5）滤液池。作用是收集污泥离心脱水机的分离液，然后通过污水泵输送至废水调节池。

【任务准备】

设定某个工作场景，给出设备参数、污泥脱水率要求等条件；可以进行仿真操作或现场实操，根据具体条件而定。

【任务实施】

参照仿真操作说明书或实训场所操作说明来进行操作，调整相关参数，加深对此单元运行与管理的要点理解。

【检查评议】

评分标准见表 5-1。

表 5-1　　　　　　　　　评　分　标　准

编号	项目内容	评　分　标　准	分值	扣分	得分
1	学习态度	不认真分析扣 10 分	10		
2	动手能力	动手能力不强扣 20 分	10		
3	团队协作精神	团队精神不强扣 10 分	10		
4	专业能力	操作错误，每错一次扣 10 分；扣完为止	50		
5	安全操作	不遵守纪律扣 10 分；不注意安全扣 10 分	20		
6	合　　计		100		

【考证要点】

了解污泥脱水的工艺；能够较为熟练地进行工艺运行与管理。

【思考与练习】

（1）给水污泥脱水的方式主要有哪些？

（2）常用脱水机械的特点及管理要点是什么？

5-1-2
给水污泥
填埋运行
与管理

知识点二　给水污泥填埋运行与管理

【任务描述】

了解给水污泥卫生填埋的处理方法和工艺及填埋方法，能够进行填埋的基本运行与管理。

【任务分析】

污泥卫生填埋是一项比较成熟的污泥处理技术，需要经过科学选址和严格的场地防护处理。但污泥卫生填埋也存在诸多问题，填埋场内部渗透的有毒物质易造成土壤、地下水的二次污染。因此，填埋过程中的运行与管理以及封场后期的运行与管理很重要。

要做好填埋场的运行与管理，就有必要了解卫生填埋的特点及选址要求，运行方式和填埋方法及防渗处理等。

【知识链接】

污泥填埋分为混合填埋和单独填埋。给水厂的污泥有害物质或者重金属含量都较低，毒性也就低，所以一般将给水厂的脱水泥饼与城市垃圾处理场中的生活垃圾混合后一起填埋。

一、卫生填埋场址选择

1. 厂址选择

选址是处置工程的第一步，要做到合理选择场址，一般要遵循两条基本准则：一是要能满足环境保护的要求；二是要经济可行。垃圾填埋场场址影响系统如图 5-7 所示。因此，场址的选择要十分谨慎，反复论证，通常要经过预选、初选和定点三个步骤来完成。

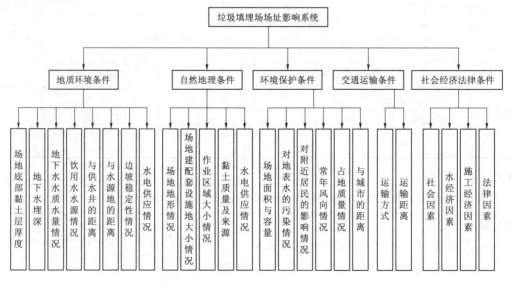

图 5-7　垃圾填埋场场址影响系统

2. 地下水保护系统设计

为了防止填埋场浸出液污染地下水，目前都要求在填埋场内设计保护系统，如图5-8所示，以防止废液可能发生的污染。

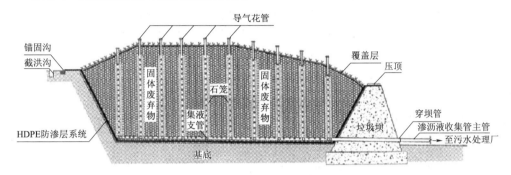

图5-8　卫生填埋场防渗系统示意

二、填埋运行与管理

垃圾处理作业程序是计量→卸料→摊铺→压实→消杀→覆土→灭虫→终场生态修复，如图5-9所示。具体来说是垃圾进入填埋场，首先经称重计量，再按规定的速度、线路运至填埋作业单元，在管理人员指挥下，进行卸料、摊铺、压实并覆土，最终完成填埋作业。

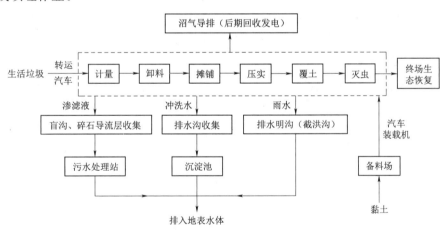

图5-9　生活垃圾填埋典型工艺流程

1. 填埋作业运行与管理

实用的填埋方法有三种：沟壑法、面积法和混合法（也称斜坡法）。为了保证土地填埋操作的顺利进行，无论采用何种方法，都应该事先制订一份详细的操作计划，为操作人员指明操作规程、交通路线、填埋记录、监测程序、定期操作进度、意外事故的应急方法及安全措施等。卫生土地填埋一定要选择合适的填埋设备，这是保证填埋质量和降低处理费用的关键。常用填埋设备有推土机、铲运机、压实机等。条件不允许时，也可使用石磙、夯实机或振动器代替压实机。

填埋作业要求垃圾填埋应采用分区、分单元、分层作业方法进行。分区是指管理者应根据填埋库区的地形，划定若干个片区，每个片区确定若干个填埋单元。进行填埋作业时，推填摊铺作业方法有三种：上行法、下行法和平推法。上行法压实密度强，但设备损耗大、耗油量多、成本较高、作业难度较大；下行法压实密度强、设备损耗小、耗油量少、成本较低；平推法使操作面前部形成陡峭的垃圾断面，垃圾堆体稳固性差、压实密度达不到要求、难以形成堆体坡度的要求，一般较少使用。

2. 填埋场气体的产生及控制方法

填埋后的垃圾被分解，一般分为好氧和厌氧两个阶段。图 5-10 表示了填埋场不同阶段气体产生成分的相对量的大小。目前，所采用的沼气抽气一般是预先钻好一口井，由真空泵把气体收集到收集管，然后压送到气体加工厂进行处理。

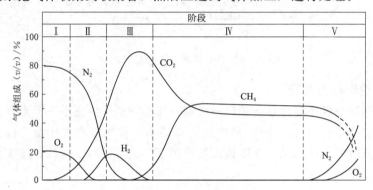

Ⅰ—生化好氧分解阶段；Ⅱ—过程转移阶段；Ⅲ—酸性阶段；Ⅳ—产甲烷阶段；Ⅴ—稳定化阶段

图 5-10　填埋场产生气体随时间变化曲线

3. 垃圾渗滤液收集

垃圾渗滤液收集系统包括导流层、盲沟、集液井（池）、调节池设施等，如图 5-11 所示。

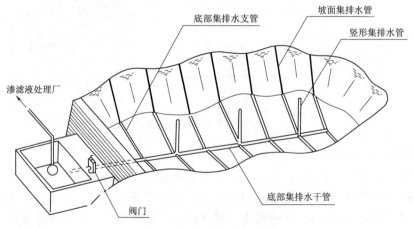

图 5-11　渗滤液收集系统

4. 环境保护与环境监测

生活垃圾卫生填埋的根本目的是实现生活垃圾的无害化，严格做到不超过国家有关法律法令和现行标准允许的范围，并且应与当地的空气防护、水资源保护、环境生态保护及生态平衡要求相一致。填埋场地在填埋前应进行水、空气、噪声、蝇类孳生等的本底测定，填埋后应进行相应的定期污染监测。在污水调节池下游约30m、50m处设污染监测井，在填埋场两侧设污染扩散井，同时在填埋场上游设本底井。

（1）对蚊蝇害虫的防治措施。具体包括：垃圾清运采取压缩式密封车辆；每天填埋的垃圾必须当天覆盖完毕，杜绝蚊蝇孳生；在填埋场种植驱蝇植物，或喷药消杀等。

（2）飞尘的影响及控制措施。具体包括：①配备洒水车辆，对场内道路及作业区采取定时保洁降尘措施；②填埋场内作业表面及时覆盖；③种植绿化隔离带控制飞尘扩散；④对正在进行作业区的四周设置2.5~3m高的拦网，控制轻质垃圾飞扬。

（3）填埋场环境监测项目主要有大气监测、填埋气监测、地下水监测、渗滤液监测、处理后渗滤液尾水监测、垃圾进场成分监测、苍蝇孳生密度监测、垃圾压实密度监测、噪声检测监测、垃圾体沉降监测、臭气和消杀药物残留物监测。

（4）建立和完善各项日常业务工作资料。具体包括：进场垃圾成分测试资料；每日垃圾入库量及填埋区域资料；每日覆土量资料；每日消杀用药、用水、效果情况资料；每日渗滤液水质状况资料；渗滤液处理各操作单元的运转工况和水质状况资料；每月各种监测项目数据资料；每季地下水、地表水的水质监测资料；每月当地环保部门对垃圾场的环境监测资料。上述各种业务工作资料应分类按月、季、年整理归档保存。

5. 安全管理工作

安全管理工作包括安全预防、火灾防护、水灾防护、职业病防治和雷电防护。

从长远来看，填埋并不是一种积极的泥饼处置方法，自来水厂排泥水处理的目标是为了保护环境，利于生态的可持续发展，因此，泥饼资源化利用成为未来泥饼出路的主要方向。

【任务准备】

设定某个工作场景，给出填埋场场址环境、工艺方案、运行管理措施等条件；利用专业知识来判断填埋场的运行管理及工艺方案的合理性，并能够给出理由及改进措施。

【任务实施】

（1）根据给定的填埋场文件资料，从对环境保护的方面找出不合理的地方。

（2）对不合理的地方提出改进措施，可通过查询资料来详细了解。

【检查评议】

评分标准见表5-1。

【考证要点】

综合分析资料及归纳总结的能力。了解卫生填埋的监管要点；能够进行合理的解释。

【思考与练习】

（1）卫生填埋的特点是什么？

（2）填埋场封场后还需要做哪些工作？

知识点三　污泥再利用技术

5-1-3
污泥再利
用技术

【任务描述】

了解给水污泥好氧堆肥的原理；熟悉污泥好氧堆肥的工艺及影响参数；熟悉好氧堆肥工艺管理。

【任务分析】

给水厂中污泥的有害成分较少，资源化利用较为合适。在本任务中要熟悉好氧堆肥工艺运行中的主要参数的控制及设备的日常运行与管理。

【知识链接】

给水厂脱水污泥的组分属黏土，污泥中重金属含量、总烃含量、放射性含量都接近或低于国家土壤环境质量值，因此将给水厂脱水污泥进行资源化利用，不会对环境造成不利的影响，具有较好的环境可接受性。污泥中含有大量的有机质、氮、磷、钾等植物需要的养分，其含量高于常用的牛羊猪粪等农家肥。

一、污泥堆肥化处理

1. 好氧堆肥原理

好氧堆肥是在有氧条件下，有机废物通过好氧菌自身的生命活动氧化还原和生物合成，将废物一部分氧化成简单的无机物，同时释放出可供微生物生成活动所需的能量，而另一部分则被合成新的细胞质，使微生物不断生长、繁殖的过程。好氧堆肥产品如图 5-12 所示，原理如图 5-13 所示。

图 5-12　好氧堆肥产品

2. 堆肥过程参数及控制

（1）供氧量。通风供氧是堆肥成功与否的关键因素之一。一般在堆肥过程中，常通过测定堆层温度来控制通风量，以保证堆肥过程处于微生物生长的理想状态。常用的通风方式有自然通风供氧，向肥堆内

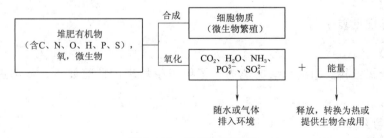

图 5-13　好氧堆肥原理

插入通风管（主要用于人工土法堆肥工艺），利用斗式装载机及各种专用翻堆机横翻堆通风，用风机强制通风供氧。

（2）含水量。堆肥物料的最佳含水率通常在 50%～60%。当含水率低于 40% 时，应加水或添加污泥量来调节。

（3）碳氮比（C/N）。碳和氮是微生物分解所需的最重要元素。初始物料的碳氮比为 30∶1，合乎堆肥需要，其最佳值在 26∶1～35∶1 之间。成品堆肥的适宜碳氮比在 10∶1～20∶1 之间。植物秸秆之类含碳较高，污泥含氮较高，可配合使用。

（4）碳磷比（C/P）。磷对微生物的生长也很重要。一般堆肥物料的 C/P 以（75～150）∶1 为宜。污泥中磷的含量较为丰富。

（5）pH 值。微生物的降解活动需要一个微酸性或中性的环境条件。pH 值也是一项能对细菌环境做出估价的参数。在堆肥的生物降解和发酵过程中，堆层 pH 值随时间和温度变化而变化，pH 值是揭示堆肥化分解过程的一个极好标志。最初阶段由于有机酸产生，pH 值会降低到 4.5～5；随后，随着有机酸逐渐被分解，pH 值逐渐上升到 8 左右，一般认为堆肥的 pH 值在 7.5～8.5 时，可获得最大堆肥速率。

（6）温度。温度决定微生物活性大小和堆肥化进程快慢，同样是好氧堆肥化重要工艺技术参数之一。温度太低，不仅不利于有机质氧化分解和微生物新陈代谢，而且达不到热灭活（即高温杀灭虫卵、病原菌和寄生虫等）的无害化要求，故一般采用好氧高温堆肥。但是，当温度超过 70℃ 时，堆肥中的放线菌等有益细菌（存活于植物根部周围使植物苗壮成长）将被杀灭，孢子呈不活动状态，分解速度减慢。故堆肥化适宜温度为 55～60℃。

其他的影响因素如颗粒尺寸、生物因素等对堆肥效果的影响也不容忽视。

3. 堆肥的工艺流程

一般不用污泥单独来堆肥，需要与生活垃圾或植物秸秆之类的按照一定比例混合后来进行堆肥。现代化堆肥的工艺通常由预处理、一次发酵、后处理、脱臭、储存等工序组成，如图 5-14 所示。

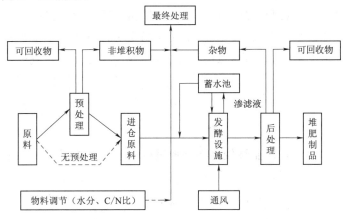

图 5-14 好氧堆肥工艺流程图

二、脱水污泥制成化肥

给水厂的污泥经过组分、重金属含量、特殊成分等测定，若有害成分不超标，将其制作肥料，回归自然，对自然环境是无害的。工艺流程如图 5-15 所示。

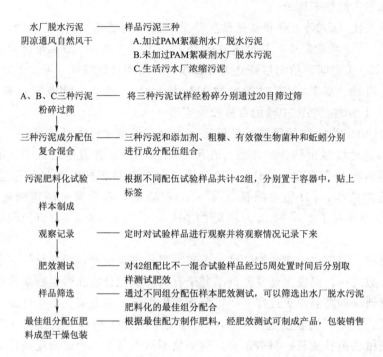

水厂脱水污泥 —— 样品污泥三种
阴凉通风自然风干　　A.加过PAM絮凝剂水厂脱水污泥
　　　　　　　　　　B.未加过PAM絮凝剂水厂脱水污泥
　　　　　　　　　　C.生活污水厂浓缩污泥

A、B、C三种污泥 —— 将三种污泥试样经粉碎分别通过20目筛过筛
粉碎过筛

三种污泥成分配伍 —— 三种污泥和添加剂、粗糠、有效微生物菌种和蚯蚓分别
复合混合　　　　　　进行成分配伍组合

污泥肥料化试验 —— 根据不同配伍试验样品共计42组，分别置于容器中，贴上
样本制成　　　　　　标签

观察记录 —— 定时对试验样品进行观察并将观察情况记录下来

肥效测试 —— 对42组配比不一混合试验样品经过5周处置时间后分别取
样品筛选　　　　　　样测试肥效

样品筛选 —— 通过不同组分配伍样本肥效测试，可以筛选出水厂脱水污泥
　　　　　　　　　　肥料化的最佳组分配合

最佳组分配伍肥 —— 根据最佳配方制作肥料，经肥效测试可制成产品，包装销售
料成型干燥包装

图 5-15　给水厂污泥肥料化试验工艺流程

【任务准备】

设定某个工作场景，给出各物料性质、堆肥产品要求等条件，可以进行仿真操作或工艺分析，根据具体条件而定。

【任务实施】

可设定好氧堆肥运行与管理工作任务，提供相应原材料，根据现有条件来选择合适的好氧堆肥工艺。在堆肥期间，各小组定期取样来进行微生物分析等项目测试，并根据小组的管理情况来进行分析，按要求完成任务。

【检查评议】

评分标准见表 5-1。

【考证要点】

了解好氧堆肥的工艺；能够较为熟练地进行工艺分析或运行与管理。

【思考与练习】

（1）好氧堆肥的工艺主要由哪些部分组成？

（2）影响好氧堆肥的因素都有哪些？该如何进行控制？

任务二　排水污泥处理与处置系统运行与管理

知识点一　污泥浓缩工艺运行与管理

【任务描述】

了解污泥浓缩工艺及浓缩设备，掌握污泥浓缩工艺与设备的运行与管理。

【任务分析】

污泥中含有多种有机物、氮、磷、微生物和有害物质，若不对其进行妥善处理，将会传播病菌、污染环境。污泥中含有大量水分，首先需要进行浓缩来除去大部分水分，以便于后续处理或运输。

【知识链接】

一、排水污泥浓缩工艺与设备

按污泥浓缩的方法，排水污泥浓缩工艺可分为重力浓缩法、气浮浓缩法和离心浓缩法。

1. 重力浓缩法

重力浓缩法本质上是一种沉淀工艺，是依靠污泥的重力作用而达到污泥浓缩的目的，属于压缩沉淀。浓缩前由于污泥浓度很高，颗粒之间彼此接触支撑。浓缩开始以后，在上层颗粒的重力作用下，下层颗粒间隙中的水被挤出界面，颗粒之间相互拥挤得更加紧密。通过这种拥挤和压缩过程，污泥浓度进一步提高，从而实现污泥浓缩。

污泥浓缩池一般采用圆形池，如图 5-16 所示。进泥管一般在池中心，进泥点一般在池深一半处。排泥管设在池中心底部的最低点，上清液自液面池周的溢流堰溢流排出。较大的浓缩池一般都设有污泥浓缩机。污泥浓缩机系一底部带刮板的回转式刮泥机，底部污泥刮板可将污泥刮至排泥斗，便于排泥。上部的浮渣刮板可将浮渣刮至浮渣槽排出。刮泥机上装设一些栅条，可起到助浓作用，主要原理是随着刮泥机转动，栅条将搅拌污泥，有利于空隙水与污泥颗粒的分离。对浓缩机转速的要求不像二沉池和初沉池那样严格，一般可控制在 $1\sim4r/h$，周边线速度一般控制在 $1\sim4m/min$。浓缩池排泥方式可用泵排，也可直接重力排泥。后续工艺采用厌氧消化时，常用泵排，可直接将排出的污泥泵送至消化池。

重力浓缩法按运行方式可分为间歇式污泥浓缩池和连续式污泥浓缩池。间歇式浓缩池一般可为圆形或矩形，适用于小型污水处理厂。

图 5-16　重力浓缩池

连续式污泥浓缩池一般为竖流式或辐流式。

重力浓缩池的设计参数可根据实验数据进行设计，但为了使池中上清液澄清且排出的污泥固体浓度达到设计要求，应先进行污泥浓缩试验，掌握污泥特性，得出各种设计参数。重力浓缩池的设计参数包括固体通量、水力负荷和水力停留时间。初沉池污泥的水力负荷为 $1.2 \sim 1.6 m^3/(m^2 \cdot h)$，剩余活性污泥的水力负荷为 $0.2 \sim 0.4 m^3/(m^2 \cdot h)$。

2. 气浮浓缩法

气浮浓缩是依靠微小气泡与污泥颗粒产生黏附作用，使污泥颗粒的密度小于水的密度而上浮，并得到浓缩。气浮法对于密度接近于水的、疏水的污泥尤其适用，对于浓缩时易发生污泥膨胀的、易发酵的剩余污泥，其效果尤为显著。由于气浮池中的污泥含有溶解氧，因而其恶臭要较重力浓缩低得多。另外，好氧消化后的污泥重力浓缩性很差，也可用气浮浓缩工艺进行泥水分离；对于氧化沟或硝化等长泥龄工艺所产生的剩余活性污泥，气浮浓缩的优势将更加突出。

气浮浓缩工艺分为加压溶气装置和气浮分离装置。活性污泥含水率一般为 99%～99.5%，宜采用气浮浓缩工艺。气浮池工艺流程如图 5-17 所示。

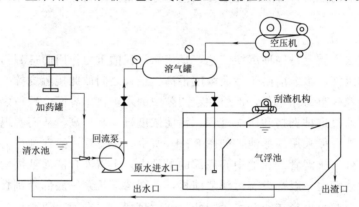

图 5-17 气浮池工艺流程

加压溶气气浮系统的气浮浓缩池分离出的上清液（实际为下清液）进入储存池，部分清液排至污水处理系统进行处理，另外一部分被加压泵抽取加压。加压后的污水在管路内与空压机压入的空气混合之后，进入溶气罐。在溶气罐内，空气将大部分溶入污水。溶气后的污水与进入的污泥在管道内混合后进入气浮池。入池后，由于压力剧减，溶气会形成大量的细微气泡，这些气泡将附着在污泥絮体上，使絮体随之一起上升。升至液面的絮体大量积累后形成浓缩污泥，从而实现了污泥的浓缩。常用链条式刮泥机将污泥刮至积泥槽，然后进入脱气池搅拌脱气。脱气的目的是将污泥中的溶气全部释放出来，否则会干扰后续的厌氧消化或脱水。

气浮浓缩池有矩形平流式和圆形辐流式两种，泥量较少时常采用矩形平流式，泥量较大时常采用圆形辐流气浮池。气浮浓缩池的设计参数有污泥负荷、气固比、水力负荷和回流比等。气浮浓缩池污泥负荷为 $50 \sim 150 kg/(m^2 \cdot d)$，气固比为 $0.01 \sim 0.04$，水力负荷为 $40 \sim 80 m^3/(m^2 \cdot d)$，回流比为 25%～35%。

3．离心浓缩法

离心浓缩工艺对于轻质污泥也能获得较好的处理效果。它是基于污泥中的固体颗粒和水的密度不同，在高速旋转的离心机中，由于所受离心力大小不同从而使两者得到分离。离心浓缩的最大优点是效率高、需时短、占地少。因离心力比密度力大几千倍，它能在很短的时间内就完成浓缩工作。此外，离心浓缩工艺工作场所卫生条件好，这一切都使离心浓缩工艺的应用越来越广泛。

衡量离心浓缩效果的主要指标有出泥含固率和固体回收率等。固体回收率越高，分离液中 SS 的浓度则越低，泥水分离效果越好，浓缩效果亦越好。

用于污泥浓缩的离心机种类有转盘式离心机、篮式离心机和转鼓式离心机等。各种离心浓缩的运行效果（所处理污泥均为剩余活性污泥）见表 5-2。

表 5-2　　　　　　　　　　各种离心浓缩的运行效果

离心机	$Q_0/(L/s)$	$C_0/\%$	$C_u/\%$	固体回收率/%
转盘式	9.5	0.75～1.0	5.0～5.5	90
	3.2～5.1	0.7	5.0～7.0	93～87
篮式	2.1～4.4	0.7	9.0～1.0	90～70
转鼓式	4.75～6.30	0.44～0.78	5～7	90～80
	6.9～10.1	0.5～0.7	5～8	65 85（加少许混凝剂）

图 5-18 是一种常用的离心设备——离心筛网浓缩器。它是将污泥从中心分配管输入浓缩器，在筛网笼低速旋转下隔滤污泥。浓缩污泥由底部排出，清液由筛网从出水集水室排出。

离心筛网浓缩器可用于活性污泥法混合液的浓缩，能减少二沉池的负荷和曝气池的体积，浓缩后的污泥回流到曝气池，分离液因固体浓度较高，直接流入二沉池作沉淀处理。离心筛网浓缩器因回收率较低，出水浑浊，不能作为单独的浓缩设备，因此常与其他污泥浓缩设备合用。

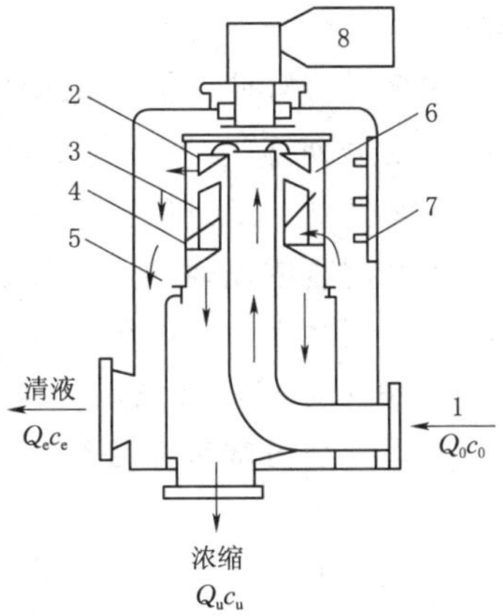

污泥浓缩还有许多方法和装置，如旋转筛分装置、湿式造粒装置、生物浮选装置等。可根据污泥的性质和具体条件进行选择和应用。

图 5-18　离心筛网浓缩器
1—中心分配管；2—进水布水器；
3—排除器；4—旋转筛网笼；5—出
水集水室；6—调节流量转向器；
7—反冲洗系统；8—电动机

二、运行与管理

1．进泥量的控制

在污泥的浓缩的运行中首先要控制进泥量。进泥量太大，超过了浓缩能力时，会导致上清液浓度太高，排泥浓度太低，起不到应有的浓缩效果。进泥量太低时，不但会降低处理量，浪费池容，还可能导致污泥上浮，从而使浓缩不能顺利进行下去。进泥量的关键控制参数即固体表面负荷，是综合反应浓缩池对某种污泥的浓缩能力的一个指标。初沉池的污泥浓缩性能较好，其固体表面负荷 q 一般可控制在 $90\sim150kg/(m^2\cdot d)$ 的范围内，活性污泥的浓缩性能较差，则应控制在低负荷水平，q 一般可控制在 $10\sim30kg/(m^2\cdot d)$ 之间。初沉污泥与活性污泥混合后进行重力浓缩时，其值取决于两种污泥的比例，一般 q 可控制在 $25\sim80kg/(m^2\cdot d)$ 之间。另外，q 值的选取还与活性污泥的 SVI 及是否添加化学混凝剂有关，即使同一种类型污泥，q 值的选取也因厂而异，在运行实践中，应摸索适合于本厂的最佳 q 值。以下用两个实例加以说明：西安市第四污水处理厂初沉池污泥量 $812m^3/d$，含水率 96%，剩余污泥量 $4017m^3/d$，含水率 99.4%。初沉污泥和剩余污泥先在浓缩池配泥井中进行混合。采用圆形重力式连续流浓缩池共 2 座，为地下钢筋混凝土结构，直径 20m，池边深 4.6m，中心深 6.3m，浓缩池设计固体表面负荷 $90kg/(m^2\cdot d)$，停留时间 12.5h。浓缩后污泥体积为 $1616.7m^3/d$，含水率 96.5%。

天津市咸阳路污水处理厂建成处理规模 $45m^3/d$，最大处理能力 $58.5m^3/d$，是天津市一次建成、规模最大的污水处理厂，于 2005 年 2 月建成通水。全厂设 2 座辐流式重力污泥浓缩池，直径 33m，池边水深 4.27m，进泥量（初沉污泥和剩余污泥混合含水率 98%）$3740m^3/d$，出泥量含水率 96%，泥量 $2400m^3/d$，浓缩时间约 22h，固体负荷 $60kg/(m^2\cdot d)$。

2. 排泥的控制

浓缩池有连续排泥和间歇排泥两种运行方式。小型污水处理厂一般采用间歇排泥。

连续运行可使污泥层保持稳定，对浓缩效果比较有效。无法连续运行的污水处理厂应"勤进勤排"，使运行尽量趋于稳定，当然这很大程度上取决于初沉池的排泥操作，不能做到"勤进勤排"时，至少应保证及时排泥。每次排泥一定不能过量，否则排泥速度超过浓缩速度，使排泥变稀，并破坏污泥层。重力浓缩池采用间歇排泥时，其间歇时间可为 $6\sim8h$。

3. 浓缩池的浮渣应及时清除

由浮渣刮板刮至浮渣槽内的浮渣应及时清除。无浮渣刮板时，可用水冲方法，将浮渣冲至池边。

4. 污泥膨胀

当污水生化处理系统中产生污泥膨胀时，丝状菌会随污泥进入浓缩池，使污泥继续处于膨胀状态，致使无法浓缩。对于以上情况，可向浓缩池流入污泥中加入 Cl_2、$KMnO_4$ 和 H_2O_2 等氧化剂，控制微生物的活动，保证浓缩效果。同时，还应从污水处理系统寻找膨胀原因，予以排除。

三、安全操作

1. 污泥浓缩刮泥机

（1）长时间停机后的启动。重力浓缩刮泥机在长时间停机后再开启，应先点动再启动。

（2）池面出现结冰。在寒冷地区的冬季浓缩池液面会出现结冰现象，此时应先破冰使之融化后，再开启污泥浓缩机。

（3）桥维护过程中的安全。对浓缩机刮泥桥进行维护保养过程中，必须戴安全带并明确救生圈的摆放位置。

2. 压力表

气浮浓缩池的加压溶气罐的压力表应半年校验、检查一次。

四、维护保养

1. 溢流堰

定期检查上清液溢流堰的平整度，如不平整应予以调节，否则导致池内流态不均匀，产生短流现象，降低浓缩效果，所以应及时清理溢流堰上的杂物。

2. 排空检修

应定期（每半年）排空，彻底检查是否积泥或砂，并对水下部件予以防腐处理。

3. 刮泥和撇渣设备

应定期对刮泥机和撇渣机等机械设备的部件进行巡视，发现异常情况及时处理。定期对设备添加润滑油以及涂油保护。

【任务准备】

设定某个污水处理厂的污泥浓缩工段，给出浓缩工艺、浓缩要求等条件，分组进行实地污泥浓缩运行与管理；也可提供仿真软件或者模拟工厂的实训设施，配制或从当地污水处理厂取些污泥来进行实训教学工作。

【任务实施】

（1）根据给定的工作场景，按照实训教师的指导来进行浓缩池运行管理操作，期间可要求学生对污泥进行相关检测，并记录数据。

（2）若采用仿真软件来进行实训，可在练习中设定故障，要求学生来进行解决。

【检查评议】

评分标准见表 5 - 1。

【考证要点】

了解各种浓缩工艺与设备；能够合理进行浓缩工艺管理和浓缩池的日常运行与维护。

【思考与练习】

（1）浓缩工艺都有哪些？其浓缩原理都是什么？

（2）概括总结浓缩工艺运行与管理的要点。

知识点二　厌氧消化工艺运行与管理

【任务描述】

了解厌氧消化的原理及工艺、影响因素、系统组成等，掌握污泥厌氧消化的运行与管理。

5 - 2 - 2
厌氧消化
运行与管理

【任务分析】

了解厌氧消化是利用微生物进行厌氧生化反应，分解污泥中有机质的一种污泥处理工艺。

污泥厌氧消化的工艺发展较多，不同的工艺适用于不同的需求，但各种工艺运行与管理的核心都是如何给厌氧微生物提供良好的环境及高效的消化，以获得更多的沼气产品和实现污泥的无害化。因此，要熟悉影响污泥厌氧消化的影响因素。

【知识链接】

一、污泥厌氧消化原理及影响因素

污泥厌氧消化，即污泥中的有机物在无氧的条件下被厌氧菌群最终分解成甲烷（CH_4）和 CO_2 的过程。这是一个极其复杂的过程，厌氧消化三阶段理论示意如图 5-19 所示。

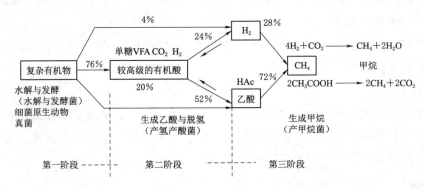

图 5-19 厌氧消化三阶段理论示意图

影响厌氧消化的因素主要有温度、容积负荷、污泥搅拌和混合及有毒有害物质浓度等。

（1）温度因素。污泥厌氧消化受温度影响很大，如图 5-20 所示。温度不同，污泥中占优势的厌氧菌群不同，反应速率和产气率也不同。随着温度升高，反应速率和产气速率逐渐加大，在 50～55℃时，反应速率最快，产气速率最高，杀灭病原微生物的效果最好。

（2）容积负荷。厌氧消化池中有机物容积负荷越高，污泥消化反应速率也越高。

（3）污泥搅拌和混合。污泥的搅拌对提高污泥消化效率影响很大，由于厌氧消化是由细菌体的内酶和外酶与底物进行的接触反应，因此必须是两者充分混合。选择合适的搅拌方式，设备选用合理，就可以大大提高厌氧微生物降解能力，缩短有机物稳

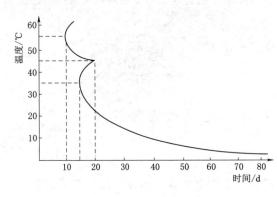

图 5-20 温度与消化时间的关系

定所需时间，提高产气率。

（4）有毒有害物质浓度。有毒有害物质会对厌氧微生物产生毒害作用，抑制其降解反应，因此，应设法将污泥中的有毒有害物质浓度控制在最高允许浓度以下，见表5-3、表5-4。

表5-3　　　　　　　　　　　重金属对甲烷菌的致毒含量　　　　　　　　　　　　　%

重金属离子	铜	镉	锌	铁	三价铬	六价铬
重金属在干污泥中的含量	0.93	1.08	0.97	9.56	2.60	2.20

表5-4　　　　　　　　　　　轻金属对甲烷菌的致毒浓度　　　　　　　　单位：mg/L

致毒浓度	激发浓度	中等抑制浓度	严重抑制浓度
Ca^{2+}	100～200	2500～4500	8000
Mg^{2+}	75～150	1000～1500	3000
K^+	200～400	2500～4500	12000
Na^+	100～200	3500～5500	8000

其他的影响因素还有生物固体停留时间、添加剂和接种物等。停留时间与发酵罐的容积负荷之间成反比的关系，它的计算可参考相关参考书。在发酵液中添加少量的化学物质，有助于促进厌氧发酵，提高产气量和原料利用率。例如添加磷酸钙能促进纤维素的分解，提高产气量；添加少量钾、钠、钙、镁、锌、磷等元素都能促进厌氧反应的进行。可把现有污水处理厂和工业厌氧发酵罐的发酵液作为菌种使用，以缩短菌体增殖的时间。

二、污泥厌氧消化系统

污泥厌氧消化系统由消化池、搅拌系统、加热系统、沼气的收集与储存系统组成。

1. 厌氧消化池

厌氧消化的主要处理构筑物就是消化池。它是一种人工处理污泥的构筑物，在处理过程中加热搅拌，保持泥温，达到使污泥加速消化分解的目的。

消化池按其容积是否可变，分为定容式和动容式两类。定容式系指消化池的容积在运行中不变化，也称为固定盖式。这种消化池往往需附设可变容的湿式气柜，用以调节沼气产量的变化。动容式消化池的顶盖可上下移动，因而消化池的气相容积可随气量的变化而变化，该种消化池也称为移动盖式消化池，如图5-21所示，其后一般不需设置气柜。

动容式消化池适用于小型处理厂的污泥消化，国外采用较多。国内目前普遍采用的为定容式消化池。按照池体形状，消化池可分为细高柱锥形消化池、粗矮柱锥形消化池以及卵形

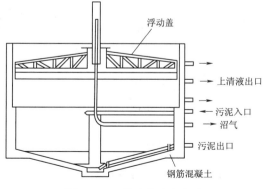

图5-21　移动盖式消化池

消化池，如图5-22所示。细高柱锥形消化池的直墙高一般大于直径，而粗矮柱锥形消化池直墙高则一般小于直径，卵形消化池外形极像卵。日本和德国采用卵形消化池较多，近年来，国内已经有处理厂开始采用卵形消化池。卵形消化池具有以下特点：

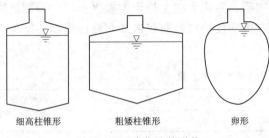

图5-22 消化池的形状

（1）池底不易积砂或积泥，因而不会使有效池容缩小。

（2）易搅拌混合，池内无死区，可使有效池容增至最大；对于同样的混合效果，混合搅拌的能耗低于其他池形。

（3）上部不易集结浮渣。

（4）对于同样的容积，其表面积较其他池形小，因而热损失小。

（5）结构稳定，不易产生裂缝。

（6）对于同样的容积，其混凝土用量少，这一方面是因为表面积小，另一方面是由于其结构稳定，厚度可减薄。

（7）较其他池形美观。

消化池的进泥与排泥形式有多种，包括上部进泥下部直排、上部进泥下部溢流排泥、下部进泥上部溢流排泥等形式，分别如图5-23所示。这三种方式，国内处理厂都有采用，有的处理厂还同时设有三种进排泥方式，可任意选择，并于进口设溢流排泥器。从运行管理的角度看，第二种即上部进泥下部溢流排泥方式为最佳。当采用下部直接排泥时，需要严格控制进排泥量平衡，稍有差别，时间长了即会引起工作液位的变化。如果排泥量大于进泥量，工作液位将下降，池内气相存在产生真空的危险；如果排泥量小于进泥量，则工作液位将上升，缩小气相的容积或污泥从溢流管流走。当采用上部溢流排泥时，会降低消化效果，因为经充分消化的污泥，其颗粒密度增大，当停止搅拌时，会沉至下部，而未经充分消化的污泥会浮至上部被溢流排走。上部进泥下部溢流排泥能克服以上缺点，既不需控制排泥，也不会将未经充分消化的污泥排走。

上部进泥下部直排　　　　上部进泥下部溢流排泥　　　　下部进泥上部溢流排泥

图5-23 消化池进排泥形式

2. 搅拌系统

为了使消化池中厌氧微生物和有机物得到充分均匀的接触，提高厌氧微生物降解有机物的能力，常常需在消化池内保持良好的混合搅拌。搅拌能起到以下几方面作用：

（1）使污泥颗粒与厌氧微生物均匀地混合接触。

（2）使消化池各处的污泥浓度、pH值、微生物种群等保持均匀一致。

（3）及时将热量传递至池内各部位，使加热均匀。

（4）在出现有机物冲击负荷或有毒物质进入时，均匀地搅拌混合可使其冲击或毒性降至最低。

（5）通过以上几个方面的作用，可使消化池有效容积增至最大。

（6）有效的搅拌混合，可大大降低池底泥砂的沉积及液面浮渣的形成。

常用的混合搅拌方式一般有三大类：机械搅拌、泵循环搅拌和沼气搅拌。机械搅拌系在消化池内装设搅拌桨或搅拌涡轮，如图5-24所示。泵循环搅拌在消化池内设导流筒，在筒内安装螺旋推进器，使污泥在池内实现循环，如图5-25所示。沼气搅拌系将消化池气相的部分沼气抽出，经压缩后再输回池内对污泥进行搅拌。沼气搅拌有自由释放和限制性释放两种形式，如图5-26所示。常用的空压设备有罗茨鼓风机、滑片式压缩机和水环式压缩机。以上搅拌方式各有利弊，具体与消化池的形状有关系。一般来说，细高柱锥形消化池适合用机械搅拌，粗矮柱锥形适合用沼气搅拌，但设计上对此也有不同的意见，具体与搅拌设备的布置形式及设备本身的性能有关；但卵形消化池用沼气搅拌最佳。

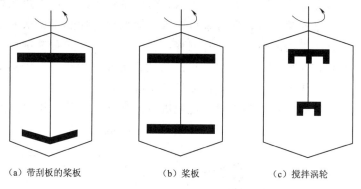

（a）带刮板的桨板　　　　（b）桨板　　　　（c）搅拌涡轮

图5-24　机械搅拌示意图

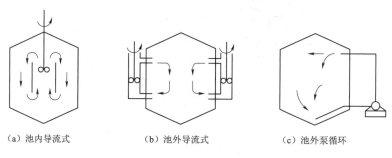

（a）池内导流式　　　　（b）池外导流式　　　　（c）池外泵循环

图5-25　泵循环搅拌示意图

使消化液保持在所要求的温度，就必须对消化池进行加热。加热方法分池内加热和池外加热两种。

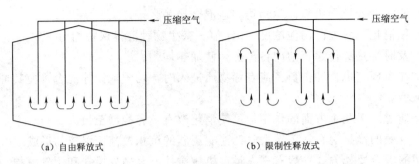

（a）自由释放式　　　　　　　　　（b）限制性释放式

图 5-26　沼气搅拌示意图

3. 加热系统

为保证污泥消化达到良好的效果，污泥消化常采用二级中温消化。污泥消化池一般都装有加热设备。加热方式分池内加热和池外加热两类。池内加热系热量直接通入消化池内，对污泥进行加热，有热水加热和蒸汽直接加热两种方法，如图 5-27 所示。前一种方法的缺点是热效率较低，循环热水管外层易结泥壳，使热传递效率进一步降低；后一种方法热效率较高，但能使污泥的含水率升高，增大污泥量。两种方法一般均需保持良好的混合搅拌。池外加热系指将污泥在池外进行加热，有生污泥预热法和循环加热法两种方法，如图 5-28 所示。前者系将生污泥在预热池内首先加热到所要求的温度，再进入消化池；后者系将池内污泥抽出，加热至要求的温度后再打回池内。循环加热方法采用的热交换器有三种：套管式、管壳式和螺旋板式。前两种为常见的形式，因有 360°转弯，易堵塞；螺旋板式系近年来出现的新型热交换器，不易堵塞，尤其适合于污泥处理。在很多污泥处理系统中，以上加热方法常联合采用。例如，利用沼气发动机的循环冷却水对消化池进行池外循环加热，同时还采用热水或蒸汽进行加热；以池内蒸汽加热为主，并在预热池进行池外初步预热。

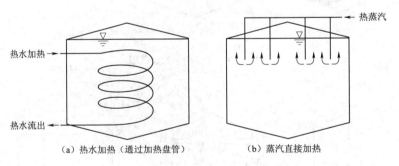

（a）热水加热（通过加热盘管）　　　　（b）蒸汽直接加热

图 5-27　池内加热系统示意图

4. 沼气的收集与储存系统

污泥消化沼气由 50％～70％的甲烷气、20％～30％的 CO_2 及少量 N_2、H_2S 和 CO 所组成。沼气产量与污泥投配率及污泥含水率有关，当生污泥含水率为 96％左右时，在中温消化及每天污泥投配率 6％～8％的情况下，生污泥产气量为 $10～12m^3/m^3$。

消化池顶部集气罩应有足够的空间，沼气管流速不超过 7～8m/s，平均 4～5m/s。气柜的进出气管道应设水封器，水封器也有调整消化池及气柜中压力的作用；储气柜的

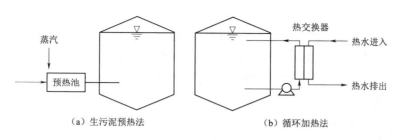

（a）生污泥预热法　　　　（b）循环加热法

图 5-28　污泥池外加热系统示意图

容积一般按日平均产气量的 25%～40% 确定。单级湿式储气柜如图 5-29 所示。

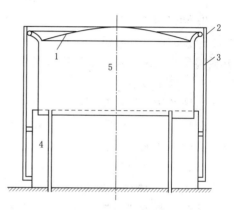

图 5-29　单级湿式储气柜
1—浮盖帽；2—滑轮；3—外轨；
4—导气管；5—储气柜

三、运行与管理

1. 进泥量

在实际的运行控制中，投泥量不能超过系统的消化，否则将降低消化效果。但是，投泥量也不能太低，如果投泥量远低于系统的消化能力，虽能保证消化效果，但污泥处理量将大大降低，造成消化能力的浪费。常用最短允许消化时间和最大允许有机负荷两个指标来衡量消化能力。在运行中，还要注意控制消化池的最佳污泥投配率，即每日投加的污泥量占消化池容积的百分比。排泥量与进泥量应相等，并在进泥之前先排泥。

2. 搅拌混合

良好的搅拌可以提供一个均匀的消化环境，是得到高效消化效果的前提。完全混合搅拌可使池容 100% 得到有效利用，但实际上消化池有效容积一般仅为池容的 70%。各地处理厂的运行经验表明，搅拌是高效消化的关键操作。很多产气量低的处理厂，通过对搅拌系统的合理控制或者改造后，大都获得了较高的产气量。《室外排水设计标准》（GB 50014—2021）指出，每日将全池污泥完全搅拌（循环）的次数不宜少于 3 次。间歇搅拌时，每次搅拌的时间不宜大于循环周期的一半。

在排泥过程中，如果底部排泥，则尽量不搅拌，如果上部排泥，则应同时搅拌。

3. 加热系统

甲烷菌对温度的波动非常敏感，一般应将消化液的温度波动控制在 ±0.5℃ 左右，如果条件许可，最好控制在 ±0.1℃ 范围之内。另外，温度是否稳定，与投泥次数和每次投泥量及投加投机时间有关系。所以，为便于加热系统的控制，投泥量应尽量接近均匀连续。

当采用泥水热交换器进行加热时，污泥在热交换器内的流速应控制在 1.2m/s 之上，可以采用 1.5～2.0m/s，如果流速较低，污泥进入热交换器会由于突然遇热结冰，在热交换层上形成一个烘烤层，起到了隔热作用，降低了加热效率。

4. 指标的检测与记录

污泥厌氧消化系统对工艺条件和环境因素的变化极为敏感，所以，为保证消化池的正常运行，应及时检测系统的温度、pH 值、沼气产量、泥位、含水率和沼气中的组分等指标，并做好记录，如发现异常情况，应及时做出工况调整。

四、安全生产

1. 工作人员的安全防护

进入消化车间的工作人员必须着防静电工作服、工作鞋，不准着化纤衣服、高跟鞋、带铁钉鞋等易引起火星的人员进入消化车间。

2. 沼气提升泵

运转的沼气提升泵，应检查气压是否正常，泵体是否发热，零件是否松散，排水电磁阀是否正常。停止沼气提升泵后，应关闭气体的进、出阀门，排空泵体中的水。

3. 污泥循环泵

运转的污泥循环泵，检查其是否有流量，没有流量的应排放泵内气体，并加强通风，防止中毒。拆修污泥循环泵，必须先放气，再松固定螺丝，并加强通风，防止中毒。关闭污泥循环泵后，必须按下急停按钮，关闭泵体前后的阀门。

五、维护保养

1. 管道、阀门和仪表

经常检测和巡视污泥管道、沼气管道和各种阀门，防止其堵塞、漏气或失效。阀门除应按时上润滑油脂外，还应经常对常闭闸门、常开闸门定时活动，检查其是否正常工作。定期由技术监督部门检验压力表、保险阀、仪表和报警装置。

2. 搅拌系统

沼气搅拌主管常有被污泥及其他污物堵塞的现象，可以将其余主管关闭，使用大气量冲吹被堵塞管道。机械搅拌桨缠绕棉纱和其他长条杂物的问题可采取反转机械搅拌器甩掉缠绕杂物方式解决。另外，要定期检查搅拌轴与楼板相交处的气密性。

3. 加热系统

蒸汽加热立管常有被污泥和污物堵塞的现象，可用大气量冲吹。当采用池外热水循环加热时，泥水热交换器常发生堵塞现象，可用大水量冲洗或拆开清洗。套管式和管壳式热交换器易堵塞，螺旋板式一般不发生堵塞，如果堵塞特别频繁，则应从污水的预处理寻找原因，加强预处理系统的运行控制。

4. 消化池内部

消化池除平时加强巡检外，还要对池内进行检查和维修，一般 5 年左右进行一次。检修时，彻底清除泥沙和浮渣等杂物，并对池体进行全面的防腐、防渗的检查与处理。同时应对金属管道及其部件进行防腐维护，如损坏严重应更换，有些易损坏件最好换不锈钢材料。维修后投入运行前，必须进行满水试验和气密性试验。

5. 冬季的保温

消化系统内的许多管道和阀门为间歇运行，因而冬季应注意防冻。进入冬季结冰期应检查消化池及加热管路系统的保温设施。如消化池顶上的沼气管道、水封阀（罐）等。如果设施的保温效果不佳，则应更换保温材料。另外，沼气提升泵房内的门窗必须完好无损，最好门上加挂布帘。

【任务准备】

工作任务可设定某个厌氧消化工艺运行场景（仿真或实景），给出控制说明、规程说明及安全规范等条件；准备若干相应硬件设备、软件环境及所需物料等。

【任务实施】

（1）根据给定的实训工作设备及相应要求、操作说明，分组进行污泥厌氧消化运行与管理操作，期间进行相应操作数据记录及定期取样分析，并进行结果分析。

（2）根据仿真操作说明来进行仿真操作练习，并注意观察各个参数变化，练习期间教师可设定临时故障来进行考察。

【检查评议】

评分标准见表5-1。

【考证要点】

了解厌氧消化工艺的原理及主要参数；能够合理进行厌氧消化工艺及设备的运行与管理。

【思考与练习】

（1）厌氧消化系统的组成有哪些？

（2）厌氧消化工艺运行与管理的要点是什么？

知识点三 污泥脱水工艺运行与管理

5-2-3
污泥脱水
工艺运行
与管理

【任务描述】

了解污泥脱水方式、脱水设备及脱水工艺管理。

【任务分析】

污泥脱水的作用是通过自然干化或机械的方式将污泥中的部分间隙水分离出来，进一步减小体积，降低含水率。经过自然干化或机械脱水后，仍含有45%以上的含水率。若有必要，可进一步采用干燥等方法去除，使污泥含水率降低至10%左右，便于污泥的后续处置。

【知识链接】

一、污泥机械脱水方法

机械脱水系利用机械设备进行污泥脱水，本质上属于过滤脱水的范畴，其原理是利用过滤介质两面压力差作为推动力，使水分强制通过介质，固体颗粒被截留在介质上，达到脱水目的。

机械脱水的种类很多，主要方法有真空过滤脱水、压滤脱水和离心脱水等。国外目前正在开发螺旋压榨脱水，但尚未大量推广。

1. 真空过滤脱水

真空过滤脱水是早期经常使用的污泥脱水方法，目前由于其脱水性能较差，已很少使用。

　　真空过滤脱水使用的机械是真空过滤机，主要用于初次沉淀污泥及消化污泥的脱水，污泥真空脱水装置如图 5-30 所示。真空过滤机一般为旋转鼓形状，除真空过滤机的主机外，还包括真空设备、空气压缩设备和调理投药设备。

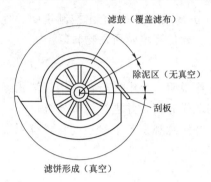

图 5-30　污泥真空脱水装置图

　　在实际应用中，应根据所需脱水的污泥量以及真空过滤机所需达到的处理能力，来选择真空过滤机的型号规格、数量和平面布置。

　　真空过滤机可以连续运行，自动化程度较高，可以达到处理要求。但是由于真空过滤机所需附属设备较多，设备占地面积较大，工程投资较大，而且运行管理工序复杂，耗电量较大，造成运行费用较高，因此逐渐被其他机械脱水方法代替。

　　2. 压滤脱水

　　压滤脱水在工程上应用较多，压滤脱水的机械有板框压滤机和带式压滤机两种。

　　（1）板框压滤机。如图 5-31 所示，板框压滤机由滤布覆盖，板框内有一定间隙，以便滤出液通过。板框过滤脱水的过程包括进泥、加压及滤饼去除。板框压滤机适用于各种性质的污泥，压滤的滤饼含水率较低，处理效率高，滤液清澈，固化物质回收率高，污泥调理所需的药剂较少，因此运行费用低。但板框压滤机一般为间歇操作，基建设备投资较大，操作管理难度较大。

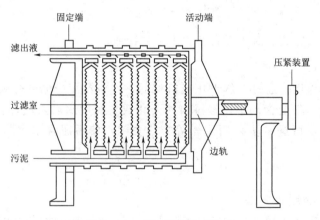

图 5-31　板框压滤机示意图

　　板框压滤机可分为人工板框压滤机和自动板框压滤机两种。自动板框压滤机是指滤饼剥落、滤布清洗再生、板框压滤自动化，因此劳动强度较小。自动板框压滤机板边长度为 1.0m 左右，一般滤板与滤框之和为 30 块，总过滤面积 30m²。

　　板框压滤机除主机外，还包括进泥系统、投药系统和压缩空气系统。板框压滤机及附属设备如图 5-32 所示。

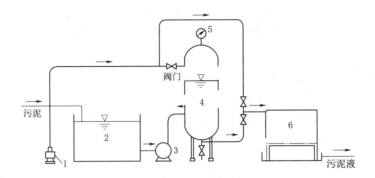

图 5-32　板框压滤机及附属设备

1—空气压缩机；2—混凝池；3—污泥泵；4—气压馈泥罐；5—气压表；6—板框压滤机

（2）带式压滤机。带式压滤机是由上下两条张紧的滤带夹带着污泥层，从一连串按规律排列的辊压筒中呈S形弯曲经过，靠滤带本身的张力形成对污泥层的压榨力和剪切力，把污泥层中的毛细水挤压出来，获得含固量较高的泥饼，从而实现污泥脱水，带式压滤脱水机工作原理如图 5-33 所示。带式压滤脱水机有很多形式，但一般都分成以下四个工作区：

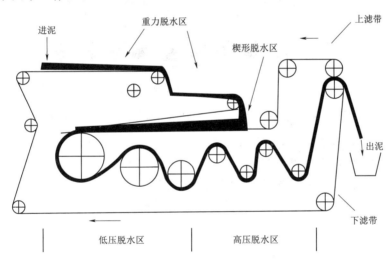

图 5-33　带式压滤脱水机工作原理

1）重力脱水区：在该区内，滤带水平行走。污泥经调质之后，部分毛细水转化成了游离水，这部分水分在该区内借自身重力穿过滤带，从污泥中分离出来。一般来说，重力脱水区可脱去污泥中 50%～70% 的水分。使含固量增加 7%～10%。例如，脱水机进泥含固量为 5%，经重力脱水区之后，含固量可升至 12%～15%。

2）楔形脱水区：楔形区是一个三角形的空间，滤带在该区内逐渐靠拢，污泥在两条滤带之间逐步开始受到挤压。在该段内，污泥的含固量进一步提高，并由半固态向固态转变，为进入压力脱水区作准备。

3）低压脱水区：污泥经楔形区后，被夹在两条滤带之间绕辊压筒作S形上下移动。施加到泥层上的压榨力取决于滤带张力和辊压筒直径。在张力一定时，辊压筒直径越大，压榨力越小。脱水机前边三个辊压筒直径较大，一般在 50cm 以上，施加到泥层上的压力较小，因此称为低压区。污泥经低压区之后，含固量会进一步提高，但低压区的作用主要是使污泥成饼，强度增大，为接受高压做准备。

4）高压脱水区：经低压区之后的污泥，进入高压区之后，受到的压榨力逐渐增大，其原因是辊压筒的直径越来越小。至高压区的最后一个辊压筒，直径往往降至 25cm 以下，压榨力增至最大。污泥经高压区之后，含固量进一步提高，一般大于 20％，正常情况下在 25％左右。

各种形式的带式压滤机一般都由滤带、辊压筒、滤带张紧系统、滤带调偏系统、滤带冲洗系统和滤带驱动系统组成。

滤带，也称为滤布，一般用单丝聚酯纤维材质编织而成，这种材质具有抗拉强度大、耐曲折、耐酸碱、耐温度变化等特点。滤带常编织成多种纹理结构，如图 5-34 所示。不同的纹理结构，其透气性能相对污泥颗粒的拦截性能不同，应根据污泥性质选择合适的滤带。一般来说，活性污泥脱水时，应选择透气性能和拦截性能较好的滤带；而初沉污泥脱水时，对滤带的性能要求可较低一些。有的滤带没有接头，但大部分有接头。无接头的滤带寿命可能长一些，因为滤带往往首先从接头处损坏，但该种滤带安装不方便。

图 5-34 滤带的纹理结构

脱水机一般设 5～7 个辊压筒，国外一些新型机设 8 个。这些辊压筒的直径沿污泥走向由大到小，有 90～20cm 不等。滤带张紧系统的主要作用是调节控制滤带的张力，即调整滤带的松紧，以调节施加到泥层上的压榨力和剪切力，这是运行中的一种重要工艺控制手段。滤带调偏系统的作用是时刻调整滤带的行走方向，保证运行正常。滤带冲洗系统的作用是将挤入滤带的污泥冲洗掉，以保证其正常的过滤性能。一般定期用高压水反方向冲洗。

3. 离心脱水

离心脱水是利用离心力使污泥中的固体和液体分离。离心机械产生的离心力可以达到一般用于沉淀的重力场的 1000 倍以上，远远超过了重力沉淀池中由于重力所产生的重力加速度，这样在短时间内就能使污泥中很细小的颗粒与水分离。离心力的大小比较容易控制，因此脱水效果好。与其他脱水技术相比，还具有处理量大、基建费用少、占地少、工作环境卫生、操作简单、自动化程度高等优点，特别是可以不投加或少投加化学调理剂。

离心脱水的机械应用的是离心机，目前普遍采用的是卧螺离心机。这种离心机有很多英文名字，例如 Solid - bowl Centrifuge、Conveyor Centrifuge、Scroll Centrifuge、Decanter Centrifuge 等，相应的中文名字有转筒式离心机，碗式离心机、卧螺式离心机、涡转式离心机、螺旋输送式离心机等。本节在以下介绍中统一简称为离心脱水机。

　　转筒式离心脱水机主要由转筒、螺旋卸料器、进料管（空心转轴）、变速箱和机架等部件组成，如图 5-35 所示。污泥由空心转轴送入转筒后，在高速旋转产生的离心力作用下，立即被甩入转鼓腔内。污泥颗粒由于密度较大，离心力也大，因此被甩贴在转鼓内壁上，形成固体层（因为环状，称为固环层）；水分由于密度较小，离心力小，因此只能在环层内侧形成液体层，称为液环层。固环层的污泥在螺旋卸料器的缓慢推动下，被输送到转鼓的锥端，经转鼓周围的出口连续排出；液环层的液体则由堰口连续"溢流"排至转鼓外，形成分离液，然后汇集起来，靠重力排出脱水机外。进泥方向与污泥固体的输送方向一致，即进泥口和出泥口分别在转筒的两端时，称为顺流式离心脱水机，如图 5-36 所示；当进泥方向与污泥固体的输送方向相反，即进泥口和排泥口在转筒的同一端时，称为逆流式离心脱水机，如图 5-37所示。

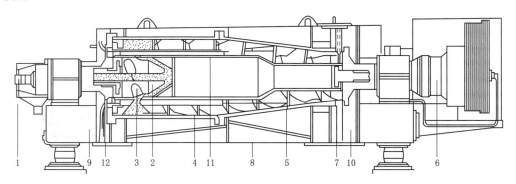

图 5-35　转筒式离心脱水机构造图

1—进料管；2—入口容器；3—输料孔；4—转筒；5—螺旋卸料器；
6—变速箱；7—固体物料排放口；8—机罩；9—机架；
10—斜槽；11—回流管；12—堰板

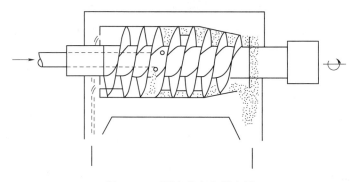

图 5-36　顺流式离心脱水机

　　顺流式离心脱水机和逆流式离心脱水机各有优缺点。逆流式由于污泥中途改变方向，对转鼓内流态产生水力扰动，因而在同样条件下，泥饼含固量较顺流式略低，分离液的含固量略高，总体脱水效果略低于顺流式。但逆流式的磨损程度低于顺流式，

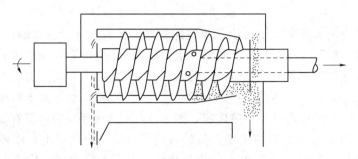

图 5 - 37　逆流式离心脱水机

因为顺流式转鼓与螺旋之间通过介质全程存在磨损，而逆流式只在部分长度上产生磨损。一些产品在逆流离心机的进泥口处作了一些改造，从而能降低污泥改变方向产生的扰动程度。目前，顺逆流两种离心机都采用较多，但顺流式略多于逆流式。国产污泥脱水用离心机种类很少，基本上都为顺流式。

二、污泥自然干化

经过机械脱水的污泥含水率在 50% 左右，若需焚烧或其他处理，则需继续降低其水分含量，可采用自然干化方式。

污泥自然干化系将污泥摊置到由级配砂石铺垫的干化场上，通过污泥在自然界的蒸发、渗透和清液溢流等方式，实现脱水。自然干化方法简单、经济，因此这种脱水方式适于气候比较干燥，占地不紧张，以及环境卫生条件允许的小城镇污水处理厂的污泥处理。

污泥自然干化的主要构筑物是干化场。

1. 干化场的分类与构造

干化场可分为自然滤层干化场与人工滤层干化场两种。前者适用于自然土质渗透性能好、地下水位低的地区。人工滤层干化场的滤层是人工铺设的，又可分为敞开式干化场和有盖式干化场两种。

人工滤层干化场构造示意如图 5 - 38 所示，它由不透水底层、排水系统、滤水层、输泥管、隔墙及围堤等部分组成。有盖式的，还有可移开（晴天）或盖上（雨天）的顶盖，顶盖一般用弓形覆有塑料薄膜制成，移置方便。

滤水层上层用细矿渣或砂层铺设 200～300mm 厚，下层用粗矿渣或砾石层铺设 200～300mm 厚，滤水容易。

排水管道系统用 100～150mm 的陶土管或盲沟铺成，管子接头不密封，以便排水。管道之间中心距 4～8m，纵坡坡比为 0.002～0.003。排水管起点覆土深（至砂层顶面）为 0.6m。

不透水底板由 200～400mm 厚的黏土层或 150～300mm 厚的三七灰土夯实而成，也可用 100～500mm 厚的素混凝土铺成。底板有 0.01～0.03 坡度的坡向排水管。

隔墙与围堤把干化场分隔成若干小块，轮流使用，以便提高干化场利用率。

在干燥、蒸发量大的地区，采用由沥青或混凝土铺成的不透水层而无滤水层的干化场，依靠蒸发脱水。这种干化场的优点是泥饼容易铲除。

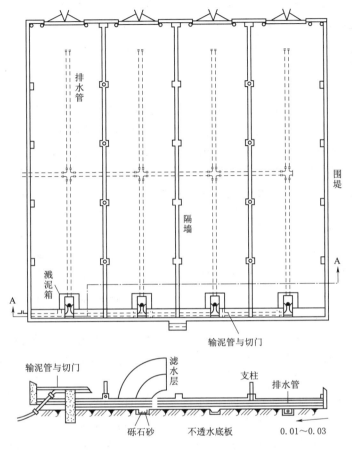

图 5-38　人工滤层干化场构造示意图

2. 干化场的脱水特点及影响因素

干化场脱水主要依靠渗透、蒸发与人工撇除，渗透过程约在污泥排入干化场最初的 2～3d 内完成，可使污泥含水率降低至 85％左右，此后水分不能再被渗透，只能依靠蒸发脱水，约经 1 周或数周（决定于当地气候条件）后，含水率可降低至 75％左右。研究表明，水分从污泥中蒸发的数量约等于从清水中直接蒸发量的 75％。降雨量的 57％左右要被污泥所吸收，因此在干化场的蒸发量中必须考虑所吸收的降雨量，但有盖式干化场可不考虑。我国幅员辽阔，上述各数值应视当地天气条件加以调整或通过试验决定。

影响污泥干化场脱水的因素主要是气候条件和污泥性质：

（1）气候条件：当地的降雨量、蒸发量、相对湿度、风速和年冰冻期。

（2）污泥性质：污泥干化时，污泥中所含的气体起着重要作用。如消化污泥在消化池中承受着高于大气压的压力，污泥中含有很多沼气泡，一旦排到干化场后，压力降低，气体迅速释出，可把污泥颗粒挟带到污泥层的表面，使水的渗透阻力减小，提高了渗透脱水性能；而初次沉淀污泥或经浓缩后的活性污泥，由于比阻较大，水分不易从稠密的污泥层中渗透过去，往往会形成沉淀，分离出上清液，故这类污泥主要依靠自然蒸发脱水，可在围堤或围墙的一定高度上开设水窗，撇除上清液，加速脱水过程。

三、运行与管理

1. 带式压滤机

（1）调质。带式压滤机处理效果关键是污泥的调质。化学调节使造粒、浓缩和压榨脱水效果得到保证，而且滤饼的剥离也容易。如果投药量不足、调质效果不佳时，污泥中的毛细水不能转化成游离水在重力区被脱除，因而由楔形区进入低压区的污泥仍具流动性，无法挤压。反之，如果加药量太大，不但增大处理成本，而且还会由于污泥的黏性增大，极易造成滤带被堵塞。化学药剂的投加量与药剂的种类和污泥的性质有关。对于城市污水混合污泥，采用阳离子 PAM 时，干污泥投药量一般为 $1\sim10\text{kg/t}$，具体可由试验确定或在运行中反复调整。

（2）带速。滤带的行走速度控制着污泥在污泥每一个工作区的脱水时间，对出泥泥饼的含量、泥饼的厚度及泥饼剥离的难易程度都有影响。对于初沉污泥和活性污泥组成的混合污泥来说，带速应控制在 $2\sim5\text{m/min}$。进泥量较高时，取高带速；反之取低带速。

（3）滤带张力。滤带张力会影响泥饼的含固量，因为施加到污泥层上的压力和剪切力直接决定于滤带的张力。对于城市污水混合污泥来说，一般将张力控制在 $0.3\sim0.7\text{MPa}$，通常在 0.5MPa。

（4）定期分析滤液水质。有时通过滤液水质的变化，能判断出脱水效果是否降低。正常情况下，滤液水质应在 SS 为 $200\sim1000\text{mg/L}$，BOD_5 为 $200\sim800\text{mg/L}$ 的范围内，如果水质恶化，则说明脱水效果降低，应诊断故障，及时排除。冲洗后的水质一般 SS 在 $1000\sim2000\text{mg/L}$ 范围内，BOD_5 在 $100\sim500\text{mg/L}$ 范围内。如果水质太脏，说明冲洗次数和冲洗历时不够；如果水质指标小于上述范围，则说明冲洗水量过大，冲洗过频。

2. 离心脱水机

（1）进泥含水率。进泥含水率的变化，对离心脱水机的影响较大。进泥含水率低，易于脱水，运转费用及絮凝剂的投加量都比较低；反之则高。运行中，应控制进泥含水率在 96% 以下为宜。

（2）调质。离心脱水机采用无机低分子混凝剂时，分离效果很差，故一般均采用有机高分子混凝剂。当污泥有机物含量高时，一般选用离子度低的阳离子有机高分子混凝剂；当污泥中主要含无机物时，一般选用离子度高的阴离子有机高分子混凝剂。混凝剂的投加量与污泥性质有关，应根据试验确定。当为初沉污泥与活性污泥的混合消化污泥，挥发固体小于 60% 时，其有机高分子混凝剂的投加量一般为污泥干重的 $0.25\%\sim0.55\%$。脱水后的污泥含水率可达 $75\%\sim80\%$。

（3）转速和转差。转速和转差对设备的影响因素较大，转速和转差应根据污泥的性质确定。在转速一定时，提高或降低转差对处理后泥饼的产量和泥饼的含水率影响较大。在运行调速中应注意，一般应控制转速在 $2000\sim3500\text{r/min}$，转速差为 $12\sim$

$15r/min$。

（4）温度影响的调控。离心脱水效果受温度影响很大。北方地区冬季泥饼含固量一般可比夏季低 $2\% \sim 3\%$。因此，冬季应注意增加污泥投加量。

（5）经常巡视的项目。运行中应经常检查油箱的油位、轴承的油流量、冷却水及油滴温度、设备的振动情况和电流读数等，如有异常，立即停车检查。

四、安全操作

1. 操作员

上班前应穿好一切防护用品，加药时必须穿胶鞋防止滑倒、摔伤。使用行车吊要两人操作，一人指挥，一人操作，行车臂下严禁站人。非电工人员不得私自检修各种设备电器，以防发生触电事故。

2. 设备

脱水机运行时，应按操作程序操作，做好运行记录和交接班记录。设备运转出现故障时应立即停车检修，严禁开机排除故障。

3. 脱水机房

脱水机房要按时通风，通风设施每小时换气次数不应小于 6 次，禁止在机房吸烟和使用各种电热器。

五、维护保养

1. 带式压滤机

（1）滤带的更换。经常观察滤带的损坏情况，并及时更换新滤带。滤带的使用寿命一般在 $3000 \sim 10000h$ 之间，如果滤带过早被损坏，应分析原因。滤带的损坏常表现为撕裂、腐化和老化。

（2）保证滤布的足够冲洗时间。脱水机停止工作后，必须立即冲洗滤带，不能过后冲洗。一般来说，处理 $1000kg$ 的干污泥约需冲洗水 $15 \sim 20m^3$，在冲洗期间，每米滤带冲洗水量需 $10m^3/h$ 左右。每天应保证 $6h$ 以上的冲洗时间，冲洗水压力一般在 $0.4 \sim 0.6MPa$ 之间。另外，还应定期对脱水机周围及内部进行彻底清洗，以保证清洁，降低恶臭。

（3）零部件及仪表的保养。按照脱水机的要求，定期进行机械检修维护。例如，按时添加润滑油，及时更换转辊等易损件。水压表、泥压表、油表和张力表等应经常进行校验和维护，如损坏，则应及时更换。

2. 离心脱水机

（1）离心机的停车。离心机正常停车时，先停止进泥，继而注入热水或一些溶剂，继续运行 $10min$ 以后再停车，并在转轴停转后再停止热水注入，并关闭润滑油系统和冷却系统。当离心机再次启动时，应确保机内冲刷干净彻底。

（2）砂渣的预处理。离心机进泥中，一般不允许大于 $0.5cm$ 的浮渣进入，也不允许 65 目以上的砂粒进入，因此，应加强前级预处理系统对砂渣的去除。

（3）磨损件的更换。定期检查离心机的磨损情况，及时更换磨损件，如转鼓、螺旋输送器等。

【任务准备】

设定某个机械脱水（板框压滤、带式压滤或离心脱水）工作场景，给出操作规范、实训设备说明及要求、安全要求等条件；准备相应实训硬件设备、所需物料（配置污泥或取污水处理厂的污泥）及所需劳保装备、工具等。

【任务实施】

（1）制订任务实施计划及小组分工，准备相关记录资料及物料。

（2）根据给定的实训工作场景，进行符合规范的设备操作。

（3）对实训设备进行日常维护及清洁。

【检查评议】

评分标准见表 5-1。

【考证要点】

了解机械脱水操作的要点；能够合理进行机械脱水操作。

【思考与练习】

（1）污泥脱水的方式都有哪些？比较其优缺点。

（2）归纳总结本次实训操作的要点及注意事项。

知识点四　污泥资源化工艺运行与管理

5-2-4
污泥资源
化工艺运
行与管理

【任务描述】

了解污泥的资源化利用方法，污泥的最终处置及污泥资源化工艺运行与管理。

【任务分析】

污泥经好氧或厌氧等生物处理后可作土地利用，近年来还发展了利用污泥制造建材的资源化利用技术。污泥建材利用是指通过技术手段将污泥无害化后加工成为可应用的材料。污泥的材料利用目前主要有制备烧结材料、水泥制品、生化纤维板、陶粒和吸附材料等。

【知识链接】

污泥中除了有机物外往往还含有 20%～30% 的无机物，主要是硅、铁、铝和钙等。因此，即使污泥焚烧去除了有机物，无机物仍以焚烧灰的形式存在，需要做填埋处置。就充分利用污泥中的有机物和无机物而言，污泥的建材利用是一种经济有效的资源化方法。

一、污泥的建材利用

污泥的建材利用大致可归纳为以下几种：制备轻质陶粒，制备熔融材料和熔融微晶玻璃，生产水泥等。

1. 制备轻质陶粒

污泥制备轻质陶粒的方法按原料不同可以分为两种：一是用生污泥或厌氧发酵污泥的焚烧灰造粒后烧结。这种技术较为成熟，但需单独建设焚烧炉，污泥中的有机成分没有得到有效利用。近年来开发了直接由脱水污泥制备陶粒的新技术，其工艺流程如图 5-39 所示。

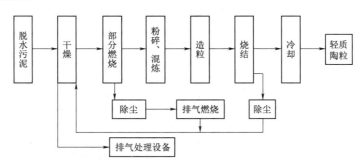

图 5-39　污泥制备轻质陶粒工艺流程图

2. 制备熔融材料和熔融微晶玻璃

污泥熔融制得的熔融材料可以做路基、路面、混凝土骨料以及地下管道的衬垫材料。

（1）污泥直接制备熔融材料。由日本荏原株式会社开发成功的污泥熔融系统由三种单元设备组成，即干燥设备、熔融设备和排气处理设备，如图 5-40 所示。

（2）污泥制备微晶玻璃。微晶玻璃生产原料常用污泥焚烧灰、沉砂池沉砂和废混凝土，原料配比以 SiO_2、Al_2O_3 和 CaO 的比例符合生成钙长石和 β-硅灰石为准。原料调整后熔融温度控制在 1400～1500℃。熔融物需放置一定时间，使其脱泡和均质，然后注入模具中成型。随着温度的降低生成晶核（FeS），再加热处理，促使晶体成长。热处理后自然冷却，得到各种形状的微晶玻璃，过程如图 5-41 所示。

3. 生产水泥

利用污泥生产水泥原料有三种方式：一是直接用脱水污泥；二是干燥污泥；三是污泥焚烧灰。

水泥入窑生料的控制指标是水分应小于 35％，流动度大于 75mm，未脱水污泥和脱水污泥均可以做原料，但考虑到运输成本，水泥厂较适合用脱水污泥。加入污泥后相同水分下的生料浆流动度会低 6.7％，这样会对生产设备和生产过程带来不利影响（生料流动度越小，沉降率越大），因此需适当增加水分，使生料达到流动度要求。

利用污泥做原料生产水泥时，需要解决污泥的储存、生料的调配以及恶臭的防治，确保生产出符合国家标准的水泥熟料。为了防止污泥在生产过程中产生恶臭，首先在污泥中掺入生石灰，然后采用水调料，再用泵输送到泥浆库。熟料生成与普通硅酸盐熟料基本相同，但要控制熟料 C_3A 的含量必须小于 8％，以防窑内产生窑皮和结圈。污泥中的氯在高温区蒸发，在低温区冷凝，从而妨碍水泥窑的正常运行，因此污泥在脱水时尽量不使用含氯的无机凝聚剂。污泥中的磷不会像氯那样产生反复凝缩，从而影响水泥窑的正常运行，也不会影响水泥的质量。

以污泥为原料生产水泥时，已确认水泥窑排出的气体中 NO_x 含量减少了 40％。这是因为污泥中的氨在高温下挥发，与气体中的 NO_x 反应，使之分解，从而起到脱硝剂的作用。

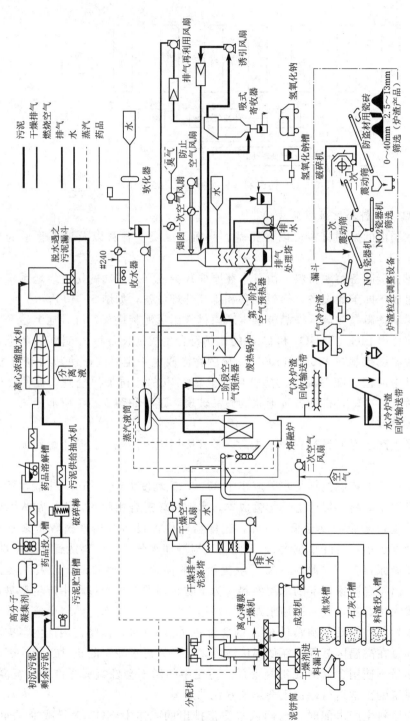

图 5 - 40 日本大阪 80t/d 焦炭床熔融炉污泥熔融流程

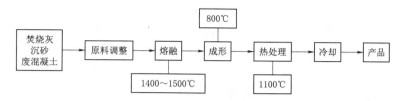

图 5-41 污泥焚烧灰制备微晶玻璃工艺流程示意图

二、污泥的最终处置

污泥经过浓缩、消化、脱水处理后，应对其进行最终处置。污泥的最终处置可分为污泥填埋、污泥焚烧、污泥堆肥和污泥的综合利用。在实际处理时，应根据当地环境进行选用。

1. 污泥填埋

污泥填埋是一种较常见的处理方法，广泛用于城市固体废弃物的处理。污泥填埋选择地点很重要，应远离城市和水源地等，需要建造有防渗漏的地下构筑物，避免对地下水造成污染，最终实现无机化、无害化。该方法简单、易行，但需占用土地。对于填埋时间较长的污泥，常有渗滤液流出，如不进行处理，将严重污染地下水和地面水。

2. 污泥焚烧

污泥焚烧是将脱水的污泥（一般不经过消化，保留其热值）送至焚烧炉中和燃料一起燃烧，迅速实现污泥的无机化。污泥焚烧占地少，是最为有效的污泥处置方法，但由于污泥焚烧设备投资大、运行费用较高，国内目前采用较少。在美国、日本还提倡这种做法。它不仅绝对减量化，而且能在焚烧过程中收集释放能源，再利用于生产过程中去。

污泥焚烧设备种类较多，常用设备包括转筒式焚化炉、多层床焚化炉和流化床焚化炉等。

3. 污泥堆肥

污泥堆肥是利用嗜温菌、嗜热菌对有机物进行分解的过程，使污泥的有机物和水分好氧分解，从而达到腐化稳定有机物、杀死病原体、破坏污泥中恶臭成分和脱水的目的。通常污泥要和脱水剂相混合，以增加空隙使通气良好，减少含水率和改善 C/N 比。在微生物作用下产生高温并分解有机物，杀死虫卵和有害微生物，达到无害化、稳定化和资源化，最后形成像腐渣质一样棕黑色的土肥，施于土壤中有益于改良土壤，是一种提高农作物产量和质量的优质肥料，亦称生物肥。

4. 污泥的综合利用

（1）能量利用。利用污泥消化过程中产生的沼气发电，可以有效解决能源短缺，但污泥处置投资大，成本高。

（2）制造建筑材料。一般指稳定过的污泥，因其有机成分不高，可作为道路土基，或混入黏土中烧结成砖。作为制砖和建材的材料，一般掺入量不宜过大，重金属尽管可固化，但需采取谨慎态度。

（3）作为农林用肥。这是目前较为普遍的最终处置方法，主要是利用污泥中丰富的有机质及氮、磷、钾等植物营养元素的肥效，但尚应注意的问题也不可忽视：

1）农田使用污泥前应查清过去使用污泥情况和当地土壤中主要营养元素及有害元素的含量，应遵守农田污泥标准，不得过量使用。由于污泥带入的有害元素使土地中这种有害元素达到限值后，即应停止使用这种污泥。

2）因地制宜，先非农耕地，后农田；先旱地，后水田；先贫瘠地，后肥沃地；先碱性地，后偏酸性地。

3）对作物而言，先森林、花卉、草坪、绿化树种等，后禾谷及蔬菜地使用。

4）控制用量，根据各种营养元素的平衡和农作物的需肥特点来确定，每年施污泥的数量不要过量，否则会带来不良后果。许多国家都制定了《农用污泥中污染物控制标准》及《土壤中容许的重金属最高含量》。我国于 1984 年颁布了《农用污泥中污染物控制标准》，对农用污泥中许多种污染物最高容许量作了限制性规定。

【任务准备】

某地污水处理厂污泥资源化方案调研。设定某地污水处理厂所产生的污泥，首先进行资料搜集准备工作，可以实地调研或查阅资料，结合本地经济发展情况及其他需求，初步给出污泥资源化利用方案，并进行阐述解释。

【任务实施】

根据给定的污水处理厂，小组分工进行调研、查阅资料，并选出合适的污泥利用方案。将给定的污泥利用方案进行初步论证，并形成文字报告。

【检查评议】

评分标准见表 5-1。

【考证要点】

了解污泥资源化利用的方法优缺点；能够合理选择污泥资源化方法。

【思考与练习】

（1）结合前述内容，总结污泥资源化分为哪几类？

（2）污泥资源化不同方法的优缺点有哪些？

任务三　水处理厂生产废水回用运行与管理

知识点一　给水厂生产废水回用运行与管理

5-3-1
给水厂生产废水回用运行与管理

【任务描述】

了解给水厂生产废水的组成及特性、生产废水回用工艺类型及废水回用管理要点。

【任务分析】

在水资源越来越紧缺的情况下，人们逐渐认识到净水厂的生产废水若未经处理直接排放，不仅造成水体污染，还会浪费大量水资源，因此，给水厂生产废水回用已经引起广泛关注和研究。但是，生产废水中富集了原水中大量的污染物、微生物以及投加的药剂，回用处理不当或控制不当，可能会对出水水质产生影响，引起饮用水安全风险。因此，给水厂生产废水回用需谨慎，在运行管理中应加强管理。

【知识链接】

一、生产废水的组成

给水厂常规水处理工艺中，水厂产生的生产废水占水厂总处理水量的4%～7%，主要包括沉淀池、澄清池的排泥水和滤池反冲洗水，如图5-42所示。

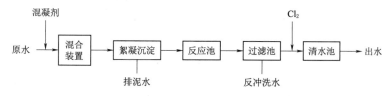

图5-42 给水厂生产废水来源示意图

二、给水厂生产废水回用工艺

给水厂生产废水回用的方式可以分为直接回用和处理后回用，如图5-43、图5-44所示。

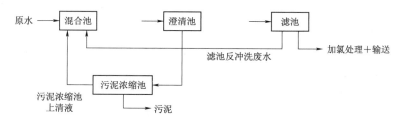

图5-43 某给水厂排泥水浓缩回用、反冲洗水直接回用工艺

三、给水厂生产废水回用管理

1. 分离装置

在污水和污泥的处理过程中，会得到大量的上澄清水和析出水（滤液），这些水总称为分离水。这些分离水，如水质欠佳，须在处理系统中作重复处理；如水质较好，可作原水利用或直接排入水体。对于快滤池冲洗水，不少给水厂直接将其排入絮凝池作原水重复利用。当对分离水作原水再利用或直接排入水体时，往往可把排水池、排泥池、浓缩池的上清液和污泥脱水机的析出水汇集，加以再利用或排放。这样做是为了使分离水的利用或排放负荷趋于均衡稳定。也有将分离水排入排水池或排泥池中，用排水池或排泥池作为分离水的调节储藏设施，在排水池或排泥池上设置上澄清水排出口，将上清液排入水体或作原水使用。

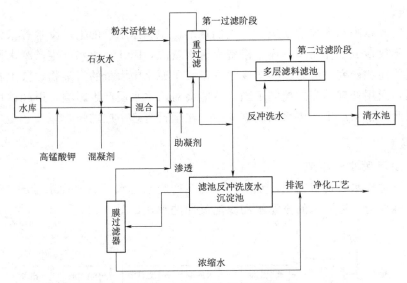

图 5-44　给水厂生产废水回用工艺

2. 快滤池冲洗水直接作原水重复利用

给水厂快滤池冲洗水可直接送到沉淀池前部，作原水重复利用。快滤池冲洗水作原水利用，不但可节约药剂和电能，还能提高沉淀效果，尤其对于低浊度原水的给水厂，效果很明显。因此，该方法在很多给水厂中得到了采用。但当将快滤池冲洗水作原水利用时，要考虑下面给的问题：回用的水量；连续回送还是间歇回送；间歇回送的时间间隔；快滤池冲洗水在作回送过程中发生沉淀，因此，要考虑回送系统的运行。

（1）在常用混凝剂中，聚合氯化铝的吸附污物能力为最强，有效时间也长。如取用聚合氯化铝作混凝剂，快滤池冲洗水作原水回收利用时的助凝作用较为明显，不但净水效果好，且药剂的节约量也比较大。

（2）对滤池冲洗排放水不断进行搅拌，使其中带有一定量的污浊物质，回送利用的净水效果好。

（3）滤池冲洗排放水全部回送，且均匀连续返送效果好。

（4）滤池冲洗排放水如按上述方法加以利用，混凝剂聚合氯化铝的用量可减少10%～30%。

（5）滤池冲洗排放水返送利用后，给水厂的污泥产生量可减少 10%～20%；沉淀污泥浓度可提高 10%～30%。

3. 分离水水质问题及对策

对质量较差的不能直接排放或利用的分离水，常采用以下处理方法：

（1）如脱水过程中得到的析出水（滤液）中悬浮物含量较大，可将之先排入浓缩池中再澄清。

（2）如脱水机排出的析出水（滤液）中悬浮物含量极大，可将它排入浓缩池中，然后将浓缩池中的上清液排入排水池中，排水池的上清液再作利用或排放。

（3）对有机高分子絮凝剂含量较高的分离水，一般均排入浓缩池中作稀释处理，同时，排入浓缩池中的残留有机高分子絮凝剂对污泥浓缩也有一定的益处。

上述几种处理方法的特点是：安全性强；中间有几个缓冲阶段，使排出的上清液水质较好。如果分离水是连续产生的，水质又较好，可不设储藏池，直接将之返送到沉淀池做回收利用或排入水体。将分离水作原水使用，应注意两个问题：一是分离水的水质和水质稳定性；二是分离水的水量和回收利用时水量的均匀性。

给水厂生产废水回用作原水使用，虽然节约了水资源，但其中的风险也不可忽略。生产废水回用可能造成安全风险的指标包括浊度、铁、锰、铝、有机物和微生物。有报道显示，排泥水和滤池反冲洗水中的贾第虫孢囊和隐孢子虫卵囊明显高于原水含量，而贾第鞭毛虫和隐孢子虫又具有极强的抗氯性。因此，在进行废水回用管理中，除做好回用各项指标的控制管理之外，还应加强检测和分析的力度。

【任务准备】

工作任务可根据条件而定，有实训场所的可设定在某个净水厂，根据净水厂的生产工艺、废水产生量及回用管理情况、回用效果等进行实地调查，了解并强化认识回用运行与管理；若有相关仿真软件，可进行仿真模拟实训，设定某个给水厂生产场景，给出生产工艺、相应参数及控制要求等条件，准备相应软件设施、硬件设施、相关资料等。

【任务实施】

（1）根据给定的任务要求，确定出采用的废水回用工艺，并找出运行与管理中需重点控制的参数。

（2）若进行实地实训，可对所调研的结果及资料进行分析讨论；若进行仿真模拟实训，可在练习中加入事故，强化练习效果。

【检查评议】

评分标准见表5-1。

【考证要点】

了解给水厂生产废水回用工艺及区别；能够合理确定废水回用控制参数。

【思考与练习】

（1）给水厂生产废水回用工艺分为哪几类？

（2）在废水回用控制管理中，重点关注的是什么？

知识点二　污水处理厂废水回用运行与管理

【任务描述】

了解污水的再生利用方法及处理工艺、再生利用管理要点及中水资源化管理的要点等。

5-3-2
污水处理
厂废水回
用运行与
管理

【任务分析】

在水处理工程中，管道工程投资在工程总投资中占有很大的比例，而管道工程总投资中，管材的费用占 50% 左右。同时，管网系统属于城市地下隐蔽工程，要求有很高的安全可靠性。因此，合理选择管材非常重要。

【知识链接】

一、污水的再生利用方法

城市污水量大且比较稳定，经处理净化后，回用于农业、工业、地下水回灌、市政用水等，见表 5-5，不但可以弥补水资源的缺乏，而且减轻了水环境污染。在污水回用计划实施过程中，再生水的用途决定了污水需要处理的过程和程度。

表 5-5　　　　　　　　　　城市污水再生利用类别

分类	范围	示例
农、林、牧、渔业用水	农田灌溉	种子与育种、粮食与饲料作物、经济作物
	造林育苗	种子、苗木、苗圃、观赏植物
	畜牧养殖	畜牧、家畜、家禽
	水产养殖	淡水养殖
城市杂用水	城市绿化	公共绿地、住宅小区绿化
	冲厕	厕所便器冲洗
	道路清扫	城市道路的冲洗与喷洒
	车辆冲洗	各种车辆冲洗
	建筑施工	施工场地清扫、浇洒、灰尘控制、混凝土制备与养护、施工中的混凝土构件和建筑物冲洗
	消防	消火栓、消防水炮
工业用水	冷却用水	直流式、循环式
	洗涤用水	冲渣、冲灰、消烟除尘、清洗
	锅炉用水	中压、低压锅炉
	工艺用水	溶料、水浴、蒸煮、漂洗、水力开采、水力输送、增湿、稀释、搅拌、选矿、油田回注
	产品用水	浆料、化工制剂、涂料
环境用水	娱乐性景观环境用水	娱乐性景观河道、景观湖泊及水景
	观赏性景观环境用水	观赏性景观河道、景观湖泊及水景
	湿地环境用水	恢复自然湿地、营造人工湿地
补充水源水	补充地表水	河流、湖泊
	补充地下水	水源补给、防止海水入侵、防止地面沉降

二、污水的再生利用工艺

污水的再生利用处理与通常所讲的水处理并无特殊差异，只是为了使处理后的水质符合回用水水质标准，其涉及范围更加广泛，在选择回用水处理工艺上所考虑的因素更为复杂。表5-6为回用水处理基本方法的类别和主要作用。

按处理程度划分，城市污水可分为一级处理、二级处理和三级处理。一般处理工艺组合如图5-45所示。

表 5-6   回用水处理基本方法

方法分类		主 要 作 用
物理方法	筛滤截留	格栅：截留较大的漂浮物；格网：截留较小的漂浮物 微滤：去除细小悬浮物；过滤：滤除细微悬浮物和部分胶体
	重力分离	重力沉降分离悬浮物 气浮：上浮分离不易沉降的悬浮物
	离心分离	惯性分离悬浮物
	高梯度磁分离	磁力分离磁性或被磁化颗粒
化学方法	化学沉淀	以化学方法析出并沉淀分离水中的无机物
	中和	中和处理酸性或碱性物质
	氧化与还原	氧化分解或还原去除水中的污染物质
	电解	电解分离并氧化或还原水中污染物质
物理化学法	离子交换	以交换剂中的离子交换去除水中的有害离子
	萃取	以不溶于水的有机溶剂分离水中相应的溶解性物质
	汽提与吹脱	去除水中的挥发性物质
	膜分离技术 · 电渗析	在直流电场中离子交换树脂膜选择性地定向迁移、分离去除水中离子
	膜分离技术 · 扩散渗析	依靠半渗透膜两侧的渗透压分离溶液中的溶质
	膜分离技术 · 反渗透	在压力作用下通过半渗透反方向的使水与溶解物分离
	膜分离技术 · 超滤	通过超滤膜使水溶液的大分子物质与水分离
	吸附处理	以吸附剂吸附水中的可溶性物质
生物法	活性污泥法	以不同方式使水充氧，利用水中微生物分解其中的有机物质
	生物膜法	利用生长于各种载体上的微生物分解水中的有机物质
	生物氧化塘	利用池塘中的微生物、藻类、水生植物等通过好氧或厌氧分解降解水中的有机物
	土地处理	利用土壤和其中的微生物以及植物根系综合处理水中的污染物质
	厌氧生物处理	利用厌氧微生物分解水中的有机物，特别是高浓度有机物

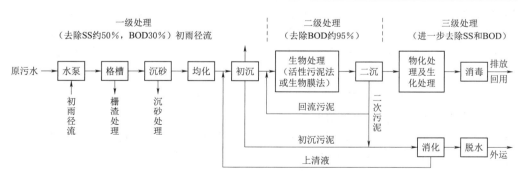

图 5-45   城市污水处理回用工艺典型流程

三、中水资源化利用工艺管理

对于不同的用途采用适当的工艺处理，出水应达到相应的标准方可成为可用水源。

1. 回用工业用水

再生水回用于工业用水，一般可以用于工艺低水质用水。因各行业生产工艺不同，很难制定统一的水质标准，可参照以自然水体为水源的水质标准。再生水用于工业冷却水，处理目标水质应满足《城市污水回用设计规范》（CECS 61∶94）给出的水质标准，回用于循环冷却水系统常见的处理工艺流程如图 5-46 所示。

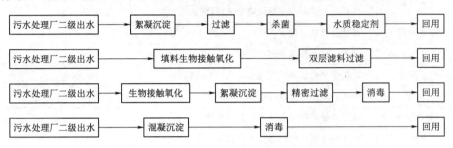

图 5-46　中水用于冷却水的处理工艺流程

在污水二级出水回用于循环冷却水的过程中，应该从以下几个方面做好控制工作：

（1）微生物的生长。在冷却塔受阳光照射的一侧藻类生长活跃，可以采用氧化性杀菌剂（如液氯、二氧化氯、次氯酸钙等）、非氧化性杀菌剂、表面活性剂杀菌剂。由于氯在循环的过程中容易损失，可用氯和非氧化性杀菌剂联合使用。

（2）污垢和黏泥。结垢控制可以通过软化和除盐除去水中结垢成分或加阻垢剂。污垢控制应根据污垢的成分采取控制措施，若是油污引起的可采用表面活性剂控制；若是由于悬浮物引起的可加强混凝沉淀或采取旁滤来控制。黏垢的控制需要采用杀菌剂控制，药剂投加量为新鲜补充水的 1～10 倍。

（3）腐蚀。吸收过量氧的水对设备管道有腐蚀性。循环水系统都使用了杀菌剂，所有循环冷却水都要定期排污，以防止溶解的和悬浮的非蒸发物的积累。由循环冷却水决定补充水和排污量的是循环浓缩倍数。浓缩倍数越高，排污量越低，就越容易导致结垢现象；结垢以后要进行化学清洗，处理成本会提高，因此要防止垢的形成。

（4）起泡。起泡时可使用可生物降解的洗涤剂，同时控制回用水磷的含量，使得回用水中的直链烷基磺酸盐的含量保持在 0.5mg/L 以下，必要时还要使用消泡剂。

（5）氨。氨对铜有腐蚀性，氨与氮反应会减弱杀灭微生物的效果。

（6）磷酸钙垢及其他垢的形成。由于回用水中磷的存在，易形成磷酸钙垢。如水中磷含量过高就必须用酸化控制或去磷控制。

（7）卫生方面。冷却塔循环水及其淤积物会四处抛撒，虽然病原菌由于温度、氯化和阳光作用而部分死亡，但不能保证所有的传染菌都死亡，所以这个问题也要重视。

2．回用农业灌溉

《农田灌溉水质标准》（GB 5084—2021），对污水浇灌提出了较严格的要求，严禁使用污水浇灌生食的蔬菜和瓜果；对于水作、旱作和蔬菜，必须将污水处理达到灌溉水质标准才能灌溉。对于旱作和蔬菜，常规的二级处理加消毒就可以满足要求。水作，对于氮磷要求高，需要采用强化二级处理加消毒才能达标；也可以与清水混灌，降低氮磷含量。回用水可根据灌溉作物对水质的要求，选择合理的处理工艺。

图 5-47 为美国将中水用作农业灌溉的水处理工艺，其中大肠杆菌不得超过 2.0 个/100mL。农业灌溉回用过程中，重点要考虑水的盐分、钠离子、微量元素、余氯、营养物质和病原体等。

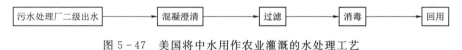

图 5-47 美国将中水用作农业灌溉的水处理工艺

3．回用城市杂用水

用于城市杂用水时，执行《城市污水再生利用 城市杂用水水质》（GB/T 18920—2020）。回用处理工艺为城市二级处理出水、混凝沉淀、过滤、消毒处理。针对再生水回用于城市公用设施，必须建立相应的详细管理准则或指南，要求再生水经过高程度处理和消毒。如果人可能接触到再生水，那么一般要求再生水经过三级处理，基本消灭病原菌。

4．回用城市景观环境用水

城市污水回用于城市景观环境用水的现行标准有《城市污水再生利用 景观环境用水水质》（GB/T 18921—2019）和《地表水环境质量标准》（GB 3838—2002）。该回用系统的运行，关键是控制营养物质，即研究水体中 TP<0.5mg/L 时，即使在夏季菌类易爆发期也能保证较好的水质，也不明显影响娱乐性水环境的美学价值。某污水处理厂中水回用作城市小区景观水体的处理工艺如图 5-48 所示。

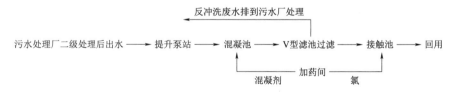

图 5-48 某污水处理厂中水回用作城市小区景观水体的处理工艺

5．回注地下

再生水回注地下含水层、补充地下水，可以防止海水入侵，或用于防止因过量开采地下水造成的地面沉降，或用于重新提取作灌溉用水，或用于重新提取作饮用水。用于作饮用水补充水时，应对城市污水处理厂的二级出水进行三级处理；国外多在二级出水后接多层滤料过滤、反渗透、氯化，或氯化、硅藻土过滤、臭氧氧化，或混凝、多层滤料过滤、反渗透、氯化。

【任务准备】

工作任务可安排为对当地中水回用情况的调查。设定某个污水处理厂的出水水质及周边环境，给出中水回用目的等条件。

【任务实施】

（1）根据任务安排，小组进行分工，对污水处理厂进行资料收集，对当地用水情况进行资料收集等。

（2）根据所收集到的资料，分析中水回用情况或可行性。若有中水回用案例，可针对此案例分析其运行与管理的要点及落实情况；若无，可分析其实行中水回用的可行性及注意事项。

【检查评议】

评分标准见表 5-1。

【考证要点】

了解中水回用的常用处理工艺及处理方法；能够合理地初步选择中水处理工艺及运行与管理要点。

【思考与练习】

（1）中水回用主要分为哪几类？

（2）中水回用的常用处理方法有哪些？

（3）污水回用的处理工艺发展趋势如何？

水处理厂（站）水质检测实验室运行与管理

【思政导入】

水质检测能力，就是水质安全的"命脉"，水质检测技术人员队伍是推动水处理高质量发展的重要力量。党的二十大报告指出，要加快建设国家战略人才力量，努力培养造就更多大国工匠、高技能人才。

【知识目标】

通过本项目的学习，了解给水处理厂（站）水质检测实验室的布局与仪器配置；熟悉水质检测实验室管理方法与检测报表的制作；掌握水质指标的检测方法和数据分析方法。

【技能目标】

通过本项目的学习，能够进行生活饮用水检测项目与污水常规化验项目的检测与分析。

【重点难点】

本项目重点在于掌握水质监测的方法和操作技能；难点在于水质检测分析报表的规范填写。

任务一　水质检测实验室配置及管理

知识点一　水质检测实验室仪器配置

6-1-1
水质检测
实验室仪
器配置

【任务描述】

本任务主要介绍实验室布局规划的要求，实验室基础和仪器设备的配置原则以及不同水质分析实验室仪器设备配置的具体要求。

【任务分析】

实验室是水质检测分析的场所，是获得监测结果的关键部门，要使监测质量达到规定水平，必须要有合格的实验室和合格的分析操作人员。具体地讲，包括仪器的正确使用和定期校正，玻璃仪器的选用和校正，化学试剂和溶剂的选用，溶液的配制和标定，试剂的提纯，实验室的清洁度和安全工作，分析人员的操作技术等。为了完成检测任务，我们还要熟悉不同检测任务需要哪些仪器设备，同时，为了保证分析结果的准确精密，我们要了解一定的实验室基础配备要求。

【知识链接】

一、实验用水

水是最常用的溶剂，配制试剂、标准物质，洗涤均需大量使用。水对分析质量有着广泛和根本的影响，对于不同用途需要不同质量的水。市售蒸馏水或去离子水必须经检验合格才能使用。实验室中应配备相应的提纯装置。

（一）蒸馏水

蒸馏水的质量因蒸馏器的材料与结构而异，水中常含有可溶性气体和挥发性物质。下面分别介绍几种不同蒸馏器及其所得蒸馏水的质量。

（1）金属蒸馏器。金属蒸馏器内壁为纯铜、黄铜、青铜，也有镀纯锡的。用这种蒸馏器所获得的蒸馏水含有微量金属杂质，如含 Cu^{2+} 约 $(10\sim200)\times10^{-6}$，电阻率小于 $0.1M\Omega\cdot cm$（$25℃$），只适用于清洗容器和配制一般试液。

（2）玻璃蒸馏器。玻璃蒸馏器由含低碱高硅硼酸盐的"硬质玻璃"制成，二氧化硅质量分数约为 80%。经蒸馏所得的水中含痕量金属，如含 5×10^{-9} 的 Cu^{2+}，还可能有微量玻璃溶出物，如硼、砷等。其电阻率约 $0.5M\Omega\cdot cm$。适用配制一般定量分析试液，不宜用于配制分析重金属或痕量非金属的试液。

（3）石英蒸馏器。石英蒸馏器的二氧化硅质量分数为 99.9% 以上。所得蒸馏水仅含痕量金属杂质，不含玻璃溶出物。电阻率为 $2\sim3M\Omega\cdot cm$。特别适用于配制对痕量非金属进行分析的试液。

（4）亚沸蒸馏器。它是由石英制成的自动补液蒸馏装置。其热源功率很小，使水在沸点以下缓慢蒸发，故而不存在雾滴污染问题。所得蒸馏水几乎不含金属杂质（超痕量）。适用于配制除可溶性气体和挥发性物质以外的各种物质的痕量分析用试液。亚沸蒸馏器常作为最终的纯水器与其他纯水装置（如离子交换纯水器等）联用，所得纯水的电阻率高达 $16M\Omega\cdot cm$ 以上。但应注意保存，一旦接触空气，在不到 $5min$ 内可迅速降至 $2M\Omega\cdot cm$。

（二）去离子水

去离子水是用阳离子交换树脂和阴离子交换树脂以一定形式组合进行水处理而得到的。去离子水含金属杂质极少，适于配制痕量金属分析用的试液，因它含有微量树脂浸出物和树脂崩解微粒，所以不适于配制有机分析试液。通常用自来水作为原水时，由于自来水含有一定余氯，能氧化破坏树脂使之很难再生，因此进入交换器前必须充分曝气。自然曝气夏季约需 $1d$，冬季需 $3d$ 以上，如急用可煮沸、搅拌、曝气并冷却后使用。湖水、河水和塘水作为原水应仿照自来水先作沉淀、过滤等净化处理。含有大量矿物质、硬度很高的井水应先经蒸馏或电渗析等步骤去除大量无机盐，以延长树脂使用周期。

（三）特殊要求的纯水

在分析某些指标时，分析过程中所用的纯水中，这些指标的含量应越低越好，这就需要满足某些特殊要求的纯水，例如无氯水、无氨水、无二氧化碳水、无铅（重金属）水、无砷水、无酚水，以及不含有机物的蒸馏水等，制取方法可查阅有关资料。

二、试剂与试液

实验室中所用试剂、试液应根据实际需要，合理选用相应的规格，按规定浓度和需要量正确配制。试剂和配好的试液须按规定要求妥善保存，注意空气、温度、光、杂质等影响。另外要注意保存时间，一般浓溶液稳定性较好，稀溶液稳定性较差。通常，较稳定的试剂，其 $10^{-3}\,mol/L$ 溶液可储存一个月以上，$10^{-4}\,mol/L$ 溶液只能储存一周，而 $10^{-5}\,mol/L$ 溶液需当天配制，故许多试液常配成浓的储备液，临用时稀释成所需浓度。配制溶液均须注明配制日期和配制人员，以备查核追溯。由于各种原因，有时需对试剂进行提纯和精制，以保证分析质量。

一般化学试剂分为三级，其规格见表6-1。

表6-1 化学试剂的规格

级　别	名　　称	代　号	标志颜色
一级品	保证试剂、优级纯	GR	绿色
二级品	分析试剂、分析纯	AR	红色
三级品	化学纯	CP	蓝色

一级品试剂用于精密的分析工作，在环境分析中用于配制标准溶液；二级品试剂常用于配制定量分析中的普通试液。如无注明，环境监测所用试剂均应为二级或二级以上；三级试剂只能用于配制半定量、定性分析中的试液和清洁液等。

三、实验室布局规划

（一）实验室规划与设计的原则

（1）必须遵守国家有关法律、法规和规定。如《科学实验室建筑设计规范》（JGJ 91—93）。

（2）从实际出发，坚持科学、合理、先进和节约的原则，体现标准化、智能化、人性化的特点。

（3）符合安全、环保的原则。

（二）实验室布局的原则

1. 总体布局

（1）实验用房应置于楼宇上部，自上至下，按照毒理、理化、微生物依次安排；各功能用房按照实验用房、业务用房、行政用房、保障支持用房由上往下排列。

（2）同类实验室组合在一起。

（3）工程管网较多的实验室组合在一起。

（4）有隔振要求的实验室组合在一起，一般宜设在底层。

（5）有洁净要求的实验室组合在一起。

（6）有防辐射要求的实验室组合在一起。

（7）有毒性物质产生的实验室组合在一起。

2. 楼层平面布局

（1）以人工操作为主的实验室可置于朝阳侧。

（2）以仪器为主的实验室可置于背阳侧。

（3）洁净室、冷房、暖房等实验用房适宜置于背阳侧。

（4）人工操作室与仪器分析室可对面布置。

（三）实验室基础配置要求

1. 房间的要求

对于仪器分析实验室，一般要求良好的环境，有防振防噪声要求的实验室要远离振源和噪声源；有屏蔽要求的实验室要远离电磁波的干扰源；要求超净的高纯实验室要规划在粉尘少、绿化好的地段并尽量放在高层。

实验室本身的要求一般清洁，有的要求洁净，进行实验时要求房间内空气达到一定的洁净程度。

2. 门的要求

实验室的门有各种要求。1m 宽的门可以满足人员出入和大多数器材、设备、冰箱、烘箱等搬动的要求。为了应对偶发事件，也可采用 1.2m 宽不等扇的门，平时关上小扇，人员由大扇出入。

实验室的门除有特别要求外，最好在门上设一玻璃观察窗，以便值班人员进行安全观察。

3. 窗的要求

实验室的窗有各种要求。窗台离地以不低于 1m 为宜。在寒冷地区或空调要求的房间采用双层窗。

4. 通风的要求

通风的方式一般有三种，分别为自然通风（即不设置机械通风系统）、单排风（靠机械排风）、局部排风（如某一实验产生有害气体或气味等需要局部排风）。在有机械排风要求时，最好能提出每小时放气次数。

通风装置一般有三种，分别为全室通风、局部排气罩和通风柜。水质检测实验室主要通风装置如图 6-1 所示。

（a）全室通风　　　　　　　　（b）局部排气罩　　　　　　　　（c）通风柜

图 6-1　水质检测实验室主要通风装置

全室通风采用排气扇或者通风井，换气次数为 5 次/h。

局部排气罩一般安装在大型仪器发生有害气体的上方。有围挡式排风罩、侧吸罩、伞形罩三种。对于有害物的不同散发情况采用不同的排气罩，如对于实验台面排风或槽口排风，可采用侧吸罩；对于加热槽，宜采用伞形罩。

通风柜是一种局部排风设备，内有加热源、气源、水源、照明等装置，风机一般安装在顶层，排气管高于屋顶 2m 以上，通风柜一般放置在空气流动较小的地方，不宜靠近门窗。

四、仪器设备配置的具体要求

（一）给水水质检测实验室的仪器设备配置

1. 常规 9 项水质化验室仪器配置

本套仪器配置为针对开展水源水、出厂水日常规 9 项（浊度、色度、肉眼可见物、臭和味、余氯、耗氧量、菌落总数、总大肠菌群、耐热大肠菌群）检测工作所需，还可扩展电导率、pH 值这两项易于操作、直观反映水质情况的水质指标。对经费较充裕的单位，除基本的日常规 9 项检测以外，还可增加表 6-2 中的选配仪器，以监测变化幅度大、对水处理影响大的分析项目。

表 6-2　　　　　　　　　　常规 9 项水质化验室仪器设备配置清单

设 备 名 称	数量单位	检 测 项 目	备注
台式浊度仪	1 台	浊度	
便携式浊度仪	1 台	浊度现场测定	
便携式余氯（或二氧化氯）分析仪	1 台	消毒剂指标	
台式酸度计	1 台	pH 值	
台式电导率仪	1 台	电导率	
紫外可见分光光度计	1 台	氨氮、铁、锰、六价铬、硝酸盐、铝、挥发酚、阴离子合成洗涤剂等	选配
万分之一电子天平	1 台		
托盘天平	1 台		
显微镜	1 台	微生物检测	
全自动高压蒸汽灭菌器	1 台	微生物检测	
电热鼓风干燥箱	1 台		
恒温培养箱	1 台	微生物检测	
隔水式恒温培养箱	1 台	微生物检测	
热空气消毒箱	1 台	微生物检测	
超纯水机（或蒸馏水器）	1 台		
带锁冷藏柜	2 台		
微控数显电热板	1 台		
六联过滤器（含真空泵）	1 套	总大肠菌群、耐热大肠菌群	
单道数字可调移液器	3 支		
超声波清洗机	1 台		
混凝试验搅拌机	1 套	絮凝剂投加沉降试验	选配
Colilert 快速微生物监测系统	1 套	总大肠菌群、耐热大肠菌群、大肠埃希氏菌	选配
超净工作台	1 台	微生物检测	

2. 常规 37 项水质化验室仪器配置

本套仪器配置为针对开展水源水、出厂水水质 37 项常规水质指标检测工作所需，还可扩展检测部分非常规水质指标。除配置表 6-2 中的全部仪器设备外，其他仪器设备配置清单见表 6-3。对经费较充裕的单位，建议配置原子吸收光谱仪、原子荧光光谱仪、离子色谱仪，缩短检测时间，减轻化验员劳动强度。可增配超纯水器（采用国产超纯水机作为前级），确保痕量、超痕量分析结果准确可靠。

表 6-3　　　　　　　常规 37 项水质化验室仪器设备配置清单

设 备 名 称	数量	检 测 项 目	备注
便携式多参数水质测定仪	1 台	多参数现场测定	建议配置
便携式水质毒性分析仪	1 台	水质毒性应急现场测定	选配
便携式酸度计	1 台	pH 值现场测定	
便携式电导仪	1 台	电导率现场测定	
低本底 α、β 测量仪	1 台	总 α、总 β 放射性	
气相色谱仪	1 套	三氯甲烷、四氯化碳等	
原子吸收光谱仪（火焰＋石墨炉）	1 套	常规指标：铅、镉、铝、铁、锰、铜、锌；非常规指标：钡、铍、钼、镍、银、铊、钠	建议选配
原子荧光光谱仪	1 套	砷、汞、硒、锑	建议选配
离子色谱仪	1 套	氟化物、硝酸盐、亚氯酸盐、氯酸盐、氯化物、硫酸盐	建议选配
红外油分析仪	1 套	石油类	选配
数显恒温水浴锅	2 个	溶解性总固体	
离心机	1 台		
超纯水机	1 台		

（二）污水水质检测实验室的仪器设备配置

污水处理广泛涉及建筑、农业、交通、能源、石化、环保、城市景观、医疗、餐饮等各个领域，污水排放必须严格按照《污水综合排放标准》（GB 8978—1996）执行，不同的地区按照该地区的污水排放标准执行，表 6-4 中的仪器配置可满足一般污水水质检测实验室的工作需求。

表 6-4　　　　　　　　　污水处理厂化验室仪器设备

编号	仪器名称	用 途	编号	仪器名称	用 途
1	pH 值测定仪	pH 值测定	8	电烘箱	烘干，悬浮物浓度测定
2	电导率测定仪	电导率测定	9	流量计	流量测定
3	紫外可见分光光度计	化学指标测定	10	移液器	液体移取
4	溶解氧测定仪	溶解氧测定	11	万分之一电子天平	药品量取
5	COD 快速测定仪	化学需氧量测定	12	离心机	固液分离
6	恒温生化培养箱	生物化学需氧量测定	13	过滤器	固液分离
7	高压蒸汽灭菌锅	灭菌、恒温恒压加热	14	马弗炉	污泥浓度测定

续表

编号	仪器名称	用　途	编号	仪器名称	用　途
15	空气压缩机	提供压缩空气，充氧	23	消解仪	样品消解
16	生物发酵罐	微生物培养	24	水分测定仪	污泥含水率测定
17	废水采样器	水样采集	25	菌落计数器	细菌检测
18	恒温培养摇床	恒温培养	26	超纯水机	提供实验用水
19	通风柜	有毒有害溶液配置	27	红外测油仪	油类的测定
20	显微镜	微生物检测	28	原子吸收光谱仪	重金属测定
21	恒温水浴锅	恒温加热	29	原子荧光仪	汞、砷的测定
22	冰箱	低温保存			

【任务准备】

准备分光光度计、电子天平。

【任务实施】

准备分光光度计和电子天平是常用的分析仪器，分组检查室内温湿度，校准和清洗电子天平，分组校验分光光度计波长、准确度、透射比、稳定度（噪声检查）。

【检查评议】

评分标准见表6－5。

表6－5　　　　　　　　　　评　分　标　准

编号	项目内容	评　分　标　准	分值	扣分	得分
1	学习态度	不认真操作扣10分	10		
2	动手能力	动手能力不强扣20分	20		
3	团队协作精神	没有团队精神扣10分	10		
4	专业能力	正确维护和校准分光光度计和电子天平	50		
5	安全文明操作	不爱护设备扣10分	10		
6	合　　计		100		

【考证要点】

熟悉常用仪器的维护、保养和校准方法。

【思考与练习】

（1）实验室通风有哪些方式？

（2）水源水、出厂水日常规检测有哪9项？需要哪些仪器？

知识点二　水质检测实验室管理

【任务描述】

本任务主要介绍了水质检测实验室的环境条件管理、仪器设备管理、实验室信息

6－1－2
水质检测
实验室管理

管理、实验室安全管理等知识。

【任务分析】

实验室管理是对实验室环境、仪器设备和实验室人员各项活动等的管理。学习和掌握好实验室管理的相关知识，才能合理使用和正确操作实验室仪器设备，确保分析检测质量。另外，通过对实验室安全知识的学习，可防止实验室事故的发生，避免人身伤亡和国家财产的损失。

【知识链接】

一、实验室环境条件管理

（一）一般实验室环境管理

（1）温度。控制在 15～30℃最佳，所以实验室最好安装有空调。

（2）湿度。控制在 45％～70％最佳，南方天气经常潮湿，必要时可安装抽湿机抽湿。

（3）洁净度。实验室应该避免烟尘、污浊气流、水蒸气，室内备有卫生桶、废液缸等，及时处理垃圾废液，实验服、窗帘、仪器罩和抹布等保持整齐洁净，工作前必须洗手，工作时要着工作服及戴工作手套，工作结束后要进行必要的清理，严禁在实验室内吸烟、吃零食和存放食物。

（4）防震。防止靠近公路、铁路、维修车间等震荡较大的地方。

（5）采光。实验室应采光通风良好，便于检验工作的正常进行。

（二）特殊工作间环境管理

特殊工作间除符合以上要求外，还有一些特殊要求。

1. 天平室对环境的要求

（1）房间应避免阳光直射，最好选择阴面房间或采用安装屏风等遮光的办法。

（2）应远离震动源，无法避免则要采取防震措施，如在工作台上垫上橡胶以减少震动。

（3）应远离高能热源和高强电磁场等环境。

（4）室内温度应恒定，以 20℃为佳。

（5）室内应清洁干净，避免气流的影响。空调口不应对着天平，防止读数不稳。

（6）要独立单间，工作台要牢固可靠，台面水平度要好。

2. 原子吸收（原子荧光）实验室对环境的要求

（1）要独立单间，湿度大时，室内应加上一台抽湿机，否则湿度太高，点不着火，其湿度也会影响读数，还应该准备一个耐腐蚀的水桶盛装废水。

（2）原子吸收机器上方一定要有抽风系统，因为做样品分析时会产生一系列有毒元素的游离态，对室内环境有污染。

（3）高纯乙炔及氩气瓶与原子吸收实验室应分开房间放置并且固定好，如果放在同一房间，气瓶应放入气瓶柜内，远离火源。

（4）室内应可以开窗通风，测定前需要开窗通风片刻，驱除室内的污浊空气，否则对测定有影响。

3. 无菌室对环境的要求

（1）面积不宜过大，约 4～5m²，高约 2.5m。

（2）室内温度保持在 20～40℃，湿度 45％～60％最佳，湿度大易发霉；室内不宜装空调，以防带入含有杂菌的气流。

（3）室内四壁、地面宜用光面的瓷片，便于消毒。

（4）室内紫外灯使用时间长杀菌效果会下降，最好一年更换一次。

（5）在无菌室外至少设一个缓冲间，缓冲间应装有紫外灯，进入无菌室前应在缓冲间用 75％的酒精对物品表面和手进行消毒，并更衣、换拖鞋、戴口罩。

（6）进入无菌室后不能频繁开关门，进入人员也不能太多，并定期检测室内环境的细菌数。

二、仪器设备管理

1. 仪器设备管理的内容

仪器设备按其价值通常可分为低值易损、一般和大型精密三类。仪器设备管理的内容通常可概括为计划管理、常规管理、技术管理、经济管理等四个层次。具体如图 6-2 所示。

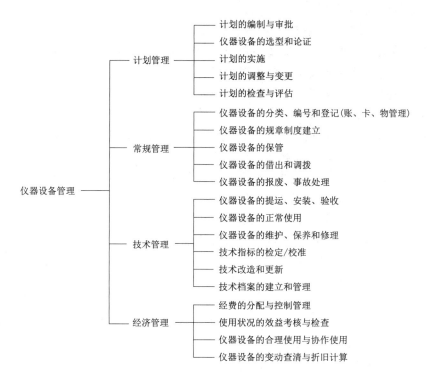

图 6-2　仪器设备管理层次和内容

2. 分析仪器的管理

（1）精密仪器及贵重器皿需专人保管，登记造册，建卡立档。仪器档案包括使用说明书、验收和调试记录、定期保养维护记录、校准及使用情况的登记记录等。发现问题及时报告。

（2）精密仪器的安装、调试和保养维修，均应严格遵照仪器说明书的要求进行。上机人员应经考核，合格后方可上机操作。

（3）使用仪器前，要先检查仪器是否正常，仪器发生故障时，要查清原因，排除故障后方可继续使用。绝不允许仪器带病工作。

（4）使用仪器前，应认真阅读仪器说明书，了解仪器性能、操作规程、日常的维护保养、注意事项等规定。

（5）仪器用毕后，要恢复到所要求状态，做好清洁工作，盖好防尘罩并做好使用登记。

（6）常用精密仪器要经计量部门定期校验，合格后方可使用，以保证测量值的质量。

（7）实验室内的仪器未经批准任何人不准擅自拿走。

（8）每台仪器建立专人负责制，负责日常的维护和保养。

（9）停电时，要断开全部电气设备的开关，供电恢复正常后，再按仪器设备的操作程序工作，以防损坏仪器。

三、实验室信息管理

1. 实验室技术资料的分类

实验室的各种文件、资料应统一管理，归档待存，实验室人员应做好对这些技术资料的保存工作。实验室技术资料主要包括以下几种。

（1）管理性文件。包括：上级管理部门向实验室下达的指令性文件；厂里的各项规章制度和劳动纪律；实验室制定的各项管理制度、安全操作规程等。

（2）技术性文件。包括：各种技术标准、管理规范、质量保证程序、分析方法等；科技信息和科技书刊；仪器从购买到验收的全套资料，包括订购合同，仪器说明书，仪器安装、操作和维护手册，验收情况记录和验收报告，以及各种仪器和计算器具进行计量认证的相关技术资料；其他与检验工作有关的技术资料，包括其他检测方法、研究成果、学术论文、专题科研报告等。

（3）检验工作报表。各种日常检验项目的原始记录、检测报告、统计报表；标准曲线测定记录，标准溶液配制、标定记录；其他与水质检测工作有关的技术资料、数据和分析方法等；各种仪器、设备的运行记录及交接情况。

2. 实验室建档材料的要求

（1）档案材料要具有完整性、准确性和系统性，做好材料的收集、整理和筛选，还要合理地确定建档材料的保存期限。

（2）建档材料要符合标准化、规范化的要求，应该为原件，而且不能用圆珠笔和铅笔填写。

（3）建档手续要完备，建立必要的材料审查手续和档案管理移交手续。

（4）建档材料要适合计算机管理。

（5）所有资料均应按规定的保管年限妥善保管，做好防虫、防潮、防霉、防热、防晒等养护工作，避免资料自然损毁。

四、实验室人员管理

1. 对监测分析人员的要求

（1）监测分析人员应具有相当于中专以上的文化水平，经培训、考试合格，方能承担监测分析工作。

（2）熟练地掌握本岗位的监测分析技术，对承担的监测项目要做到理解原理、操作正确、严守规程、准确无误。

（3）接受新项目前，应在测试工作中达到规定的各种质量控制实验要求，才能进行项目的监测。

（4）认真做好分析测试前的各项技术准备工作，实验用水、试剂、标准溶液、器皿、仪器等均应符合要求，方能进行分析测试。

（5）负责填报监测分析结果，做到书写清晰、记录完整、校对严格、实事求是。

（6）及时地完成分析测试后的实验室清理工作，做到现场环境整洁，工作交接清楚，做好安全检查。

（7）树立高尚的科研和实验道德，热爱本职工作，钻研科学技术，培养科学作风，谦虚谨慎，遵守劳动纪律，搞好团结协作。

2. 对监测质量保证人员的要求

环境监测站内要有质量保证归口管辖部门或指定专人（专职或兼职）负责监测质量保证工作。监测质量保证人员应熟悉质量保证的内容、程序和方法，了解监测环节中的技术关键，具有有关的数理统计知识，协助监测站的技术负责人员进行以下各项工作：

（1）负责监督和检查环境监测质量保证各项内容的实施情况。

（2）按隶属关系定期组织实验室内及实验室间分析质量控制工作，向上级单位报告质量保证工作执行情况，并接受上级单位的有关工作部署、安排组织实施。

（3）组织有关的技术培训和技术交流，帮助解决所辖站有关质量保证方面的技术问题。

五、实验室药品和样品管理

1. 药品使用管理制度

（1）实验室使用的化学试剂应有专人负责管理，分类存放，定期检查使用和管理情况。

（2）易燃、易爆物品应存放在阴凉通风的地方，并有相应安全保障措施。易燃、易爆试剂要随用随领，不得在实验室内大量保存。保存在实验室内的少量易燃品和危险品应严格控制、加强管理。

（3）剧毒试剂应有专人负责管理，加双锁存放，经批准后方可使用，使用时由两人共同称量，登记用量。

（4）取用化学试剂的器皿（如药匙、量杯等）必须分开，每种试剂用一件器皿，至少洗净后再用，不得混用。

（5）使用氰化物时，切实注意安全，不在酸性条件下使用，并严防溅洒玷污。氰化物废液必须经处理再倒入下水道，并用大量流水冲稀。其他剧毒试液也应注意经适当转化处理后再行清洗排放。

（6）使用有机溶剂和挥发性强的试剂的操作应在通风良好的地方或在通风橱内进行。任何情况下，都不允许用明火直接加热有机溶剂。

（7）稀释浓酸试剂时，应按规定要求操作和储存。

2. 样品管理制度

（1）由于环境样品的特殊性，要求样品的采集、运送和保存等各环节都必须严格遵守有关规定，以保证其真实性和代表性。

（2）监测站的技术负责人应和采样人员、测试人员共同议定详细的工作计划，周密地安排采样和实验室测试间的衔接、协调，以保证自采样开始至结果报出的全过程中，样品都具有合格的代表性。

（3）样品容器除一般情况外的特殊处理，应由实验室负责进行。对于需在现场进行处理的样品，应注明处理方法和注意事项，所需试剂和仪器应准备好，同时提供给采样人员。对采样有特殊要求时，应对采样人员进行培训。

（4）样品容器的材质要符合监测分析的要求，容器应密塞、不渗不漏。

（5）样品的登记、验收和保存要按以下规定执行：

1）采好的样品应及时贴好样品标签，填写好采样记录。将样品连同样品登记表、送样单在规定的时间内送交指定的实验室。填写样品标签和采样记录需使用防水墨汁，严寒季节圆珠笔不宜使用时，可用铅笔填写。

2）如需对采集的样品进行分装，分样的容器应和样品容器材质相同，并填写同样的样品标签，注明"分样"字样。同时对"空白"和"副样"也都要分别注明。

3）实验室应有专人负责样品的登记、验收，其内容如下：样品名称和编号；样品采集点的详细地址和现场特征；样品的采集方式，是定时样、不定时样还是混合样；监测分析项目；样品保存所用保存剂的名称、浓度和用量；样品的包装、保管状况；采样日期和时间；采样人、送样人及登记验收人签名。

4）样品验收过程中，如发现编号错乱、标签缺损、字迹不清、监测项目不明、规格不符、数量不足，以及采样不合要求者，可拒收并建议补采样品。如无法补采或重采，应经有关领导批准方可收样，完成测试后，应在报告中注明。

5）样品应按规定方法妥善保存，并在规定时间内安排测试，不得无故拖延。

6）采样记录、样品登记表、送样单和现场测试的原始记录应完整、齐全、清晰，并与实验室测试记录汇总保存。

六、实验室安全管理

实验室工作应遵守以下几点安全规则：

（1）实验室内需设各种必备的安全设施（通风橱、防尘罩、排气管道及消防器材等），并应定期检查，保证随时可供使用。使用电、气、水、火时，应按有关使用规则进行操作，保证安全。

（2）实验室内各种仪器、器皿应有规定的放置处所，不得任意堆放，以免错拿错用，造成事故。

（3）进入实验室应严格遵守实验室规章制度，尤其是使用易燃、易爆和剧毒试剂时，必须遵照有关规定进行操作。实验室内不得吸烟、会客、喧哗、吃零食或私用电器等。

（4）下班时要有专人负责检查实验室的门、窗、水、电、煤气等，切实关好，不得疏忽大意。

（5）实验室的消防器材应定期检查，妥善保管，不得随意挪用。一旦实验室发生意外事故，应迅速切断电源、火源，立即采取有效措施，及时处理，并上报有关领导。

【任务准备】

准备电脑、实验室信息管理系统（LIMS）。

【任务实施】

分组向实验室信息管理系统（LIMS）内输入人员、样品、试剂等资料，并提取相关资料，统计工作量。

【检查评议】

评分标准见表 6-6。

表 6-6　　　　　　　　　　评 分 标 准

编号	项目内容	评 分 标 准	分值	扣分	得分
1	学习态度	不认真操作扣 10 分	10		
2	动手能力	动手能力不强扣 20 分	20		
3	团队协作精神	没有团队精神扣 10 分	10		
4	专业能力	正确使用实验室信息管理系统	50		
5	安全文明操作	不爱护设备扣 10 分	10		
6		合　　计	100		

【考证要点】

熟悉实验室信息管理的方法。

【思考与练习】

（1）天平室对环境的要求有哪些？

（2）实验室药品管理制度有哪些？

任务二　水质检测指标与方法

知识点一　给水处理厂的水质检测

6-2-1
给水处理
厂的水质
检测

【任务描述】

本任务主要介绍生活饮用水检测指标及频率、生活饮用水的样品采集、生活饮用水水质检测方法。

【任务分析】

供水水质的好坏直接关系到人们的身体健康和工业产品的质量。准确有效的水源水、出厂水和供水管网等水质检测是保证供水水质质量的有效手段。通过本任务的学习，要求掌握给水水质的检测指标、频率和检测方法。

【知识链接】

一、生活饮用水检测指标及频率

由于供水工程规模和检测的水质类型不同，需要检测的指标及频率也有所差异。根据《城市供水水质标准》（CJ/T 206—2005）和《生活饮用水卫生标准》（GB 5749—2022）的规定，具体要求见表6-7和表6-8。

表6-7　　　　　　　　　　　　　　水质检测指标的依据

水 源 水	出 厂 水	管网末梢水
按《地表水环境质量标准》（GB 3838—2002）、《地下水质量标准》（GB/T 14848—2017）的规定，主要检测污染指标	《生活饮用水卫生标准》（GB 5749—2022）中的37项水质常规指标，主要检测确定的常规检测指标＋重点扩展指标	按《生活饮用水卫生标准》（GB 5749—2022）的规定，主要检测感官指标、消毒剂余量和微生物指标

表6-8　　　　　　　　　　　　　　水质检验项目和检验频率

水样类别	检 验 项 目	检验频率
水源水	浑浊度、色度、臭和味、肉眼可见物、COD_{Mn}、氨氮、细菌总数、总大肠菌群、耐热大肠菌群	每日不少于一次
	《地表水环境质量标准》（GB 3838—2002）中有关水质检验基本项目和补充项目共29项	每月不少于一次
出厂水	浑浊度、色度、臭和味、肉眼可见物、余氯、细菌总数、总大肠菌群、耐热大肠菌群、COD_{Mn}	每日不少于一次
	37项水质常规指标	每月不少于一次
	54项扩展指标	以地表水为水源：每半年检测一次　以地下水为水源：每一年检测一次
管网水	浑浊度、色度、臭和味、余氯、细菌总数、总大肠菌群、COD_{Mn}（管网末梢点）	每月不少于两次
管网末梢水	37项水质常规指标，扩展指标中可能含有的有害物质	每月不少于一次

注　当检验结果超出水质指标限值时，应立即重复测定，并增加检测频率。水质检验结果连续超标时，应查明原因，采取有效措施，防止对人体健康造成危害。

对净化工艺中的运行状况进行监控时，应在沉淀池（澄清池）出水部位、滤池池后出水部位、送水泵房（出厂干管）等处设置工序质量检测点，如图6-3所示。特别应注意，混凝剂投加量与原水水质关系极为密切，运行中，如果没有设置在线的水质检测设备，则应对原水的浊度、pH值、碱度等一般每班测定1~2次，如原水水质变化较大，则需每1~2h测定一次，便于及时调整混凝剂的投加量。

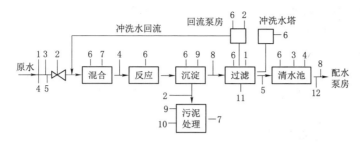

图 6-3　净水厂水质控制点示意图

1—浊度计；2—流量计；3—水温；4—pH 值；5—加氯；6—水位；7—净水药剂；

8—剩余氯；9—污泥浓度；10—污泥量；11—过滤水头；12—加氨

二、生活饮用水的样品采集

（一）采样点的选择

采样点的设置要有代表性，应分别设在水源取水口、水厂出水口和居民经常用水点及管网末梢。管网的水质检验采样点数，一般应按供水人口每两万人设一个采样点计算。供水人口在 20 万人以下、100 万人以上时，可酌量增减。

（二）水样采集前的准备

采样前应根据水质检验目的和任务制订采样计划，内容包括：采样目的，检验指标，采样时间、采样地点、采样方法、采样频率、采样数量、采样容器与清洗、采样体积、样品保存方法，样品标签、现场测定指标、采样质量控制、样品运输工具和储存条件等。

（三）不同类别水样的采集

1. 水源水的采集

采样点通常应选在汲水处。

（1）表层水。在河流、湖泊可以直接汲水的场合，可用适当的容器如水桶采样。从桥上等地方采样时，可将系着绳子的桶或带有坠子的采样瓶投入水中汲水。注意不能混入漂浮于水面的物质。

（2）一定深度的水。在湖泊、水库等地采集具有一定深度的水时，可用直立式采水器。这类装置是在下沉过程中使水从采样器中流过，当达到预定深度时容器能自动闭合而汲取水样。在河水流动缓慢的情况下使用上述方法时，最好在采样器下系上适宜质量的坠子，当水深流急时要系上相应质量的铅鱼，并配备绞车。

（3）泉水和井水。对于自喷的泉水可在涌口处直接采样。采集不自喷泉水时，应将停滞在抽水管中的水汲出，新水更替后再进行采样。从井水采集水样，应在充分抽汲后进行，以保证水样的代表性。

2. 出厂水的采集

出厂水的采样点应设置在出厂水进入输（配）送管道之前。

3. 末梢水的采集

末梢水的采样点应设置在出厂水经输配水管网输送至用户的水龙头处。采样时，通常宜放水数分钟排除沉积物，特殊情况可适当延长放水时间。采集用于微生物指标检验的样品前应对水龙头进行消毒。

4.二次供水的采集

二次供水是指集中式供水在入户之前经再度储存、加压和消毒或深度处理，通过管道或容器输送给用户的供水方式。二次供水的采集应包括水箱（或蓄水池）进水、出水以及末梢水。

5.分散式供水的采集

分散式供水是指用户直接从水源取水，未经任何设施或仅有简易设施的供水方式。分散式供水的采集应根据实际使用情况确定。

三、生活饮用水水质检测方法

1.水质检测方法分类

根据方法的原理，水质检测方法可分为以下三类：化学分析法、仪器分析法、生物分析法，详见表6-9。

表6-9 水质检测方法分类

化学分析法	重量分析法	沉淀法、气化法、电解法、萃取法
	容量分析法	酸碱滴定法、沉淀滴定法、配位滴定法、氧化-还原滴定法
仪器分析法	光谱分析法	比色法、比浊法、紫外-可见吸收光谱法、发射光谱法、原子吸收光谱法、荧光分析法等
	电化学分析法	极谱法、电导分析法、电位分析法、离子选择电极法、库仑分析法等
	色谱分析法	气相色谱法、高效液相色谱法、离子色谱法等
	色谱联用技术	气相色谱/质谱法、液相色谱/质谱法等
生物分析法	细菌总数测定	平皿计数法、酶底物法
	大肠菌群测定	多管发酵法、滤膜法

以上各种水质检测方法在水处理工艺中都有应用，应依据水质特点、被测物质种类、含量、检测精度要求以及使用条件等而使用不同的方法。通常情况下，一种检测方法可测定水中多种物质；同样，检测水中一种物质也可采用不同方法。此外，检测目标和内容也各不相同：有的是定性检测，有的是定量检测，有的是常规检测，有的是微量或痕量检测；有的是一次检测某一种物质，有的是一次检测多种物质。随着科学技术的发展，仪器检测法发展迅速，有的已与计算机联用，实现自动检测。

2.生活饮用水水质检测方法

地表水水源水质监测、地下水水源水质监测以及生活饮用水水质检验应分别按表6-10所列的方法进行。未列入上述检验方法标准的项目检验，可采用其他等效分析方法，但应进行适用性检验。

表6-10 给水水样采集、保存和检验方法

水样类别	方法依据
水源水	地表水水源水质监测，应按《地表水环境质量标准》（GB 3838—2002）有关规定执行
	地下水水源水质监测，应按《地下水质量标准》（GB/T 14848—2017）有关规定执行

续表

水样类别	检 验 方 法		
生活饮用水（出厂水、管网水、管网末梢水）	《生活饮用水标准检验方法 总则》（GB/T 5750.1—2023） 《生活饮用水标准检验方法 水样的采集和保存》（GB/T 5750.2—2023） 《生活饮用水标准检验方法 水质分析质量控制》（GB/T 5750.3—2023） 《生活饮用水标准检验方法 感官性状和物理指标》（GB/T 5750.4—2023） 《生活饮用水标准检验方法 无机非金属指标》（GB/T 5750.5—2023） 《生活饮用水标准检验方法 金属指标》（GB/T 5750.6—2023） 《生活饮用水标准检验方法 有机物综合指标》（GB/T 5750.7—2023） 《生活饮用水标准检验方法 有机物指标》（GB/T 5750.8—2023） 《生活饮用水标准检验方法 农药指标》（GB/T 5750.9—2023） 《生活饮用水标准检验方法 消毒副产物指标》（GB/T 5750.10—2023） 《生活饮用水标准检验方法 消毒剂指标》（GB/T 5750.11—2023） 《生活饮用水标准检验方法 微生物指标》（GB/T 5750.12—2023） 《生活饮用水标准检验方法 放射性指标》（GB/T 5750.13—2023）		
	《城市供水 二氧化硅的测定 硅钼蓝分光光度法》（CJ/T 141—2001） 《城市供水 锑的测定》（CJ/T 142—2001） 《城市供水 钠、镁、钙的测定 离子色谱法》（CJ/T 143—2001） 《城市供水 有机磷农药的测定 气相色谱法》（CJ/T 144—2001） 《城市供水 挥发性有机物的测定》（CJ/T 145—2001） 《城市供水 酚类化合物的测定 液相色谱法》（CJ/T 146—2001） 《城市供水 多环芳烃的测定 液相色谱法》（CJ/T 147—2001） 《城市供水 粪性链球菌的测定》（CJ/T 148—2001） 《城市供水 亚硫酸盐还原厌氧菌（梭状芽胞杆菌）孢子的测定》（CJ/T 149—2001） 《城市供水 致突变物的测定 鼠伤寒沙门氏菌/哺乳动物微粒体酶试验》（CJ/T 150—2001）		

【任务准备】

准备酒精灯、浊度仪、生化培养箱、培养基、培养皿等。

【任务实施】

分组采集管网末梢水并测定浊度和菌落总数。

【检查评议】

评分标准见表 6-11。

表 6-11 评 分 标 准

编号	项目内容	评 分 标 准	分值	扣分	得分
1	学习态度	不认真操作扣 10 分	10		
2	动手能力	动手能力不强扣 20 分	20		
3	团队协作精神	没有团队精神扣 10 分	10		
4	专业能力	正确采集水样、检测水质指标	50		
5	安全文明操作	不爱护设备扣 10 分	10		
6		合　计	100		

【考证要点】

熟悉生活饮用水水样采集和水质指标检测方法。

【思考与练习】

（1）水源水、出厂水、管网末梢水检测的依据分别是什么？

（2）二次供水的概念是什么？应在何处采集二次供水水样？

（3）写出高锰酸盐指数的检测方法。

知识点二 污水处理厂的水质检测

【任务描述】

本任务主要介绍污水化验项目及检测周期、污水样的采集与处理、污水常规项目的分析方法。

【任务分析】

污水处理厂化水质检测部门担负着指导水质管理的重责，通过水质检测能够及时掌握水厂进水水质；为了给污水处理系统正常运行提供科学依据，控制出水质量保证达标排放，必须学习和熟悉不同污水与污泥样的采集、制备、保存、检测等方法。

【知识链接】

一、污水化验项目及检测周期

1. 污水化验项目

按照用途可以将污水处理厂的常规监测项目分为以下三类：

（1）反映处理效果的项目。包括进、出水的 BOD、COD、SS 及有毒有害物质（视进水水质情况而定）等。

（2）反映污泥状况的项目。包括曝气池混合液的各种指标 SV、SVI、MISS、MLVSS 及生物相观察等和回流污泥相关的各种指标。

（3）反映污泥环境条件和营养的项目。包括水温、pH 值、溶解氧、氮、磷等。

污水处理厂有些指标采用在线仪表实时监测，如水温、pH 值、溶解氧等。有些指标需要定期在化验室测定。

2. 污水化验项目的检测周期

城镇污水处理厂日常化验检测项目及周期的确定主要根据两个原则：既应符合现行国家标准和行业标准，也应满足工艺运行管理的要求。

表 6-12 污水分析化验项目及检测周期是根据《城镇污水处理厂污染物排放标准》（GB 18918—2002）中规定的基本控制项目和工艺需要而设定。

3. 污泥化验项目的检测周期

表 6-13 污泥分析化验项目及检测周期主要是根据现行国家标准《城镇污水处理厂污染物排放标准》（GB 18918—2002）中部分一类或者选择项目中有毒有害污染物和国家现行行业标准《城镇污水处理厂污泥泥质》（GB 24188—2009）以及我国城镇污水处理厂的生产实践而规定。

表 6－12　　　　　　　　　　污水分析化验项目及检测周期

序号	分析项目	检测周期	序号	分析项目	检测周期
1	pH 值	每日一次	18	阴离子表面活性剂	每月一次
2	BOD$_5$		19	硫化物	
3	COD		20	色度	
4	SS		21	动植物油	
5	氨氮		22	石油类	
6	总氮		23	氟化物	
7	总磷		24	挥发酚	
8	粪大肠菌群数		25	总汞	每半年一次
9	SV		26	烷基汞	
10	SVI		27	总镉	
11	MLSS		28	总铬	
12	DO		29	六价铬	
13	镜检		30	总砷	
14	氯化物	每周一次	31	总铅	
15	MLVSS		32	总镍	
16	总固体		33	总铜	
17	溶解性固体		34	总锌	
			35	总锰	

注　1. 亚硝酸盐氮、硝酸盐氮、凯氏氮的分析周期未列入表中，宜为每日分析项目，应根据工艺需要酌情增减。

2. 其他项目可按《城镇污水处理厂污染物排放标准》（GB 18918—2002）的有关规定选择控制项目执行。

表 6－13　　　　　　　　　　污泥分析化验项目及检测周期

序号	分析项目		检测周期	序号	分析项目	检测周期
1	含水率		每日一次	14	粪大肠菌群	每月一次
2	pH 值		每周一次	15	蠕虫卵死亡率	
3	有机物总量			16	矿物油	
4	脂肪酸			17	挥发酚	
5	总碱度			18	总镉	每半年一次
6	沼气成分			19	总汞	
7	上清液	总磷		20	总铅	
8		总氮		21	总铬	
9		悬浮物		22	总砷	
10	回流污泥	SV		23	总镍	
11		SVI		24	总锌	
12		MLSS		25	总铜	
13		MLVSS				

二、污水水样采集

1. 采样点的选择

取样点应在工艺流程各阶段具有代表性的位置选取，并应符合下列规定：应在总进水口处取进水水样，并应避开厂内排放污水的影响，宜为粗格栅前水下 1m 处；应在总出水口处取出水水样，宜为消毒后排放口水下 1m 处或排放管道中心处；应在污泥处理前、后处取泥样；应依据不同污水、污泥处理工艺确定中间控制参数的取样点，见表 6-14。

表 6-14　　　　　　　　　　检测项目采样点一览表

采样点位置	采样点分析项目
进水站	pH 值、SS、COD_{Cr}、BOD_5、NH_3-N、TP、TN、色度、石油类、动植物油、阴离子表面活性剂、粪大肠菌群
生化池进水口	NH_3-N、硝酸盐氮、磷酸盐
厌氧区	NH_3-N、硝酸盐氮、磷酸盐
缺氧区	NH_3-N、硝酸盐氮、磷酸盐
好氧区出水堰	NH_3-N、硝酸盐氮、磷酸盐
二沉池出水	NH_3-N、硝酸盐氮、磷酸盐
好氧区	MLSS、MLVSS
排放站	pH 值、SS、COD_{Cr}、BOD_5、NH_3-N、TP、TN、色度、石油类、动植物油、阴离子表面活性剂、粪大肠菌群及部分一类污染物
污泥脱水间处理前、后污泥	含水率
消毒间	粪大肠菌群

2. 水样类型

水样类型主要有瞬时水样、混合水样、综合水样和平均污水样等。采样时要随具体情况而定，污水处理厂日常检测的进水和出水样常采用混合水样，即在同一采样点以流量、时间、体积为基础，按照已知比例（间歇的或连续的）混合在一起的样品。混合水样可自动或人工采集，两种方法在采集过程中均应冷藏保存。测试成分在水样储存过程中会发生明显变化时应采用瞬时水样，如油类、BOD_5、DO、硫化物、粪大肠菌群、悬浮物、放射性等项目要单独取瞬时水样。

混合水样采用 24h 等比例混合的方式，进、出水取样频率为至少每 2h 取 1 次，以日均值计。其采样方式根据《水质　采样方案设计技术规定》（HJ 495—2009）选用。

3. 采样方法

污水的采样方法有三种：

（1）浅水采样。可用容器或用长柄采水勺直接采样。在排污管道或渠道中采样时，应在液体流动的部位采集水样。

（2）深层水采样。可使用专用的深层采样器采集，也可将聚乙烯筒固定在重架上，沉入要求深度采集。

（3）自动采样。利用自动采样器或连续自动定时采样器采集。自动采样器可以连续或不连续采样，也可以定时或定比例采样。

采样器有非比例自动采样器和比例自动采样器。其中非比例自动采样器主要有非比例等时不连续自动采样器、非比例等时连续自动采样器、非比例连续自动采样器、非比例等时混合自动采样器和非比例等时顺序混合自动采样器等。比例自动采样器主要有比例等时混合自动采样器、比例不等时混合自动采样器、比例等时连续自动采样器、比例等时不连续自动采样器和比例等时顺序混合自动采样器等。

三、污水样的保存

水样从采集到分析这段时间内，由于物理的、化学的、生物的作用会发生不同程度的变化，这些变化使得进行分析时的样品已不再是采样时的样品。为了使这种变化降低到最小的程度，必须在采样时对样品加以保护。污水样的保存有冷藏或冷冻和加入化学保存剂的方式，不同监测项目样品的保存条件有所不同，见表 6-15。

表 6-15　　　　　　　　　　　水样保存、采样量和容器洗涤方法

项　目	采样容器	保 存 剂 及 用 量	保存期	采样量/mL[①]	容器洗涤
浊度*	G. P.		12h	250	I
色度*	G. P.		12h	250	I
pH 值*	G. P.		12h	250	I
电导率*	G. P.		12h	250	I
悬浮物**	G. P.		14d	500	I
碱度**	G. P.		12h	500	I
酸度**	G. P.		30d	500	I
COD	G.	加 H_2SO_4，pH≤2	2d	500	I
高锰酸盐指数**	G.		2d	500	I
DO*	溶解氧瓶	加入硫酸锰，碱性 KI 叠氮化钠溶液，现场固定	24h	250	I
BOD**	溶解氧瓶		12h	250	I
TOC	G.	加 H_2SO_4，pH≤2	7d	250	I
F^- **	P.		14d	250	I
Cl^- **	G. P.		30d	250	I
Br^- **	G. P.		14d	250	I
I^-	G. P.	NaOH，pH＝12	14h	250	I
SO_4^{2-} **	G. P.		30d	250	I
PO_4^{3-}	G. P.	NaOH，H_2SO_4 调 pH＝7，$CHCl_3$ 0.5%	7d	250	IV
总磷	G. P.	HCl，H_2SO_4，pH≤2	24h	250	IV
氨氮	G. P.	H_2SO_4，pH≤2	24h	250	I
NO_2-N**	G. P.		24h	250	I

续表

项目	采样容器	保存剂及用量	保存期	采样量/mL[①]	容器洗涤
$NO_3 - N$ **	G. P.		24h	250	I
总氮	G. P.	H_2SO_4，pH≤2	7d	250	I
硫化物	G. P.	1L 水样加 NaOH 至 pH=9，加入 5% 抗坏血酸 5mL，饱和 EDTA 3mL，滴加饱和 $Zn(AC)_2$ 至胶体产生，常温避光	24h	250	I
总氰	G. P.	NaOH，pH≥9	12h	250	I
Be	G. P.	HNO_3，1L 水样中加浓 HNO_3 10mL	14d	250	III
B	P	HNO_3，1L 水样中加浓 HNO_3 10mL	14d	250	I
Na	P	HNO_3，1L 水样中加浓 HNO_3 10mL	14d	250	II
Mg	G. P.	HNO_3，1L 水样中加浓 HNO_3 10mL	14d	250	II
K	P.	HNO_3，1L 水样中加浓 HNO_3 10mL	14d	250	II
Ca	G. P.	HNO_3，1L 水样中加浓 HNO_3 10mL	14d	250	II
Cr(VI)	G. P.	NaOH，pH=8~9	14d	250	III
Mn	G. P.	HNO_3，1L 水样中加浓 HNO_3 10mL	14d	250	III
Fe	G. P.	HNO_3，1L 水样中加浓 HNO_3 10mL	14d	250	III
Ni	G. P.	HNO_3，1L 水样中加浓 HNO_3 10mL	14d	250	III
Cu	P.	HNO_3，1L 水样中加浓 HNO_3 10mL	14d	250	III
Zn	P.	HNO_3，1L 水样中加浓 HNO_3 10mL	14d	250	III
As	G. P.	加入浓 HNO_3 或 HCl 酸化至 pH<2	14d	250	I
Se	G. P.	加入 HCl 酸化至 pH<2	14d	250	III
Ag	G. P.	HNO_3，1L 水样中加浓 HNO_3 2mL	14d	250	III
Cd	G. P.	HNO_3，1L 水样中加浓 HNO_3 10mL	14d	250	III
Sb	G. P.	加入 HCl 酸化至 pH<2	14d	250	III
Hg	G. P.	HCl，1% 如水样为中性，1L 水样中加浓 HCl 10mL	14d	250	III
Pb	G. P.	HNO_3，1% 如水样为中性，1L 水样中加浓 HNO_3 10mL[②]	14d	250	III
油类	G.	加入 HCl 至 pH≤2	24h	250	II
农药类 **	G.	加入抗坏血酸 0.01~0.02g 除去残余氯	24h	1000	I
除草剂类 **	G.	（同上）	24h	1000	I
邻苯二甲酸酯类 **	G.	（同上）	24h	1000	I
挥发性有机物 **	G.	用（1+10）HCl 调至 pH=2，加入抗坏血酸 0.01~0.02g 除去残余氯	12h	1000	I
甲醛 **	G.	加入 0.2~0.5g/L 硫代硫酸钠除去残余氯	24h	250	I
酚类 **	G.	用 H_3PO_4 调至 pH=2，加入抗坏血酸 0.01~0.02g 除去残余氯	24h	1000	I

续表

项 目	采样容器	保 存 剂 及 用 量	保存期	采样量/mL[①]	容器洗涤
阴离子表面活性剂	G. P.	—	24h	250	Ⅳ
微生物[**]	G.	加入 0.2～0.5g/L 硫代硫酸钠除去残余氯，4℃保存	12h	250	Ⅰ
生物[**]	G. P.	不能现场测定时用甲醛固定	12h	250	Ⅰ

注　1. ＊表示应尽量在现场测定；＊＊表示低温（0～4℃）避光保存。

　　2. G 为硬质玻璃瓶；P 为聚乙烯瓶。

　　3. ①为单项样品的最少采样量；②如用溶出伏安法测定，可改用 1L 水样加 19mL 浓 $HClO_4$。

　　4. Ⅰ、Ⅱ、Ⅲ、Ⅳ表示以下 4 种洗涤方法：

　　　Ⅰ：洗涤剂洗一次，自来水洗三次，蒸馏水洗一次；

　　　Ⅱ：洗涤剂洗一次，自来水洗二次，（1＋3）HNO_3 荡洗一次，自来水洗三次，蒸馏水洗一次；

　　　Ⅲ：洗涤剂洗一次，自来水洗二次，（1＋3）HNO_3 荡洗一次，自来水洗三次，去离子水洗一次；

　　　Ⅳ：铬酸洗液洗一次，自来水洗三次，蒸馏水洗一次。

　　5. 如果采集污水样品，可省去蒸馏水、去离子水清洗的步骤。对于采集微生物和生物的采样容器，须经 160℃ 干热灭菌 2h。经灭菌的微生物和生物采样容器必须在两周内使用，否则应重新灭菌。一般从取样到检验不宜超过 2h，否则应使用 10℃ 以下的冷藏设备保存样品，但不得超过 6h。实验室接到送检样后，应将样品立即放入冰箱，并在 2h 内着手检验。否则应考虑现场检验或采用延迟培养法。

四、污泥样品的制备与保存

一般采集脱水后有代表性的湿污泥 1～2kg，剔除各类纤维杂质和大小碎石，摊开自然风干，用胶锤打碎，全部过 20 目筛后，用四分法缩分，即在混匀的泥样上划十字，均匀的分成四份，把对角的两份弃去，再把剩下的两份混匀，重复以上操作，每次弃去对角的两份是交替方向的，直至缩到所需的样品量。用不锈钢粉碎机粉碎，通过 80～200 目尼龙筛，对汞和砷等易挥发元素可用玛瑙研钵研磨。若需长时间放置，应在约 −20℃ 冷冻柜中保存。

五、污水、污泥样品的预处理

在日常分析中，由于水样有浑浊、颜色和干扰物质，有时需要将所测定的物质转化成易于测定的形态；污泥需要各种酸消解制成溶液后才能测定。需要预处理的检测项目见表 6-16。

表 6-16　　　　　　　　　　　检 测 项 目 的 预 处 理

样品	检测项目	预 处 理 方 法
污水	NH_3-N	絮凝沉淀法、蒸馏法
	TP	过硫酸钾消解法、硝酸-硫酸消解法、硝酸-高氯酸消解法
	TN	过硫酸钾氧化法
	石油类	四氯化碳萃取分离法
	动植物油	四氯化碳萃取分离-硅酸镁吸附法
污泥	TN	过硫酸钾氧化法（紫外分光光度法测定）、硫酸-过氧化氢消解法（蒸馏滴定法测定）
	TP	氢氧化钠熔融法（钼锑抗分光光度法测定）、硫酸-过氧化氢消解法（磷钼黄分光光度法测定）

续表

样品	检测项目	预 处 理 方 法
污泥	铜、锌、铅、镍、镉、钾	硝酸-过氧化氢-盐酸常压消解法、王水-过氧化氢微波消解法
	铬	盐酸-硝酸-氢氟酸-高氯酸消解法
	汞	高锰酸钾常压消解法
	砷	硝酸-高氯酸常压消解法

六、常规项目的分析方法

1. 污水常规项目的分析方法

具体见表 6 - 17。

表 6 - 17 污水常规项目的分析方法

检测项目	检测方法	检 测 标 准
pH 值	玻璃电极法	《水和废水监测分析方法（第四版）》[1]
SS	重量法	《水和废水监测分析方法（第四版）》
COD_{Cr}	重铬酸钾滴定法 快速消解分光光度法	《水质 化学需氧量的测定 重铬酸盐法》（GB 11914—1989）或《水和废水监测分析方法（第四版）》、《水质化学需氧量的测定 快速消解分光光度法》（HJ/T 399—2007）
BOD_5	稀释与接种法	《水质 五日生化需氧量（BOD_5）的测定稀释与接种法》（HJ 505—2009）或《水和废水监测分析方法（第四版）》
色度	稀释倍数法	《水和废水监测分析方法（第四版）》
阴离子表面活性剂	亚甲蓝分光光度法	《水质 阴离子表面活性剂的测定》（GB/T 7494—1987）或《水和废水监测分析方法（第四版）》
$NH_3 - N$	纳氏试剂分光光度法 滴定法	《水质 氨氮的测定 纳氏试剂分光光度法》（HJ 535—2009）或《水和水和废水监测分析方法（第四版）》
TP	钼锑抗分光光度法	《水质 总磷的测定 钼酸铵分光光度法》（GB 11893—1989）或《水和水和废水监测分析方法（第四版）》
TN	碱性过硫酸钾消解紫外分光光度法	《水质 总氮的测定 碱性过硫酸钾消解紫外分光光度法》（GB 11894—1989）或《水和废水监测分析方法（第四版）》
石油类	红外光度法	《水质 石油类和动植物油的测定 红外光度法》（GB/T 16488—1996）或《水和废水监测分析方法（第四版）》
动植物油	红外光度法	《水质 石油类和动植物油的测定 红外光度法》（GB/T 16488—1996）或《水和废水监测分析方法（第四版）》
粪大肠菌群	滤膜法	《水和废水监测分析方法（第四版）》

[1] 中国环境科学出版社出版，余同。

2. 污泥常规项目的分析方法

具体见表 6 - 18。

表 6-18   污泥常规项目的分析方法

检测项目	检测方法
TN	《城市污水处理厂污泥检验方法》（CJ/T 221—2005）、《碱性过硫酸钾消解紫外分光光度法》 《有机肥料》（NY 525—2011）、《硫酸-过氧化氢消解蒸馏滴定法》
TP	《城市污水处理厂污泥检验方法》（CJ/T 221—2005）、《氢氧化钠熔融后钼锑抗分光光度法》 《有机肥料》（NY 525—2011）、《硫酸-过氧化氢消解磷钼黄分光光度法》
铜、锌、铅、镍、镉、钾	《城市污水处理厂污泥检验方法》（CJ/T 221—2005）、《火焰原子吸收分光光度法》
铬	《土壤总铬的测定 火焰原子吸收分光光度法》（HJ 491—2009）、《火焰原子吸收分光光度法》
汞	《城市污水处理厂污泥检验方法》（CJ/T 221—2005）、《原子荧光法》
砷	《城市污水处理厂污泥检验方法》（CJ/T 221—2005）、《原子荧光法》
有机质	《有机肥料》（NY 525—2011）、《重铬酸钾容量法》

【任务准备】

准备水样（含铅、镉）、玻璃器皿、原子吸收分光光度计、硝酸等。

【任务实施】

水和废水监测分析方法，利用原子吸收分光光度计分组检测水样中铅、镉元素的含量并根据《城镇污水处理厂污染物排放标准》（GB 18918—2002）评价其达到几级排放标准。

【检查评议】

评分标准见表 6-19。

表 6-19   评 分 标 准

编号	项目内容	评 分 标 准	分值	扣分	得分
1	学习态度	不认真操作扣 10 分	10		
2	动手能力	动手能力不强扣 20 分	20		
3	团队协作精神	没有团队精神扣 10 分	10		
4	专业能力	正确使用原子吸收分光光度计检测金属元素	50		
5	安全文明操作	不爱护设备扣 10 分	10		
6		合 计	100		

【考证要点】

熟悉污水处理厂的水质检测方法。

【思考与练习】

（1）一类污染物和二类污染物的概念是什么？采样地点分别在哪里？

（2）污泥样品的制备方法是什么？

（3）写出四种容器的洗涤方法。

6-3-1
检测数据
分析

任务三 水质检测报表制作与分析

知识点一 检 测 数 据 分 析

【任务描述】

本任务主要介绍误差分析、数据处理、实验室质量控制。

【任务分析】

定量分析的目的是要准确测定样品中被测组分的含量。为了保证分析结果达到一定的准确度，要求我们不仅在分析过程中正确操作，而且要学习分析过程中产生误差的原因及其规律，掌握实验数据正确处理的方法，从而使分析结果符合实际工作对测量准确度的要求。

【知识链接】

一、误差

误差按其性质和产生的原因，可以分为系统误差、随机误差和过失误差。

系统误差又称为可测误差、恒定误差，指测量值的总体均值与真值之间的差别，它是由测量过程中某些恒定因素造成的。在一定的测量条件下，系统误差会重复地表现出来，即误差的大小和方向在多次重复测量中几乎相同。因此，增加测量次数不能减小系统误差。

减少系统误差的办法有：进行仪器校准测量前预先对仪器进行校准，进行空白试验，用空白试验结果修正测量结果并进行对照分析。

随机误差又称偶然误差或不可测误差，是由测量过程中各种随机因素的共同作用造成的。

减少小随机误差的办法除必须严格控制试验条件、按照分析操作规程正确进行各项操作外，还可以利用随机误差的抵偿性，用增加测量次数的办法减小随机误差。

过失误差亦称粗差。这类误差明显地歪曲测量结果，是由测量过程中犯了不应有的错误造成的，如器皿不清洁、加错试剂、错用样品、操作过程中试剂大量损失、仪器出现异常而未被发现、读数错误、记录错误、计算错误等。过失误差无一定规律可循。

过失误差一经发现，必须及时改正。要消除过失误差，分析人员必须养成专心、认真、细致的良好工作习惯，不断提高理论和操作技术水平。

二、准确度和精密度

1. 准确度

准确度是一个特定的分析程序所获得的分析结果（单次测量值和重复测量值的平均值）与假定的或公认的真值之间符合程度的量度。它是反映分析方法或测量系统存在的系统误差和随机误差两者的综合指标，并决定其分析结果的可靠性。准确度用绝对误差和相对误差表示。

评价准确度的方法有两种：第一种是用某一方法分析标准物质，据其结果确定准确度；第二种是"加标回收"法，即在样品中加入标准物质，测定其加标回收率，以确定准确度，多次回收试验还可发现方法的系统误差，这是目前常用而方便的方法，其计算式为

$$加标回收率 = \frac{加标样品测量 - 样品测量值}{加标量}$$

所以，通常加入标准物质的量应与待测物质的含量水平接近为宜，因为加入标准物质量的大小对加标回收率有影响。

2. 精密度

精密度是指用一特定的分析程序在受控条件下重复分析均一样品所得测量值的一致程度，它反映分析方法或测量系统所存在随机误差的大小。极差、平均偏差、相对平均偏差、标准偏差和相对标准偏差都可用来表示精密度大小，较常用的是标准偏差。

在讨论精密度时，常遇到如下术语：

（1）平行性。平行性是指在同一实验室中，当分析人员、分析设备和分析时间都相同时，用同一分析方法对同一样品进行双份或多份平行样品测量结果之间的符合程度。

（2）重复性。重复性是指在同一实验室内，当分析人员、分析设备和分析时间三因素中至少有一项不相同时，用同一分析方法对同一样品进行的两次或两次以上独立测量结果之间的符合程度。

（3）再现性。再现性是指在不同实验室（分析人员、分析设备，甚至分析时间都不相同），用同一分析方法对同一样品进行多次测量结果之间的符合程度。

通常实验室内精密度是指平行性和重复性的总和；而实验室间精密度（即再现性），通常用分析标准物质的方法来确定。

3. 提高测定结果准确度的方法

（1）消除系统误差，尽量减小偶然误差。系统误差是影响分析结果准确度的重要因素，可采取校正仪器、做空白实验、做对照实验等方法尽量消除。偶然误差决定分析结果的精密度。通常要求平行测定 3～5 次以减小偶然误差，以获得较准确的测量结果。

（2）选择合适的分析方法。各种分析方法的相对误差和灵敏度是不同的。如化学分析法的准确度高，但灵敏度低，相对误差为 ±0.1%；仪器分析法的准确度低，但灵敏度高，相对误差约为 ±5%。因此，应根据组分含量及对准确度的要求来选择分析方法。一般常量组分的测定选用化学分析法，微量组分的测定选用仪器分析法。

（3）控制测量的相对误差。应根据不同方法、不同仪器和不同要求确定待测量的最小实验量。如滴定管的最小刻度只精确到 0.1mL，两个最小刻度间可以估读一位，则单次读数估计误差为 ±0.01mL。要获得一个滴定体积值 V(mL) 需两次读数相减，则最大读数误差为 ±0.02mL。若要控制滴定分析的相对误差在要求的 0.1% 以内，则滴定体积 $V = ±0.02/±0.1\% > 20$mL。

不同的测量任务要求的准确度不同。不同组分含量与其所允许的相对误差见表 6-

20，组分含量越低，越不易测量准确，允许相对误差亦较大。在用仪器分析法测量组分含量为 1% 的物质时，假定允许相对误差为 2%，则称取试样 0.5g 时称量误差不大于 0.5g×2%＝0.01g 即可，不必强调与重量法要求相同，一定要称准至 0.0001g。

表 6-20 组分含量与其所允许的相对误差

组分含量/%	≤100	≤50	≤10	≤1	≤0.1	0.01~0.001
允许相对误差/%	0.1~0.3	≤0.3	≤1	2~5	2~5	≤10

三、数据处理和统计方法

1. 有效数据

测量结果的记录、运算和报告必须使用有效数据。有效数据用于表示测量结果，指测量中实际能测得的数值，即表示数值的有效性。一个数据中，全部的可靠数值及右起第一位可疑数值的统称，叫作有效数字。有效数字由两部分组成：一是右起第二位以左的全部可靠数字，二是右起第一位的可疑数字。

有效数字中，只允许保留一位可疑数字，其余的可疑数字删除。

例如：物质用分析天平称量为 0.5083。"508" 是可靠值，"3" 是可疑值（该位数可能有 ±1 的误差），即被称物体真实质量在 0.5082~0.5084 之间。称量的最大绝对误差为 ±0.00019，最大相对误差为 0.02%。

根据《地表水和污水监测技术规范》（HJ/T 91—2002）规定，检测结果有效数字所能达到的位数不能超过方法最低检测浓度的有效数字所能达到的位数。数字太小或太大可用幂表示。不同量具的有效数字保留要求见表 6-21，分析工作中测量数据有效数字保留要求见表 6-22。

表 6-21 不同量具的有效数字保留要求

名　称	规　格	记录方法	有　效　数　字
电子天平	—	按实际显示位数记录	小数点后的 "0" 不要舍弃
		万分之一天平	小数点后第四位
		千分之一天平	小数点后第三位
滴定管	50mL	50.00	四位（最小分度后一位）
	25mL	25.00	四位（最小分度后一位）
	5mL	5.000	四位（最小分度后一位）
移液管	25mL	25.00	四位
	5mL	5.00	三位
	1mL	1.000	四位
分度移液管	—	—	最小分度后一位
容量瓶	100mL 以下	50.00	四位
	100mL 以上	250.0	四位
分光光度计	吸光度最小分度值	0.00X	小数点后第三位，有效数字最多三位

表 6 - 22 　　　　　　　　　分析工作中测量数据有效数字保留

项　　目	最低检出浓度	有效数字最多位数	小数点后最多位数
pH 值	0.1(pH 值)	2	2
COD	5mg/L	3	1
BOD	2mg/L	3	1
SS	4mg/L	3	0
硝酸盐氮	0.08mg/L	3	2
$NH_3 - N$	0.025mg/L	4	3
TP	0.01mg/L	3	3
TN	0.05mg/L	3	2
高锰酸盐指数	0.5mg/L	3	1
余氯	0.03mg/L	3	3
挥发酚	0.002mg/L	3	4
阴离子洗涤剂	0.05mg/L	3	1
油类	0.1mg/L	3	2
色度、浊度	取整数		
MLSS	取小数点后一位		
含水率、有机质	取小数点后两位		
粪大肠菌群	1000 以下取三位有效数字；1000（含）以上用幂表示，如 $2.34×10^4$		
重金属	小数点后两位		
溶液浓度	0.1 以上保留四位有效数字，如 0.1000；0.1 以下保留三位有效数字，如 0.987		
校准曲线	1. 相关系数：只舍不入，保留到最小数后出现非 9 的一位，最多小数点后四位； 2. 斜率和截距：最多三位有效数字，并以幂表示，如 $2.34×10^{-4}$		

2. 有效数字的修约

在有效数字的运算过程中，常常要按"四舍六入五考虑，五后非零则进一，五后皆零视奇偶，五前为偶则舍去，五前为奇则进一"的原则对有效数字进行修约。其含义是：如果舍弃的数字小于 5，则完全舍弃；大于等于 6，则舍弃同时前位加 1；恰好等于 5，5 后面有非零的数字，则舍弃同时前位加 1；恰好等于 5，5 后面皆为零，前位是偶数则舍弃，前位是奇数则舍弃同时前位加 1。

3. 可疑数据的取舍

明显歪曲试验结果的测量数据，即与正常数据不是来自同一分布总体的数据，称为离群数据，包括离群值、离群均值和离群方差。

可能会歪曲试验结果，但尚未经过检验判定其是离群数据的测量数据，称为可疑数据。

狄克逊（Dixon）检验法适用于一组测量值的一致性检验和剔除离群值，本法中对最小可疑值和最大可疑值进行检验的公式因样本的容量（n）不同而异，检验方法如下：将一组测量数据从小到大顺序排列为 x_1，x_2，$\cdots$，x_n，x_1 和 x_n 分别为最小可疑值和最大可疑值。按表 6 - 23 的计算式求 Q 值。根据给定的显著性水平（α）和

样本容量 (n)，从表 6-24 查得临界值 Q_a：若 $Q \leqslant Q_{0.05}$ 则可疑值为正常值；若 $Q_{0.05} < Q \leqslant Q_{0.01}$ 则可疑值为偏离值；若 $Q > Q_{0.01}$ 则可疑值为离群值。

表 6-23   狄克逊检验统计量 Q 计算公式

n 值范围	可疑数据为最小值 x_1 时	可疑数据为最大值 x_n 时	n 值范围	可疑数据为最小值 x_1 时	可疑数据为最大值 x_n 时
3~7	$Q = \dfrac{x_2 - x_1}{x_n - x_1}$	$Q = \dfrac{x_n - x_{n-1}}{x_n - x_1}$	11~13	$Q = \dfrac{x_3 - x_1}{x_{n-1} - x_1}$	$Q = \dfrac{x_n - x_{n-2}}{x_n - x_2}$
8~10	$Q = \dfrac{x_2 - x_1}{x_{n-1} - x_1}$	$Q = \dfrac{x_n - x_{n-1}}{x_n - x_2}$	14~25	$Q = \dfrac{x_3 - x_1}{x_{n-2} - x_1}$	$Q = \dfrac{x_n - x_{n-2}}{x_n - x_3}$

表 6-24   狄克逊检验临界值 Q_a 表

n	显著性水平 α 0.05	显著性水平 α 0.01	n	显著性水平 α 0.05	显著性水平 α 0.01
3	0.941	0.988	15	0.525	0.616
4	0.765	0.889	16	0.507	0.595
5	0.642	0.780	17	0.490	0.577
6	0.560	0.698	18	0.475	0.561
7	0.507	0.637	19	0.462	0.547
8	0.554	0.683	20	0.450	0.535
9	0.512	0.635	21	0.440	0.524
10	0.477	0.597	22	0.430	0.514
11	0.576	0.679	23	0.421	0.505
12	0.546	0.642	24	0.413	0.497
13	0.521	0.615	25	0.406	0.489
14	0.546	0.641			

四、质量保证

实验室质量保证是测定系统中的重要部分，分为实验室内质量控制和实验室间质量控制，目的是保证测量结果有一定的精密度和准确度。

1. 质量控制图

质量控制图是实验室内部实行质量控制的一种常用的、简便有效的控制方法，对经常性的分析项目常用控制图来控制质量。它的基本原理是由 W. A. Shewart 提出来的，他指出，每一个方法都存在着变异，都受时间和空间的影响，即使在理论条件下获得的一组分析结果，也会存在着一定的随机误差。但当某一结果超出了随机误差的允许范围时，运用数理统计的方法可判断这个结果是异常的、不足信的。质量控制图可以起到监测的仲裁作用。

质量控制图主要是反映分析质量的稳定性情况，以便及时发现某些偶然的异常现象，随时采取相应的校正措施。编制质量控制图的基本假设是：测定结果在受控条件下具有一定的精密度和准确度，并按正态分布。

质量控制图一般采用直角坐标系。横坐标代表抽样次数或样品序号，纵坐标代表作为质量控制指标的统计值。质量控制图的基本组成如图6-4所示。

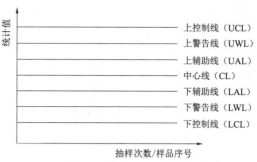

图6-4　质量控制图的基本组成

预期值——图中的中心线。

目标值——图中上、下警告线。

实测值的可接受范围——图中上、下控制线之间的区域。

辅助线——上、下各一线，在中心线两侧与上、下警告线之间。

2. 平行样分析

同一样品的两份或多份子样在完全相同的条件下进行同步分析，一般做平行双样，它反映测试的精密度（抽取样品数的10%～20%）。

3. 加标回收分析

在测定样品时，于同一样品中加入一定量的标准物质进行测定，将测定结果扣除样品的测定值，计算回收率，一般应为样品数量的10%～20%。

4. 密码样分析

平行样的密码加标样分析，是由专职质控人员在所需分析的样品中，随机抽取10%～20%的样品，编为密码平行样或加标样，这些样品对分析者本人均是未知样品。

5. 标准物质（或质控样）对比分析

标准物质（或质控样）可以是明码样，也可以是密码样，它的结果是经权威部门（或一定范围的实验室）定值，有准确测定值的样品，它可以检查分析测试的准确性。

6. 室内互检

在同一实验室的不同分析人员之间的相互检查和比对分析。

7. 室间互检

将同一样品的子样分别交付不同的实验室进行分析，以检验分析的系统误差。

8. 方法比较分析

对同一样品分别使用具有可比性的不同方法进行测定，并将结果进行比较。

9. 分析相关性

分析同一样品各个检验结果的相关性。

【任务准备】

准备水样（含硝态氮）、硝酸盐氮标准物质、玻璃器皿、紫外分光光度计等。

【任务实施】

使用紫外分光光度法直接测定水样中的硝态氮，并用加标回收试验测定试验的准确度。

【检查评议】

评分标准见表6-25。

表 6 - 25　　　　　　　　评　分　标　准

编号	项目内容	评　分　标　准	分值	扣分	得分
1	学习态度	不认真操作扣 10 分	10		
2	动手能力	动手能力不强扣 20 分	20		
3	团队协作精神	没有团队精神扣 10 分	10		
4	专业能力	测定结果的准确度	50		
5	安全文明操作	不爱护设备扣 10 分	10		
6	合　　计		100		

【考证要点】

熟悉准确度的测量方法。

【思考与练习】

（1）实验室内质量控制有哪些主要方法？

（2）平行双样分析方法的作用是什么？在常规监测中如何使用这项质量控制技术？

（3）随机误差有何特点？怎样减少分析过程中产生的随机误差？

（4）准确度怎样表示？如何评价分析系统中的准确度？

（5）某管道中水垢的 P_2O_5 和 SiO_2 的质量分数如下（已校正系统误差）：

P_2O_5：8.44％、8.32％、8.45％、8.52％、8.69％、8.38％；

SiO_2：1.50％、1.51％、1.68％、1.22％、1.63％、1.72％。

根据迪克逊检验法对可疑数据决定取舍，然后求出平均值、平均偏差和标准偏差。

6 - 3 - 2
检测报表

知识点二　检　测　报　表

【任务描述】

本任务主要介绍检测报表的编写要求及检测报表示例。

【任务分析】

检测报告是检测成果的主要表达方式，是整个检测工作的最终产品，其质量直接影响着检测工作效益的发挥。通过本任务对水质检测报表的形式、编写要求、管理等的学习，掌握检测报表的编写方法。

【知识链接】

一、检测报表的编写要求

1. 检测报表的内容

样品名称、样品的特性和状况；需要时，注明采样方法、样品的性质或检测性质、样品检测日期、所检测污染因子的名称、所用检测方法标准；检测结果编制和审核人员签名。

2. 原始记录及检测报表的填写

(1) 如测定浓度低于方法的检出限，在记录表上填写未检出或按检出限的一半浓度上报。

(2) 做好检测分析的各种原始记录，一律用中性笔填写，字迹清楚、整齐，必须填在统一的记录表上，不得随意涂抹、撕页，更不得丢失。有效数字按有关规定取舍。

(3) 修改错误数据时，应在原数上画一条横线表示弃去，并保留原数字清晰可辨。

(4) 检测结果需经其他化验人员审核，并在检测报表上签名确认。

3. 检测报表形式和流转

(1) 检测报表的格式由水处理厂生产管理部门负责编制和修改。检测报表的格式是质量记录，其制定和更改执行水处理厂相关程序文件。

(2) 实验室应指定专业人员根据检测原始记录，按照统一格式编制检测报表。实验室应指定负责人审核检测报表，在检测报表首页上签字以示负责。

(3) 检测报表的形成日期应符合检测记录规定的节点要求或满足工艺流程控制、处理质量监控的需要。

4. 检测报表的管理

(1) 有关部门均应按照《质量记录控制工作程序》要求执行。检测报表的停留时间应严格执行相关要求的时间节点。任何超过节点且无正当理由均应视作检测过程中的差错。

(2) 在将检测报表送达生产部门之后，负责送达的人员应及时向水处理厂所属的档案室移交检测报表（副本），做好归档保存工作。

(3) 水处理厂指定部门负责检测报表（副本）的归档保存工作。档案管理人员应和移送副本的相关人员清点检测部门及其相应的质量记录数量，核实无误后分门别类存放。检测报表副本必须和其相应的检测记录共同存放以便查询。

(4) 检测报表副本保管期原则为五年。

二、检测报表示例

1. ××污水处理厂水质检测报表 (表 6-26)

表 6-26　　　　　　　　　××污水处理厂水质检测报表

项目样品	COD$_{Cr}$ /(mg/L)	BOD$_5$ /(mg/L)	NH$_3$-N /(mg/L)	TP /(mg/L)	SS /(mg/L)	TN /(mg/L)	Cl$^-$ /(mg/L)	总碱度 /(mg/L)	NO$_3$-N /(mg/L)	pH 值
进水										
出水										
备注										

续表

项目样品	SV /%	MLSS /(mg/L)	SVI /(mL/g)	挥发酚 /%	水温 /℃	DO /%	剩余污泥（含水率）	镜检	
生化池 A									
生化池 B									
备注									

2. 城市供水水质检测报表（表 6-27）

表 6-27　　　　　　　　　城市供水水质检测报表

序号	检验项目	单位	限值	出厂水检验检测结果			备注
				平均值	最低值	最高值	
1	浊度	NTU	$\leqslant 1$				
2	色度	度	$\leqslant 15$				
3	臭和味		无异臭、异味				
4	肉眼可见物		无				
5	高锰酸盐指数	mg/L	$\leqslant 3$				
6	氨氮	mg/L	$\leqslant 0.5$				
7	余氯	mg/L	$\geqslant 0.3，\leqslant 2$				
8	细菌总数	CFU/mL	< 100				

【任务准备】

准备电脑、《城市供水水质标准》（CJ/T 206—2005）。

【任务实施】

学习《城市供水水质标准》（CJ/T 206—2005）和表 6-28，并根据上述资料补充完成表 6-29。

表 6-28　　　　　　　　　某供水水质检测结果

监测类别	监测项目	监测项次	最高值	最低值	平均值	不合格项次
管网水 （7项）	浊度/NTU	50	1.02	< 0.05	0.41	1
	色度	50	5	< 5	< 5	0
	臭和味（级）	50	0	0	0	0
	余氯/(mg/L)	50	0.30	< 0.05	0.10	2
	细菌总数/(CFU/100mL)	50	72	0	2	0
	总大肠菌群/(CFU/100mL)	50	0	0	0	0
	耗氧量/(mg/L)	50	1.75	0.56	1.33	0

续表

监测类别	监测项目	监测项次	最高值	最低值	平均值	不合格项次
出厂水 （9项）	浊度/NTU	15	0.50	0.10	0.25	0
	色度	15	＜5	＜5	＜5	0
	肉眼可见物	15	无	无	无	0
	臭和味（级）	15	0.60	0.10	0.15	0
	余氯/(mg/L)	15	0.60	0.20	0.30	0
		5	0.25	0.10	0.15	
	细菌总数/(CFU/100mL)	15	2	0	1	0
	总大肠菌群/(CFU/100mL)	15	0	0	0	0
	耐热大肠菌群/(CFU/100mL)	15	0	0	0	0
	耗氧量/(mg/L)	15	1.60	0.36	0.73	

表 6-29　　　　　某供水水质检测月报表

监测类别	监测项目	标准限值	监测项次	最高值	最低值	平均值	不合格项次	单项合格率	综合合格率
管网水 （7项）	浊度/NTU								
	色度								
	臭和味（级）								
	余氯/(mg/L)								
	细菌总数/(CFU/100mL)								
	总大肠菌群/(CFU/100mL)								
	耗氧量/(mg/L)								
出厂水 （9项）	浊度/NTU								
	色度								
	肉眼可见物								
	臭和味（级）								
	余氯/(mg/L)								
	细菌总数/(CFU/100mL)								
	总大肠菌群/(CFU/100mL)								
	耐热大肠菌群/(CFU/100mL)								
	耗氧量/(mg/L)								
水质综合评价									

填表人：_____

填表时间：_____

【检查评议】

评分标准见表 6-30。

表 6-30   评 分 标 准

编号	项目内容	评 分 标 准	分值	扣分	得分
1	学习态度	态度是否积极	10		
2	查阅资料	查阅和填写标准限值	20		
3	合格率计算	根据资料正确计算合格率	30		
4	综合评价	根据检测结果对管网水、出厂水进行适当的综合评价	40		
5	合　计		100		

【考证要点】

掌握检测报表的填写方法。

【思考与练习】

（1）检测报表的内容有哪些？

（2）简述原始记录及检测报表填写的注意事项。

参 考 文 献

［1］ 胡昊. 给排水工程运行与管理［M］. 北京：中国水利水电出版社，2010.

［2］ 高廷耀，顾国维，周琪. 水污染控制工程［M］. 北京：高等教育出版社，2007.

［3］ 张自杰. 排水工程［M］. 4 版. 北京：中国建筑工业出版社，2000.

［4］ 奚旦立. 环境监测［M］. 5 版. 北京：高等教育出版社，2019.

［5］ 姚运先，刘军. 水环境监测［M］. 北京：化学工业出版社，2005.

［6］ 黄敬文，邢颖. 给水排水管道工程［M］. 郑州：黄河水利出版社，2013.

［7］ 张露路. 谈市政污水管道管材的选用［J］. 广东建材，2013（12）：30 - 31.

［8］ 严煦世，刘随庆. 给水排水管网系统［M］. 北京：中国建筑工业出版社，2014.

［9］ 严熙世. 自来水管理知识［M］. 北京：高等教育出版社，1993.

［10］ 李胜海. 城市污水处理工程建设与运行［M］. 合肥：安徽科学技术出版社，2001.

［11］ 张朝升. 小城镇给水厂设计与运行管理［M］. 北京：中国建筑工业出版社，2008.

［12］ 马立艳. 给水排水管网系统［M］. 北京：化学工业出版社，2011.

［13］ 张奎. 给水排水管道工程技术［M］. 北京：中国建筑工业出版社，2005.

［14］ 原芝泉，杨洪东，张敏玲，等. 钢塑复合管及其应用［J］. 工业用水与废水，2002.

［15］ 杨开明，周书葵. 给水排水管网［M］. 北京：化学工业出版社，2013.

［16］ 谌永红，龚野. 给水排水工程［M］. 北京：中国环境科学出版社，2008.

［17］ 肖利萍，于洋. 城市水工程运行与管理［M］. 北京：机械工业出版社，2009.

［18］ 李亚峰，夏怡，曹文平. 小城镇污水处理设计及工程实例［M］. 北京：化学工业出版社，2011.

［19］ 李静，苏少林. 水处理运行与管理［M］. 成都：西南交通大学出版社，2016.

［20］ 徐强. 污泥处理处置新技术新工艺处理［M］. 北京：化学工业出版社，2011.

［21］ 张统. 间歇活性污泥法污水处理技术及工程实例［M］. 北京：化学工业出版社，2002.

［22］ 陈卫，张金松. 城市水系统运营与管理［M］. 北京：中国建筑工业出版社，2010.

［23］ 李亚峰，晋文学. 城市污水处理厂运行管理［M］. 北京：化学工业出版社，2010.

［24］ 金必慧，黄南平. 城镇污水处理厂运行管理［M］. 北京：中国建筑工业出版社，2011.

［25］ 沈晓南. 污水处理厂运行和管理问答［M］. 北京：化学工业出版社，2012.

［26］ 谢小青. 污水处理工［M］. 厦门：厦门大学出版社，2010.

［27］ 孙世兵. 小城镇污水处理厂设计与运行管理指南［M］. 天津：天津大学出版社，2014.

［28］ 王惠丰，王怀宇. 污水处理厂的运行与管理［M］. 北京：科学出版社，2010.

［29］ 周子涵. 管材和管件选用手册［M］. 北京：机械工业出版社，2012.

［30］ 文斌. 管接头和管件选用手册［M］. 北京：机械工业出版社，2006.

［31］ 伊学农. 污水处理厂运行与设备维护管理［M］. 北京：化学工业出版社，2011.

［32］ 水利部. 供水工程施工与设备安装［M］. 北京：中国水利水电出版社，1995.

［33］ 朱亮，张文妍. 水处理工程运行与管理［M］. 北京：化学工业出版社，2004.

［34］ 袁世荃，李鸿禧. 城镇供水工厂［M］. 长沙：湖南科技出版社，1990.

［35］ 吴一擎，高乃亏. 饮用水消毒技术［M］. 北京：化学工业出版社，2006.

［36］ 黄维菊，魏星. 膜分离技术概论［M］. 北京：国防工业出版社，2007.

［37］ 洪觉民. 现代化净水厂技术手册［M］. 北京：中国建筑工业出版社，2013.

［38］ 吕洪德. 水处理工程技术［M］. 北京：中国建筑工业出版社，2005.

［39］ 鄂学礼. 饮用水深度净化与水质处理器［M］. 北京：化学工业出版社，2004.

［40］ 王洪臣. 城市污水处理厂运行控制与维护管理［M］. 北京：科学出版社，1997.

［41］ 林荣忱. 污废水处理设施运行管理［M］. 北京：北京出版社，2006.

［42］ 张国徽. 环境污染治理设施运营研究［M］. 沈阳：辽宁科学技术出版社，2012.

［43］ 张波. 环境污染治理设施运营管理［M］. 北京：中国环境科学出版社，2006.

［44］ 崔理华，卢少勇. 污水处理的人工湿地构建技术［M］. 北京：化学工业出版社，2009.

［45］ 赵庆祥. 污泥资源化技术［M］. 北京：化学工业出版社，2002.

［46］ 赵维强. 城市污泥机械浓缩与离心脱水工艺研究［D］. 济南：山东大学，2006.

［47］ 徐强. 污泥处理处置技术及装置［M］. 北京：化学工业出版社，2003.

［48］ 庄伟强. 固体废物处理与处置［M］. 北京：化学工业出版社，2003.

［49］ 杨国清. 固体废物处理工程［M］. 北京：科学出版社，2000.

［50］ 聂永锋. 三废处理工程技术手册（固体废物卷）［M］. 北京：化学工业出版社，2013.

［51］ 祁鲁梁，李永存，等. 水处理工艺与运行管理实用手册［M］. 北京：中国石化出版社，2002.

［52］ 全鑫. 给水厂改造与运行管理技术问答［M］. 北京：化学工业出版社，2006.

［53］ 王鑫，李梅，等. 给水厂生产尾水回用技术分析［J］. 山东建筑大学学报，2011，26（1）：67－70.

［54］ 李战朋. 水厂生产废水高效处理技术研究与工程示范［D］. 西安：西安建筑科技大学，2009.

［55］ 何品晶，顾国维，李笃中，等. 城市污泥处理与利用［M］. 北京：科学出版社，2003.

［56］ 谷晋川，蒋文举，雍毅，等. 城市污水处理厂污泥处理与资源化［M］. 北京：化学工业出版社，2008.

［57］ 侯立安. 小型污水处理与回用技术及装置［M］. 北京：化学工业出版社，2003.

［58］ 雷乐成，杨岳平. 污水回用新技术及工程设计［M］. 北京：化学工业出版社，2002.

［59］ 李兴旺. 水处理工程技术［M］. 北京：中国水利水电出版社，2007.

［60］ 朱丽楠. 城镇净水厂改扩建技术与应用［M］. 北京：化学工业出版社，2013.

［61］ 杨小文，杜英豪. 污泥处理与资源化利用方案选择［J］. 中国给水排水，2002，18（4）：31－33.

［62］ 柯玉娟，陈泉源，张立娜. 城市污水污泥资源化利用途径探讨［J］. 中国资源综合利用，2008，26（8）：13－16.

［63］ 叶辉，乐林生，许建华. 自来水厂排泥水处理技术［J］. 净水技术，2001，20（4）：23－25.

［64］ 张延风，王志勇，郑拓. 自来水厂生产废水回用控制方法［J］. 供水技术，2013，7（4）：11－13.

［65］ 蒋文举，侯锋，宋宝增. 城市污水处理厂实习培训教程［M］. 北京：化学工业出版社，2007.

［66］ 环境保护部科技标准司. 水污染连续自动检测系统运行管理［M］. 北京：化学工业出版社，2008.

［67］ 李振东. 城镇供水排水水质监测管理［M］. 北京：中国建筑工业出版社，2009.

［68］ 全玉莲. 化学实验技能训练与测试［M］. 北京：中国环境科学出版社，2011.

［69］ 李宏罡. 水污染控制工程［M］. 上海：华东理工大学出版社，2011.

［70］ 张弘，郭巧云. 管理学［M］. 长沙：湖南大学出版社，2009.

［71］ 李圭白，张杰. 水质工程学（下册）［M］. 2版. 北京：中国建筑工业出版社，2013.

［72］ CJJ 60—2011 城镇污水处理厂运行、维护及安全技术规程［S］. 北京：中国建筑工业出版社，2011.

［73］ CJJ 58—2009 城镇供水厂运行、维护及安全技术规程［S］. 北京：中国建筑工业出版社，2009.

［74］ GB 5749—2022 生活饮用水卫生标准［S］. 北京：中国标准出版社，2022.

［75］ GB 3838—2002 地表水环境质量标准［S］. 北京：中国环境科学出版社，2002.

［76］ GB/T 14848—2017 地下水质量标准［S］. 北京：中国标准出版社，2017.

［77］ 中国市政工程西南设计研究院. 给水排水设计手册［M］. 北京：中国建筑工业出版社，2000.